同步充填柔性隔离层下散体介质流理论

LOOSE MEDIUM FLOW THEORY UNDER A FLEXIBLE ISOLATED LAYER IN SYNCHRONOUS FILLING MODE

陈庆发　陈青林　秦世康　著
Chen Qingfa Chen Qinglin Qin Shikang

中南大学出版社
www.csupress.com.cn

·长沙·

图书在版编目（CIP）数据

同步充填柔性隔离层下散体介质流理论／陈庆发，陈青林，秦世康著. —长沙：中南大学出版社，2019.11

ISBN 978 - 7 - 5487 - 3813 - 8

Ⅰ.①同… Ⅱ.①陈… ②陈… ③秦… Ⅲ.①放矿理论
Ⅳ.①TD801

中国版本图书馆 CIP 数据核字(2019)第 243692 号

同步充填柔性隔离层下散体介质流理论
TONGBU CHONGTIAN ROUXING GELICENG XIA SANTI JIEZHILIU LILUN

陈庆发　陈青林　秦世康　著

□责任编辑	刘石年	
□责任印制	易红卫	
□出版发行	中南大学出版社	
	社址：长沙市麓山南路	邮编：410083
	发行科电话：0731 - 88876770	传真：0731 - 88710482
□印　　装	长沙鸿和印务有限公司	

□开　　本	710 mm×1000 mm 1/16　□印张 14.75　□字数 296 千字	
□版　　次	2019 年 11 月第 1 版　□2019 年 11 月第 1 次印刷	
□书　　号	ISBN 978 - 7 - 5487 - 3813 - 8	
□定　　价	90.00 元	

内容简介

Introduction

本书以"同步充填"采矿技术理念为基石，以"大量放矿同步充填无顶柱留矿采矿方法"大量放矿工艺过程为认知载体，系统阐述了同步充填柔性隔离层下散体介质流理论。其内容主要包括：同步充填理念与大量放矿同步充填无顶柱留矿采矿方法；隔离层下散体介质流动规律的物理与数值试验模型；隔离层下单漏斗与全漏斗放矿散体矿岩流动规律、隔离层界面受力特性及失效条件；隔离层下非同步放矿陀螺体现象再现规律；隔离层下散体介质流动规律影响因素的敏感性。

本书阐明了同步充填隔离层下单漏斗放矿放出体由"椭球体"向"陀螺体"演化的新现象与多漏斗放矿隔离层界面整体上保持水平下移、接近漏斗口时呈波浪形的演变规律，揭示了"椭球体"向"陀螺体"转化的必要条件为隔离层横向摩擦效应。

本书可供金属矿与非金属矿地下开采、散体介质流动灾害控制等领域的科研与工程技术人员、高等院校的教师、高年级本科生和研究生参考使用。

作者简介

About the Authors

　　陈庆发，男，1979 年 7 月生，河南郸城人，博士，博士后，教授，博士生导师，现任广西大学资源环境与材料学院副院长，获全国高校矿业石油与安全工程领域优秀青年科技人才奖、湖南省优秀博士学位论文奖，入选第一批广西高等学校千名中青年骨干教师培育计划，兼任国家科学技术进步奖评审专家、国家自然科学基金评审专家、中国博士后科学基金评审专家、南华大学客座教授、《金属矿山》杂志编委、《黄金科学技术》青年编委、广西大学学报编委、广西高校矿物工程重点实验室副主任、广西锰业人才小高地技术顾问等。

　　长期从事采矿工艺、岩石力学、工程灾害防治等方面的研究工作。近年来，在非传统采矿工艺与理论、裂隙岩体结构三维解构理论与技术 2 个领域研究业绩突出，先后提出"协同开采"重大采矿科学命题、"同步充填"采矿技术理念，以及岩体结构均质区三维划分方法、岩体质量 RMR_{mbi} 分级方法等学术思想；系统开展了采空区隐患资源协同开采理论、地下矿山岩体结构解构理论、同步充填柔性隔离层下散体介质流理论、结构均质区三维划分与岩体质量分级一体化等原创性研究。

　　主持国家级、省部级及与企业横向合作等科研项目 40 余项；以第一作者和通讯作者在 SCI、EI 检索源期刊发表论文 40 余篇；以第一著者（或独著）出版《隐患资源开采与空区处理协同技术》《地下矿山岩体结构解构理论方法及应用》《金属矿床地下开采协同采矿方法》等学术专著 4 部；申报国家发明专利 20 余项；获中国有色金属工业科学技术奖一等奖、二等奖和湖南省科技进步奖二等奖、广西自然科学奖三等奖等科研奖励10余项。

陈青林，男，1990年1月出生，江西抚州人，2010—2014年在江西理工大学采矿工程专业学习，获学士学位；2014—2017年在广西大学采矿工程专业学习，获硕士学位；现为重庆大学采矿工程学术型博士研究生。

秦世康，男，1995年4月出生，河南叶县人，2013—2017年在河南理工大学采矿工程专业学习，获学士学位；现为广西大学矿业工程专业型硕士研究生。

前言 / Foreword

无数的历史事实证明，新的理念、概念可以改变人们的思维模式，引领新的发展潮流，开辟新的研究领域，推动技术进步。

当前，可持续发展的理念深入人心，资源节约与环境保护受到了全社会特别关注；矿业在可持续发展理念指引下，正朝向安全、高效、无废、绿色的方向发展，一些新兴的采矿理念、概念如雨后春笋般涌现出来，如无废开采、绿色开采、采矿环境再造、协同开采等。2010 年，本书第一著者在无废开采、绿色开采、协同开采等理念的联合指导下，突破了传统"嗣后充填"采矿技术模式的束缚，率先提出了"同步充填"采矿技术新理念；并同时发明了"大量放矿同步充填无顶柱留矿采矿方法"。

新理念具有协调、合作或同步的协同属性，从工艺流程学角度亦可视为协同开采理念的延伸与发展。与传统"嗣后充填"相比，实施"同步充填"，既减少了地表废石堆积，又同时强化了采空区围岩稳定性，从根本上促进了矿山环境保护与工程地质灾害防治的有机统一。如充填废石具有一定的矿石品位，若干年后可能被再次开发利用，这部分资源可能等同于再造一座新型地下矿山。

新采矿方法放矿工艺与传统放矿工艺相比，最显著的区别在于大量放矿前设置了柔性隔离层。因柔性隔离层的牵扯与控制作用，使放矿过程中散体介质(矿石)流动受到了来自充填料的非自由表面纵向荷载、柔性隔离层因介质流动产生的次生横向荷载以及采场边界限制条件等多重复合作用，导致新采矿方法中的矿石流动规律与传统放矿工艺中的矿石流动规律有明显不同。

本书以"同步充填"采矿技术理念为基石，以"大量放矿同步充填无顶柱留矿采矿方法"大量放矿工艺过程为认知载体，以物理试验与数值试验为主要研究手段，并辅以理论分析，详细介绍了自2010年起，10年来作者与团队成员在"同步充填柔性隔离层下散体介质流理论"方面所取得的系列研究成果。

全书共分10章，其中，第1章同步充填采矿技术理念与代表性采矿方法，主要介绍了同步充填采矿技术理念、大量放矿同步充填无顶柱留矿采矿方法、新采矿方法矿石流动的工艺特征、散体介质流动规律的研究进展及柔性隔离层的概念界定等内容；第2章隔离层下散体介质流动规律物理试验模型，主要介绍了模型研制思路、模型结构参数、模型材料选择、模型制作过程及面板观测网绘制等内容；第3章隔离层下散体介质流动规律物理试验，主要介绍了散体介质物理力学参数的测定、物理试验方案的制定，以及单漏斗与全漏斗隔离层物理试验中散体矿石流动现象、放出量与放出高度的关系及放出体形态、松动体形态、隔离层界面形态的演化规律等内容；第4章隔离层下散体介质流动规律数值试验，主要介绍了数值试验模型的构建与相关参数的选取、单漏斗与全漏斗隔离层数值试验中散体矿石流动现象、放出量与放出高度的关系及放出体形态、松动体形态、隔离层界面形态的演化规律等内容；第5章隔离层散体介质流动规律物理与数值试验结果比较，主要介绍了单漏斗隔离层下放出体形态演化规律、放出量与放出高度的关系、隔离层界面形态演化规律、空腔演化规律等4个物理量及全漏斗隔离层下放出体形态演化规律、放出量与放出高度的关系、隔离层界面形态演化规律等3个物理量的试验结果比较分析等内容；第6章物理试验隔离层界面受力特性，主要介绍了单漏斗与全漏斗放矿条件下隔离层力系的划分方法，单漏斗与全漏斗放矿过程隔离层拉应力、压应力、支持力、摩擦力分布特征及两种放矿条件下隔离层的失效条件等内容；第 7 章数值试验隔离层界面受力特性，主要介绍了单漏斗与全漏斗放矿过程隔离层拉力、上表面接触力、下表面接触力、界面摩擦力的分布特征及两种放矿条件下隔离层失效点位置等内容；第 8 章物理与数值试验隔离层界面受力特性比较，主要介绍了物理试验条件下单漏斗与全漏斗放矿过程隔离层拉应力、压应力、支持力、摩擦力、失效条件与数值试验条件下隔离层拉力、上表面接触力、下表面接触力、界面摩擦力、失效条件之间的相同点与不同点；第 9 章隔离层下非同步放矿陀螺体现象再现规律，详细介绍了不同工况条件非同步放矿过程中隔离层界面、空腔、放出体形态等演化规律；第 10 章隔离层下散体介质流动规律影响因素的敏感性，主要介绍了隔离层厚度、隔离层界面摩擦系数、矿岩颗粒摩擦系数、矿岩颗粒半径等因素对单漏斗与全漏斗放矿过程散体介质流动规律影响的敏感程度。

　　纵观全书，本书的价值主要体现在：①系统介绍了"同步充填"采矿技术新理念与"大量放矿同步充填无顶柱留矿采矿方法"；②借助于物理和数值试验手段，全面描述了同步充填柔性隔离层下单漏斗放矿过程散体矿岩颗粒流动规律，发现了放出体由"椭球体"向"陀螺体"演化的现象，形成了"椭球体－陀螺体"放矿新理论（区别于传统椭球体放矿理论）；③介绍了同步充填柔性隔离层下全漏斗放矿过程散体矿岩颗粒流动规律，阐明了不同放矿时期隔离层界面演化规律，即放矿初期隔离层界面近似在同一水平并保持平缓下移，放矿中期界面受模型边壁影响整体呈凹圆弧形下移，接近漏斗口时界面呈波浪形下移至放矿结束；④介绍了非同步放矿陀螺体现象再现规律，揭示了椭球体向陀螺体转化的必要条件为放矿过程中产生的隔离层横向摩擦效应。

　　全书由陈庆发教授策划与统稿，由陈庆发、陈青林和秦世康共同撰写完成。

本书的研究与出版工作得到了国家自然科学基金（51464005）的支持；博士生王少平和硕士生刘运香、韦才寿、赵富裕、钟毓、刘俊广、蒋腾龙、孟霖霖、肖体群及本科生潘桂海、韦海军、王述清、陈治英、何平、庞玉龙、黄海龙、夏世羽、仲建宇、李诗华、刘严中、陈大鹏、王玉丁、张旭等在模型设计与焊接制作、物理试验、数值模拟、数据处理、理论研究、公式校核、绘图、校对等方面做了大量的工作。在此，一并表示感谢！

本书亦可视为第一著者在协同开采领域出版的第三部学术专著。

由于作者水平有限，本书作为学术探讨，错误和不妥之处在所难免，恳请读者批判指正，不胜感激！

著者
2019 年 3 月于广西大学

目录 / Contents

第 1 章　同步充填采矿技术理念与代表性采矿方法

1.1　同步充填采矿技术理念

1.1.1　理念提出的背景

随着国民经济的发展、人们生活水平的提高，可持续发展的理念深入人心，资源节约与环境保护受到了全社会的特别关注[1]。《中国 21 世纪初可持续发展行动纲要》对矿产资源可持续发展目标作了阐述，明确指出要合理使用、节约和保护资源，提高矿产资源利用率和综合利用水平[2]。矿业在可持续发展理念的指引下[3]，正朝向安全、高效、无废、绿色的方向变革，一些新兴的采矿理念、概念、如雨后春笋般地涌现出来，如无废开采、绿色开采、协同开采等。

所谓无废开采[4]，就是最大限度地减少废料的产出、排放，提高资源综合利用率，减轻或杜绝矿产资源开发的负面影响的工艺技术。联合国欧洲经济委员会于 1984 年在塔什干召开了无废工艺国际会议，对矿业开发产生的环境负效应与无废开采的意义及整治方法进行了充分的论述。无废开采是通过提高资源综合利用程度、实现废料产出最小化、推动废料资源化、研究高技术的特殊采矿方法等 4 个途径去实现。

绿色开采理念由我国著名煤炭开采专家、中国工程院院士钱鸣高教授于 2003 年提出[5]。其概念是立足于煤炭开采的源头，通过采煤方法、岩层控制及相关技术、试验平台等的研究和建设，改变传统采煤工艺造成的生态与环境问题，实现煤炭资源的环保、高效、高回收率和安全开采，根本解决煤炭开采产出率低与生态环境破坏严重等问题，实现采矿工业的可持续发展。

"协同开采"理念来源于陈庆发 2009 年撰写的博士学位论文《隐患资源开采与采空区治理协同研究》[6]。2011 年，陈庆发在中国矿业杂志发表了"协同开采与采空区协同利用"一文，正式、明确地给出了"协同开采"的定义[7]；2018 年，陈庆发独著出版的《金属矿床地下开采协同采矿方法》[8]一书对"协同开采"的定义再次进行了细微修订。

所谓"协同开采"，是指拟采矿床赋存有其他影响有序开采的隐患因素（如空区隐患、水灾隐患等)时或者伴随着其他工程目的(如降低某种开采损害的程度、强化围岩的支护等),通过采取某种或某些工程技术措施(包括采矿方法、岩层控制技术、灾害控制技术及其他相关技术等),能够在实现资源开采的同时,和谐处理其他不良隐患因素的影响;或者同时达到多种工程目的,从而收到双赢或多赢的工程效果,最终促进禀赋资源的安全、高效、绿色、和谐开采。

简言之,协同开采就是矿山开采全过程中资源开采行为与灾害处理行为及其他技术行为的协调、合作或同步,使得矿山开采系统输出较高的协同效应。

1.1.2　理念内涵

金属矿床地下开采一般分为开拓、采准、切割和回采四个步骤。其中,回采工作主要包括落矿、矿石运搬和地压管理等过程,该过程又可细化为凿岩、爆破、通风、出矿、支护、充填等工序环节。充填工序是随着回采工作面的推进,逐步用充填料将采空区充填,利用充填物料支撑两帮、控制岩移,防止围岩片落[9, 10]。传统的充填主要指的是嗣后充填[11, 12],又称为事后充填,指的是在矿房出矿结束后(即采空区空间全部释放后)再实施的充填。

"协同开采与采空区协同利用"一文将采空区协同利用分为开采空间、转换空间和卸荷空间等三类基本利用模式[13]。其中作为转换空间利用模式,是将采空区看作转换空间,将废石、尾矿等矿山固体废料充填至井下采空区,少废或无废排放。该模式不仅解决了这些废料的排放堆积问题,而且强化了工程的稳定性,其本质是将矿产资源的回采与空间转换利用同步进行、输出较高的协同效应。

陈庆发于2010年将无废开采、绿色开采与采空区协同利用之转换空间利用模式等多种思想相结合,区别于传统的嗣后充填,率先提出了"同步充填"采矿技术理念[14]。

所谓"同步充填",是指在采空区空间尚未全部释放时,将采空区的部分空间先行作为转换空间,将充填工序前移至与采场出矿工序环节同步实施。

可以明确看出,同步充填与传统的嗣后充填(矿房出矿结束后、采空区空间全部释放后所进行的充填)在工序的时机选择上有比较明显的差别。

1.1.3　理念提出的意义

对于采矿工业来说,"同步充填"作为一种新的采矿技术理念提出,概括来说具有如下积极意义:

①新理念可被视作是协同开采理念的重要组成部分,是协同开采理念的延伸与发展。

②新理念区别于传统的嗣后充填,将矿山的充填工序提前,改变了传统采矿技术认知,促进了采矿技术进步。

③新理念有利于强化采空区围岩稳定性，提出了对矿山开采过程中采空区进行动态管理的思想。

④新理念减少了废石的地表堆积，促进了矿山环境保护与工程地质灾害防治，甚至将二者有机结合，实现了矿区绿色开发。

⑤新理念可能激发采矿技术人员的创造性思维，未来可能研发出一系列具有同步充填性质的本质安全型采矿方法。

⑥新理念具有包容性，工程中可将同步充填与传统的嗣后充填搭配使用，以更好地为矿山安全生产服务，促进矿山的安全化生产。

⑦新理念具有矿产资源再造性，具有一定的矿石品位的充填废石仍可作为一种潜在可利用矿产资源，待若干年后选矿技术进步提升至某一水平，可将这部分废石再次放出进行开发利用。因此，之前同步充填的废石资源可能等同于再造一座新型矿山。

1.2　大量放矿同步充填无顶柱留矿采矿方法

1.2.1　新采矿方法提出的思想基础

留矿法是空场采矿法的一种，主要适用于开采矿石稳固和围岩中等稳固、矿石不结块不自燃的急倾斜薄至中厚矿体；其工艺特点是工人直接在矿房暴露面下的留矿堆上进行作业，自下而上分层回采，分层高度 2~3 m，每次采下的矿石靠自重放出 1/3 左右，其余暂留在矿房中作为继续上采的工作台，并支护两帮围岩，待矿房全部回采完后，将存留在矿房中的矿石全部放出。由于该采矿方法具有采场结构和回采工艺简单、采准切割工程量小、可利用矿石自重放矿、管理方便、生产技术易于掌握等优点，在我国金属矿山得到了广泛应用。

围岩不稳固时，留矿不能防止围岩片落，一般不采用留矿法。围岩中等稳固时采用留矿法，在大量放矿时由于围岩暴露面逐渐增加，当超过极限暴露面积时，往往引起围岩大量片落，崩落大块岩石，发生大范围岩移，不但造成矿石贫化、漏斗堵塞，而且还有可能造成地表沉陷，破坏地表生态环境。

围岩中等稳固以上、矿石稳固时采用留矿法，分层向上回采时和局部放矿时，有限的暴露面积下没有发生围岩片落和大范围岩移的空间与现象；而大量放矿时，由于围岩暴露面逐渐增加超过了极限暴露面积，往往引起围岩大量片落与围岩大范围岩移的现象，不但造成矿石贫化、漏斗堵塞，而且还有可能造成地表沉陷，破坏地表生态环境。

上述 2 种现象，使得人们有理由认为：①暂留矿石一定程度上具有支撑两帮围岩的作用；②非常有限的暴露面积有利于空区围岩的稳定性。这为大量放矿时采用同步充填技术来控制围岩暴露面积从而有效地控制大规模岩移和地表沉陷提供了思想基础，也为新采矿方法的发明创造提供了空间。

1.2.2　新采矿方法简介

为克服常规留矿法在大量放矿时随着围岩暴露面积的增加所带来的围岩大量片落和大范围移动、矿石贫化、漏斗堵塞等缺点，充分发挥充填料在支撑两帮、控制岩移等方面的优势作用，陈庆发在无废开采、绿色开采、协同开采等理念的联合指导下，通过吸收充填采矿技术优势，对浅孔留矿法采矿工艺进行了二次创新，于 2010 年提出同步充填理念，同时提出了一种代表性采矿方法，即"大量放矿同步充填无顶柱留矿采矿方法"[15]。

新采矿方法示意图如图 1 – 1 所示。

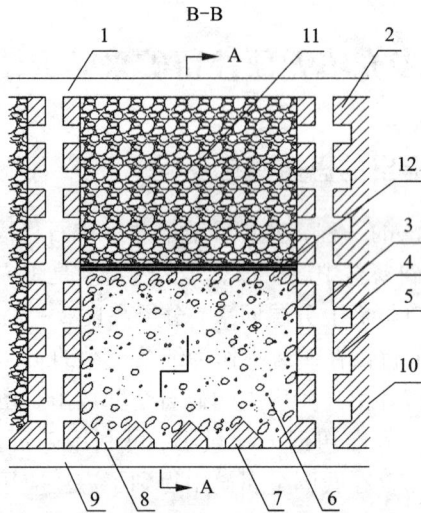

图 1 – 1　大量放矿同步充填无顶柱留矿采矿方法图
1—回风巷道；2—顶柱；3—天井；4—联络道；5—间柱；
6—存留矿石；7—底柱；8—漏斗；9—阶段运输平巷；
10—未采矿石；11—充填料；12—柔性隔离层

该采矿方法将围岩中等稳固以上的急倾斜薄至中厚稳固矿体划分阶段，阶段内划分矿块；矿房内矿石连同顶柱一起按传统留矿法由下而上逐层回采，不留顶柱；大量放矿前预先在留矿堆表面铺设柔性隔离层；大量放矿时从回风巷道下放块度适中的干式充填料，由人工或电耙方式进行平场作业，借助振动放矿机配合重力放矿，控制矿石溜出率和充填料下放率，使充填料与矿石同步均匀下沉，控制围岩暴露面积，直至矿石全部放出。该方法防止了围岩大量片落混入矿石，控制了矿石贫化率和损失率,提高了矿石回收率,限制了地表沉陷。

1.2.3　新采矿方法的实施步骤

①根据拟采矿床勘探程度、围岩稳固情况、矿体倾角、埋深等因素,将急倾斜薄至中厚矿体自上而下划分为若干阶段,阶段内基于矿石和围岩的稳固性,计算出顶柱的极限暴露面积,再沿走向划分若干矿块。为更好地控制矿石溜出率,与常规留矿法相比,阶段高度和矿块长度一般取值可略小一些。

②矿房内矿石连同顶柱一起按传统留矿采矿法由下而上逐层回采,不留顶柱。

③大量放矿前在留矿堆上表面铺设柔性隔离层。柔性隔离层自下而上由杂草、麻袋片和防渗土工布等组成,或由废旧橡胶片构成。采矿工艺中柔性隔离层主要起隔离矿石与充填料、防止干式充填料大幅度混入矿石的作用,最好具有较强的抗拉强度,从根本上降低矿石贫化率。

④大量放矿时,从上中段运输道(或特殊情况下另凿回风巷道)下放块度适中的干式充填料,并由人工或者电耙的方式对干式充填料进行平场作业。干式充填料可以是废石、尾砂或戈壁集料。若在条件允许的情况下,与矿石块度及密度相差不多的充填料应优先选用。

⑤借助振动放矿机配合重力放矿,使充填料与矿石同步、均匀下沉;通过调整矿石溜出率和充填料下放率,严格控制围岩暴露面积,充分发挥充填料对两帮的支撑作用。

⑥至矿石全部放出,充填料充满采场空区。

1.2.4　新采矿方法的优缺点

(1)优点

①对传统浅孔留矿法进行了改进,使大量放矿与充填工序同步进行,防止了围岩大面积冒落后混入采场矿石,有力地控制了矿石贫化率,有效地提高了矿石回收率,实现了对地表大规模沉陷的有效控制;同时,有利于矿山废料排放,促进矿区绿色开发。

②通过发挥充填体对围岩的支撑作用,拓展留矿法的应用范围,借助振动放矿机配合重力放矿,保持矿石溜出率和充填料下放率协调一致,严格控制了围岩暴露面积,避免了围岩大规模移动和地表沉陷,降低了矿石损失率和贫化率。

③充填的废石在若干年后可能变成可利用资源,届时废石资源等同于再造一座地下矿山。

④由于不留顶柱,提高了矿石回收率。

⑤工艺简单、便于工人掌握。

（2）缺点

①新采矿方法由于要求散体矿石与充填废石同步下沉，给放矿管理带来了一定的难度。

②柔性隔离层永久留存在采场中，造成了一定的材料损失。

③铺设隔离层的工艺和强度要求相对较高，需要防止大量放矿时充填废石与下部矿石的混合。

④可能会产生地下泥石流灾害。

1.3　新采矿方法矿石流动的典型工艺特征

新采矿方法放矿工艺与传统放矿工艺的区别在于大量放矿前设置了柔性隔离层。因柔性隔离层的牵扯与控制作用，使得放矿过程中散体介质（矿石）流动受到了来自充填料的非自由表面纵向荷载、柔性隔离层因介质流动产生的次生横向荷载以及采场边界限制条件等多重复合作用，这与传统放矿工艺（无隔离层产生次生横向载荷作用）明显不同。

因此，大量放矿同步充填无顶柱留矿采矿方法大量放矿时散体介质初始流动条件区别于传统放矿条件。

1.4　散体介质流动规律的研究进展

1.4.1　经典放矿理论简介

当前经典的放矿理论主要有椭球体放矿理论、类椭球体放矿理论和随机介质放矿理论三大类[16]。这些理论均是将矿岩散体抽象为连续流动介质，将散体的受力、运动速度及密度等视为颗粒所处位置的连续函数，建立相应的模型，从宏观统计意义上研究崩落矿岩散体介质的移动规律。

椭球体放矿理论是建立时间最早、研究最多、影响最大的放矿理论，该理论是在实验的基础上，以一定的实测资料为基础，通过抽象假设放出体、移动体和松动体的形状均是椭球体继而建立的。1952 年，苏联学者 Г. M. 马拉霍夫[17]发表《崩落矿块的放矿》，形成了椭球体放矿理论体系。但该理论在实际和理论两个方面均存在一些问题难以解决：放出体是椭球体，与大部分实验不太完全吻合；认为散体密度的变化仅发生在松动体边界上，不太符合实际。1979 年，刘兴国[18]基于放出体的过渡关系提出等偏心率椭球体放矿理论，但经实验证明椭球体的偏心率是变化的，等偏心率放矿理论计算结果与实验相差较大。

类椭球体放矿理论是我国学者李荣福[19]于 1994 年在实验和椭球体放矿理论

的基础上提出的。但该理论对"类椭球体"的形成原因没有作出科学的解释，且仅进行了轴对称条件下单孔放矿规律研究。

随机介质放矿理论研究始于 1956 年波兰专家 J. Litwiniszyn[20]。他认为，松散介质运动过程是随机过程，可用概率论的方法进行研究，将散体抽象为随机移动的连续介质，并建立了移动漏斗深度函数的微分方程。我国学者王泳嘉[21]于 1962 年提出散体移动的球体递补模型，给出了散体移动概率密度方程，推导了散体移动速度与迹线方程，放出漏斗方程，放出体方程等，首次建立了随机介质放矿理论。任凤玉[22]进一步研究了散体移动概率分布，通过实验数据分析得到方差的表达式，建立了散体移动概率密度方程，推导了散体移动速度场、移动漏斗、放出体方程、颗粒移动迹线和坐标变换方程，继而进行了复杂边界条件下（半无限边界条件及复杂边界条件）散体移动规律研究和放出口对散体移动规律的影响研究。

1.4.2　放矿理论研究的新进展

煤矿有关放矿理论新进展方面，由于放顶煤支架的存在、支架步距式的前移和放煤过程的特点，使顶煤放出过程与金属矿的放矿过程有本质差异，这必然导致金属矿的椭球体放矿理论在放煤过程中的适用性会受到许多限制，甚至不再适用。

王家臣[23]于 2001 年在充分考虑放煤过程中支架尾梁的影响下，提出了"顶煤放出的散体介质流理论"，系统地研究了综放开采顶煤移动与放出规律、煤岩分界线形状、不同采放比、不同放煤步距、不同煤岩粒径比条件下的顶煤采出率与含矸率等，提出了顶煤采出率的预测方法。顶煤放出的散体介质流理论研究成果被应用至淮北矿业（集团）有限责任公司朱仙庄矿 8413 工作面，取得了良好的效果[24, 25]。

1.4.3　矿岩流动规律物理试验研究进展

国内外矿岩流动规律在传统放矿工艺研究中已取得丰厚的研究成果，其主要是以三大类放矿理论为基础，且大多是描述单一放矿口条件下崩落矿岩流动特性。如 Brunton 等[26]采用 SOM 分析方法总结了 Ridgeway Gold Mine 矿山中爆破参数、几何参数、放矿控制、放矿口位置等为影响矿石回收效果的因素；Panczakiewicz[27]对无底柱分段崩落法进行了物理放矿模拟研究，实现了采场结构参数优化；王洪江等[28]在放矿物理模拟的基础上探讨了矿岩粒级、覆盖层颗粒组成、含水量等因素对放矿规律的影响；陶干强等[29]利用物理实验手段，分别探讨了散体粒径、放矿口尺寸、散体材料、散体堆积高度对散体矿岩移动规律的影响。

全漏斗放矿理论研究方面，主要是将传统放矿理论的单一放矿口放矿理念推广至全漏斗应用领域。目前，国内外学者已进行大量全放矿口物理试验研究。如 Melo 等[30, 31]在二维及三维条件下分别建立了全放矿口运动学模型，推导了颗粒移动迹线的非线性偏微分方程；Vivanco 等人[32]在考虑了全漏斗之间的关联性的基础上，探讨了漏斗间距对放出体的影响；陶干强等[33]分析了根据运动学模型得出的放出体与实际放出体不相符的原因，指出了放矿运动学模型的使用范围，改进了散体空位扩散系数 D_p 的取值方法，并推导了二维和三维问题的速度场方程、颗粒移动迹线方程以及放出体方程等；Castro 等[34]依据以砾石为介质的大规模三维物理试验研究，发现了放矿口间距大于松动体最大宽度时各松动体之间不会发生明显的相互作用；Laubscher 等[35]通过以砂粒为介质的物理放矿试验研究，建立了获得长期而广泛认可的放矿相互作用理论，得出了"在全放矿口同时放矿的条件下各放矿口间距尽量不要超过松动体最大宽度的 1.5 倍"的结论；任凤玉[36]通过不均等布置漏孔间距相似模拟试验，发现放矿口对崩落矿岩移动的影响主要发生在放矿口附近的一定范围内，且当放出速度分布不对称时可能会导致放出体轴线偏移；吴俊俊[37]研究了在不同的放矿条件和放矿手段下的相邻漏孔散体放出规律，从实验中了解了相邻漏孔之间的影响情况，从而寻找出一种适合于生产的放矿方式，建立了一套合理的放矿管理体系。

1.4.4 矿岩流动规律数值试验研究进展

随着计算机科学技术的发展，放矿领域数值模拟技术愈来愈成熟。基于有限单元法（FEM）、离散单元法（DEM）、元胞自动机（CA）、流体力学（FM）等方法和理论的放矿模型或软件都得到了不同程度的使用和发展。其中，离散单元法的基本原理是将散粒体分离成离散单元的集合，利用牛顿第二定律建立每个单元的运动方程，用动态松弛法迭代求解，颗粒间的互相作用视为一个动态过程，颗粒间的接触力和位移通过跟踪单个颗粒的运动获取，动态过程在数值上通过时步算法实现，从而求得散粒体的整体运动性态[38, 39]。

基于离散元理论开发的 PFC（Particle Flow Code）软件能够从细观角度对崩落矿岩这一散体材料的移动规律进行本质性的分析和描述，直观地表明矿石移动、回收与残留以及岩石混入过程，在放矿领域研究得到了广泛应用[40-45]。例如：Pierce[46]运用 PFC³ᴰ 软件，研究了放矿过程中细小颗粒的渗流问题，并基于实验结果提出了渗流率方程；Lorig 和 Cundall[47]基于 PFC³ᴰ 数值模拟所得出的结论，开发了可以快速模拟放矿过程的程序 REBOP（Rapid Emulator based on PFC³ᴰ）；Zhang Ningbo 等[48]基于塔山煤矿赋存条件，应用 PFC 构建仿真放矿模型，探究了煤和废石流场对放顶煤的影响；王家臣等[49]应用 PFC 软件对放顶煤和崩落法的散体流动规律进行了验证，阐释了放出体缺失及验证放出体公式的准确性；王培涛等[50]基于颗粒流的离散元方法，对无底柱分段崩落法覆岩下放矿的崩落矿岩移动规律以及矿石损失贫化过程进行了数值仿真，以矿石回收率和废石混入率为检测指标，对比了平面放矿和立面放矿 2 个不同的放矿方案的优劣，认为在相同的放矿条件下平面放矿方案比立面方案更加合理；孙浩等[51, 52]基于 PFC[3D]软件，开展了全放矿口条件下放出体及矿石残留体形态变化过程以及倾斜矿体复杂边界条件下崩落矿岩流动特性的研究，实现放出体形态的可视化；胡建华等[53]采用正交数值仿真试验和盈利因子评价函数，建立了以分段高度(H)、进路间距(L)、崩矿边孔角(α)、截止贫化率(g)四因素三水平的正交仿真模型，探究了四个影响因素对放矿效果的敏感性，其影响权重从大到小依次为进路间距 L，截止贫化率 g，崩矿边孔角 α，分段高度 H；刘志娜等[54]运用 PFC 数值模拟软件对大冶铁矿东采车间设计的多个采场结构方案进行了模拟，并根据各方案的矿石回收指标和现场实施的难易程度，推荐了采用分段高度 12 m、进路间距 15 m、崩矿步距 2.0 ~ 2.5 m 的最优采场结构参数组合；全庆亮等[55]以无底柱分段崩落法放矿作为研究对象，利用 PFC[2D]软件分别模拟截止品位放矿和低贫化放矿，以矿石回收率和废石混入率作为比较指标，对结果进行了对比分析，认为低贫化放矿方式更为合理；刘艳章等[56]采用 PFC[2D]软件，构建金山店铁矿主溜井放矿数值模型，对不同贮矿高度条件下的矿石流动状态进行模拟分析，得出了"贮矿高度过低或过高，矿石颗粒的流动状态均差于参照条件下的矿石流动状态"的结论；邹晓甜等[57]以金山店铁矿 −480 ~ −410 m 中段主溜井为工程背景，采用 PFC[2D]软件对放矿漏斗角分别为 45°、50°、55°、60°、65°的主溜井放矿过程进行数值模拟，得出"当放矿漏斗角为 60°时，矿石质量流率比最大，矿石流动性最好"的结论。

1.4.5　矿岩流动规律数学及力学分析方法研究进展

（1）数学分析方法

数学分析方法是一种决策分析方法，通过建立与决策目标相适应的、反映事物联系的数学模型，把变量之间以及变量同目标之间的关系用数学关系式表达出来。由于矿岩散体颗粒移动具有随机性，因而可以将散体视为含有随机性因素的介质结构，用概率论的原理来描述这类结构。

陶干强等[58]基于随机介质放矿理论通过改进标志颗粒的制作方法与放置方法，提出了利用放出体方程求解散体流动参数的新方法；该方法应用于北洺河铁矿生产中，确定合理的采场结构参数，取得了较好的技术经济效果，说明随机介质放矿理论的散体流动参数可较好地反映了崩落矿岩的流动特性。朱忠华等[59]提出属性块体建模与随机介质理论相结合的方法，以某数字矿山软件系统为平台，采用"平台 + 插件"的方式进行二次开发，通过算例分析得到了崩落矿岩流动过程中品位变化及形态发育规律。罗顺勤等[60]用随机理论对松散介质的流动进行分析，得出了移动漏斗、放出体及松动体的表面方程式和运动场中松散介质的密度分布计算式，建立了松散介质流动时必须满足的条件，并指出放出体及松动体均不是椭球体，它们最大的宽度不在其长轴的 1/2 处，而是随矿岩的物理力学性质的变化而上下移动。乔登攀等[61]建立了散体移动概率模型，通过分析放出体形态得出了散体颗粒移动迹线表达式，指出颗粒移动迹线上任意两点横坐标之比等于对应层位方差之比。刘振东等[62]采用随机介质放矿理论，视端部放矿时的放出体为旋转体，推导了端部放矿时贫化率和损失率的计算公式；该计算公式给出了不同放矿方式下的贫化率和损失率，并结合某一具体工程实例，说明所建立的贫化率与损失率的计算公式符合实际情况。张慎河等[63]对随机介质放矿理论中速度方程进行了评价，并补充了加速度方程，指出随机介质放矿理论本质上仍然属于连续介质放矿理论，其速度、加速度方程满足连续介质放矿理论速度和加速度方程的要求，并说明了随机介质放矿理论的速度方程、加速度方程不能充分满足要求的情况，也说明了随机介质放矿理论的不完备性。

（2）力学分析方法

在有关放矿过程中散体力学分析方法方面，国内外学者也相应开展了大量的研究工作，并取得了丰富的研究成果，如：王新民[64, 65]根据松散介质力学的极限平衡理论，分析了传统采矿时松散矿石在放矿漏斗中的应力状态及其成拱阻塞的力学机理，提出了合理的放矿漏斗参数的计算公式；王昌汉[66]用变形体力学研究了松散矿石放出过程中的变形及特点，认为松散矿岩的变形主要为塑性变形，不同采矿方法的采场放矿塑性区的发展状况不同，进一步完善了流动的松散矿石的运动状态方程；吴爱祥[67]在大量动态直剪试验的基础上，建立了散体在振动场作用下剪切试验的几个力学模型，较好地分析了振动场中剪力盒及试料的运动规律；戴兴国等[68]从理论上分析了产生高动态应力的力学机理及其表现形式，并导出了估算高动态应力的计算公式；张慎河等[69]从微观角度对崩落矿岩散体进行了受力分析，建立了矿岩散体移动的应力方程表达式。

1.5 柔性隔离层的概念界定

地下矿山放矿过程中隔离层的概念最早是由俄罗斯学者 Г. M. 马拉霍夫提出，20 世纪 70 年代苏联伏龙芝铁矿并进行了"细碎矿石隔离层"降低贫化的新工艺试验；刘国栋[70]将细碎矿石作为崩落采场的废石隔离层，降低了矿石的贫化损失，使崩落法经济效益有明显的提高；董鑫等[71]分析了无底柱分段崩落法矿石隔离层下放矿理论的可行性，认为减小隔离层厚度允许隔离层表面一沟一平交替出现，并不会破坏隔离层的作用；陈胜华等[72]为防止煤矸石山自燃，以黏土和粉煤灰为原料构建不同设计构型的隔离层，改善了传统的覆盖层结构。

露天矿山开采设计中的安全隔离层[73, 74]，一般是为了解决开采境界下有空区危害的问题，其空区包括自然空区和露天转地下开采形成的空区群，岩小明等[75,76]基于大宝山矿露天转地下开采的工程实例，采用数值分析方法，对隔离层稳定性进行分析计算；并进一步结合计算隔离层安全厚度的方法，选择了具有代表性的五种理论计算方法和数值模拟方法，对各种计算结果进行了比较和评价，最后对各计算结果进行求和归一化数据处理，并对结果进行多项式数值逼近，得到了不同空区跨度与隔离层安全厚度的关系；刘希灵等[77]以国内三道庄矿露天开采工程台阶面下伏空区为背景，运用数值模拟方法对台阶面下伏空区的安全隔离层厚度进行确定，通过模拟计算不同跨度、不同顶板厚度空区的稳定性，寻找出特定跨度下空区的安全隔离层厚度，进而得到了不同跨度空区安全隔离层厚度速查表，为现场台阶面推进及空区处理提供了必要的参考；张钦礼等[78]为确定姑山铁矿安全隔离层厚度，运用 ANSYS 有限元分析软件进行数值模拟，并结合理论计算方法，给出各个跨度下的安全隔离层厚度，推荐姑山铁矿露天转地下开采的隔离层厚度为 18 m；王晓军等[79]利用三维弹塑性有限元数值模拟软件对某金矿整个回采充填过程进行数值模拟，认为"井下充填关键隔离层的最佳时机选择在上部中段已经回采并形成体积较大的采空区，下部中段尚未实施回采之前，最佳位置应布置在整个矿体回采完毕后所形成空区体积的中间位置"。

上述隔离层主要有两类，一类是指一定厚度的松散岩石颗粒，在工程中主要起到缓冲垫层的作用；另一类是指一定厚度岩体，主要起到保护矿柱的作用，这两类均不同于本书所述的柔性隔离层。

与本书所述相类似的柔性隔离层，多见于岩土工程领域，如土工布；矿业领域方面虽有此说法，但较少。经检索知，侯建华等[80]在干式充填采矿法应用时曾提出将麻布袋、废旧运输胶带、草廉等柔性材料作为隔离层，但该文献仅将柔性隔离层隔断底部废石，不曾对隔离层下散体介质流动规律进行研究。

本书将采矿工艺中麻布袋、废旧运输胶带、草廉、橡胶制品等充当矿－废隔离作用的柔性材料，通称为柔性隔离层，以区别于传统意义上具有一定厚度的松散矿岩颗粒隔离层或岩体隔离层。

所述的柔性隔离层在采矿工艺中（具体为放矿工艺）起到隔离矿石与充填料、防止干式充填料大幅度混入矿石的作用；同时，具有较强的抗拉强度，且一定程度上影响着散体矿石的流动规律。

本书后续章节所提到的隔离层，如未加特殊说明均是指柔性隔离层。

参考文献

[1] 张梅. 可持续发展的理念及全球实践[J]. 国际问题研究, 2012, 42(3): 107 - 119.

[2] 中华人民共和国国务院. 国务院关于印发中国 21 世纪初可持续发展行动纲要的通知[EO/

OL]. 国务院公报, 2003(7): 1 – 12.

[3] Milanez B, de Oliveira J A P. Innovation for sustainable development in artisanal mining: Advances in a cluster of opal mining in Brazil[J]. Resources Policy, 2013, 38(4): 427 – 434.

[4] Finnie B, Stuart J, Ginson L, et al. Balancing environmental and industry sustainability: A case study of the US gold mining industry[J]. Journal of Environmental Management, 2009, 90(12): 3690 – 3699.

[5] 钱鸣高. 绿色开采的概念与技术体系[J]. 煤炭科技, 2003, 24(4): 1 – 3.

[6] 陈庆发. 隐患资源开采与采空区治理协同研究[D]. 长沙: 中南大学, 2009.

[7] 陈庆发, 周科平, 古德生. 协同开采与采空区协同利用[J]. 中国矿业, 2011, 20(12): 77 – 80, 102.

[8] 陈庆发. 金属矿床地下开采协同采矿方法[M]. 北京: 科学出版社, 2018.

[9] 解世俊. 金属矿床地下开采[M]. 第2版. 北京: 冶金工业出版社, 2013.

[10] 古德生, 李夕兵. 现代金属矿床开采科学技术[M]. 北京: 冶金工业出版社, 2006.

[11] 宋卫东, 徐文彬, 万海文, 等. 大阶段嗣后充填采场围岩破坏规律及其巷道控制技术[J]. 煤炭学报, 2011, 36(S2): 288 – 292.

[12] 张传信. 空场嗣后充填采矿方法在黑色金属矿山的应用前景[J]. 金属矿山, 2009, 44 (S1): 257 – 259.

[13] 陈庆发, 周科平, 古德生, 等. 采空区协同利用机制[J]. 中南大学学报(自然科学版), 2012, 43(3): 1081 – 1086.

[14] 陈庆发, 陈青林. 同步充填采矿技术理念及一种代表性采矿方法[J]. 中国矿业, 2015, 24(12): 86 – 98.

[15] 陈庆发, 吴仲雄. 大量放矿同步充填无顶柱留矿采矿方法: 中国, 201010181971.2[P]. 2010 – 10 – 20.

[16] Malakhov G M. Theoretical principle of ore drawing and factors influencing index of yield[J]. Powder Thchnology, 1970, 3(1): 364 – 366.

[17] Г. М. 马拉霍夫. 崩落矿块的放矿[M]. 北京: 冶金工业出版社, 1958.

[18] 刘兴国. 崩落采矿法放矿时矿岩移动的基本规律[J]. 有色金属(矿山部分), 1979, 31 (5): 4 – 5.

[19] 李荣福. 类椭球体放矿理论的实际方程[J]. 有色金属(矿山部分), 1994, 46(6): 36 – 42.

[20] Litwiniszyn J. Application of the equation of stochastic Processes to mechanics of loose bodies [J]. Archives of Mechanics, 1956, 8(4): 393 – 411.

[21] 王泳嘉. 放矿理论研究的新方向——随机介质理论[C]. 东北工学院活页论文选, 1962.

[22] 任凤玉. 随机介质放矿理论及其应用[M]. 北京: 冶金工业出版社, 1994.

[23] 王家臣, 李志刚, 陈亚军, 等. 综放开采顶煤放出散体介质流理论的试验研究[J]. 煤炭学报, 2004, 29(3): 260 – 263.

[24] 王家臣, 杨建立, 刘颖颖, 等. 顶煤放出散体介质流理论的现场观测研究[J]. 煤炭学报, 2010, 35(3): 353 – 356.

[25] 王家臣, 富强. 低位综放开采顶煤放出的散体介质流理论与应用[J]. 煤炭学报, 2002,

27(4)：337 –341.

［26］Brunton I D, Fraser S J, Hodgkinson J H, et al. Parameters influencing full scale sublevel caving material recovery at the Ridgeway gold mine［J］. International Journal of Rock Mechanics and Mining Science, 2010, 47(4)：647 –656.

［27］Panczakiewicz T. Optimization of the sublevel caving mining method investigated by physical models［D］. Melbourne：University of Melbourne, 1977.

［28］王洪江, 尹升华, 吴爱祥, 等. 崩落矿岩流动特性及影响因素实验研究［J］. 中国矿业大学学报, 2010, 39(5)：693 –698.

［29］陶干强, 杨仕教, 任凤玉. 崩落矿岩散粒体流动性能试验研究［J］. 岩土力学, 2009, 30(10)：2950 –2954.

［30］Melo F, Vivanco F, Fuentes C, et al. Kinematic model for quasi static granular displacements in block caving：dilatancy effects on drawbody shapes［J］. Int J Rock Mech Min Sci, 2008, 45(2)：248.

［31］Melo F, Vivanco F, Fuentes C, et al. On drawbody shapes：from Bergmark – Roos to kinematic models［J］. Int J Rock Mech Min Sci, 2007, 44(1)：77.

［32］F. Vivanco, T. Watt, F. Melo. The 3D shape of the loosening zone above multiple draw points in block caving through plasticity model with a dilation front［J］. International Journal of Rock Mechanics & Mining Sciences. 2011, 48：406 – 411.

［33］陶干强, 任青云, 马娇阳. 基于运动学模型的多漏口放矿规律［J］. 煤炭学报. 2012, 37(3)：408 –410.

［34］Castro R. Study of the mechanisms of gravity flow for block caving［D］. Sydney：University of Queensland, 2006.

［35］Laubscher D H. Cave mining：the state of the art［J］. Journal of the South African Institute of Mining and Metallurgy, 1994, 94(10)：279 –293.

［36］任凤玉. 放矿口对崩落法放矿的影响［J］. 有色金属, 1993, 45(4)：17 –23.

［37］吴俊俊. 自然崩落法结构参数优选与放矿规律研究［D］. 长沙：中南大学, 2009.

［38］陈俊, 张东, 黄晓明. 离散单元颗粒流软件(PFC)在道路工程中的应用［M］. 北京：人民交通出版社, 2015.

［39］石崇, 徐卫亚. 颗粒流数值模拟技巧与实践［M］. 北京：中国建筑工业出版社, 2015.

［40］孙浩, 金爱兵, 高永涛, 等. 崩落法采矿中放出体流动特性的影响因素［J］. 工程科学学报, 2015, 37(9)：1111 –1117.

［41］孙浩, 金爱兵, 高永涛, 等. 多放矿口条件下崩落矿岩流动特性［J］. 工程科学学报, 2015, 37(10)：1251 –1259.

［42］Chitombo G P. Caving mining：16 years after Laubscher's 1994 paper 'Cave mining – state of the art'［J］. Mining Technology, 2010, 119(3)：132 –141.

［43］Castro R, Gonzales F, Arancibia E. Development of a gravity flow numerical model for the evaluation of draw – point spacing for block panel caving［J］. J S Afr Inst Min Metall, 2009, 109(7)：393.

[44] Cundall P A, Strack O D L. A discrete numerical model for granular assemblies [J]. Geotechnique, 1979, 29(1): 47 – 65.

[45] 王泳嘉, 邢纪波. 离散单元法及其在岩土力学中的应用[M]. 沈阳: 东北工学院出版社, 1991.

[46] Pierce M E. PFC³ᴰ modeling of inter – particle percolation in caved rock under draw[C]. Proceedings of the2nd International PFC Symposium. Kyoto, 2004: 149 – 153.

[47] Lorig L J, Cundall P A. A Rapid Gravity Flow Simulator[M]. Brisbane: JKMRC and Itasca Consulting Group Inc, 2000.

[48] Zhang N B, Chang Y, Pie M S. Effects of caving-mining ratio on the coal and waste rocks gangue flow sand the amount of cyclically caved coal in fully mechanized mining of super-thick coal seams [J]. Journal of Rock Mechanics & Mining Sciences, 2015, 25(1): 145 – 150.

[49] WANG Jia chen, ZHANG Jin wang, SONG Zheng yang, et al. Three – dimensional experimental study of loose top – coal drawing law for long wall top – coal caving mining technology[J]. Journal of Rock Mechanics and Geotechnical Engineering, 2015, 7(3): 318 – 326.

[50] 王培涛, 杨天鸿, 柳小波. 无底柱分段崩落法放矿规律的PFC²ᴰ模拟仿真[J]. 金属矿山, 2010, 45(8): 123 – 127.

[51] 孙浩, 金爱兵, 高永涛. 多放矿口条件下崩落矿岩流动特性[J]. 工程科学学报, 2015, 37(10): 1251 – 1259.

[52] 孙浩, 金爱兵, 高永涛, 等. 复杂边界条件下崩落矿岩流动特性[J]. 中南大学学报(自然科学版), 2015, 46(10): 3782 – 3788.

[53] 胡建华, 郭福钟, 罗先伟. 缓倾斜中厚矿体崩落开采矿石流动规律仿真与放矿参数优化[J]. 中南大学学报(自然科学版), 2015, 46(5): 1772 – 1777.

[54] 刘志娜, 梅林芳, 宋卫东. 基于PFC数值模拟的无底柱采场结构参数优化研究[J]. 矿业研究与开发, 2008, 28(1): 3 – 5.

[55] 仝庆亮, 严荣富. 低贫化放矿的PFC²ᴰ数值模拟[J]. 现代矿业, 2014, 31(3): 2 – 3.

[56] 刘艳章, 陈小强, 邹晓甜, 等. 贮矿高度对主溜井矿石流动性的影响研究[J]. 金属矿山, 2017, 52(3): 32 – 35.

[57] 邹晓甜, 刘艳章, 张丙涛, 等. 溜井底部放矿漏斗角对矿石流动性的影响研究[J]. 金属矿山, 2016, 51(12): 160 – 164.

[58] 陶干强, 杨仕教, 任凤玉. 随机介质放矿理论散体流动参数试验[J]. 岩石力学与工程学报, 2009, 28(S2): 3464 – 3470.

[59] 朱忠华, 王李管, 涂小腾, 等. 基于随机介质理论自然崩落法矿岩流动特性[J]. 东北大学学报(自然科学版), 2016, 18(6): 869 – 874.

[60] 罗顺勤, 王昌汉. 关于松散介质放出的几个问题的研究[J]. 中南矿冶学院学报, 1990, 39(2): 141 – 150.

[61] 乔登攀, 孙亚宁, 任凤玉. 放矿随机介质理论移动概率密度方程研究[J]. 煤炭学报, 2003, 28(4): 261 – 265.

[62] 刘振东, 任青云, 陶干强, 等. 基于随机介质放矿理论的端部放矿贫化损失计算[J]. 煤

炭学报, 2011, 36(4): 572 - 576.

[63] 张慎河, 李荣福, 刘杰. 随机介质放矿理论速度和加速度方程的评价[J]. 中国矿业大学学报, 2002, 31(5): 379 - 381.

[64] 王新民. 放矿漏斗中拱的应力分析和漏斗结构参数的计算[J]. 湖南冶金, 1992, 20(4): 34 - 37, 43.

[65] 王新民. 崩落矿石的主要物理力学性质与采场底部结构参数的最优化[D]. 长沙: 中南工业大学, 1986.

[66] 王昌汉. 松散矿岩放出的力学特性[J]. 中南矿冶学院学报, 1981.9(1): 107 - 115.

[67] 吴爱祥, 古德生. 散体在振动场作用下的剪切力学模型[J]. 中南矿冶学院学报, 1992, 23(2): 136 - 141.

[68] 戴兴国, 古德生. 出矿时产生高动态应力的计算[J]. 中南矿冶学院学报, 1992, 23(4): 387 - 392.

[69] 张慎河, 李荣福, 刘玉香. 崩落矿岩移动的应力场研究[J]. 有色金属(矿山部分), 2006, 33(6): 25 - 27.

[70] 刘国栋. 崩落采矿法采用细碎矿石隔离层降低贫损的研讨[J]. 湖南冶金, 1997, 25(3): 30 - 33.

[71] 董鑫, 柳小波. 基于 SLS 系统的崩落法矿石隔离层下放矿研究[J]. 金属矿山, 2009, 38(6): 27 - 28.

[72] 陈胜华, 胡振琪, 陈胜艳, 等. 煤矸石山防自燃隔离层的构建及其效果[J]. 农业工程学报, 2014, 30(2): 235 - 243.

[73] 刘希灵, 尚俊龙, 朱传明, 等. 露天台阶下空区安全隔离层计算及稳定性分析[J]. 金属矿山, 2011, 40(5): 141 - 145.

[74] Luo Z Q, Xie C Y, Jia N. Safe roof thickness and span of stope under complex filling body[J]. Journal of Central South University, 2013, 20(12): 3641 - 3647.

[75] 岩小明, 李夕兵, 郭雷, 等. 露天地下开采隔离层稳定性研究[J]. 岩土力学, 2007, 28(8): 1682 - 1686, 1690.

[76] 岩小明, 李夕兵, 李地元, 等. 露天开采地下矿室隔离层安全厚度的确定[J]. 地下空间与工程学报, 2006, 2(4): 666 - 671.

[77] 刘希灵, 李夕兵, 宫凤强, 等. 露天开采台阶面下伏空区安全隔离层厚度及声发射监测[J]. 岩石力学与工程学报, 2012, 31(S1): 3357 - 3362.

[78] 张钦礼, 陈秋松, 胡威, 等. 露天转地下采矿隔离层研究[J]. 科技导报, 2013, 31(11): 33 - 37.

[79] 王晓军, 方胜勇, 刘绩勋. 充填井下关键隔离层控制地表沉陷的数值模拟[J]. 金属矿山, 2010, 39(10): 13 - 16.

[80] 侯建华, 梁凯河. 干式充填采矿法采场铺垫材料的选择[J]. 黄金, 2009, 30(7): 33 - 37.

第 2 章　隔离层下散体介质
流动规律物理试验模型

　　"实验"和"试验"均是从事某种活动的意思，但这两种活动的出发点不同。《现代汉语词典》[1]给出的释义为：实验是为了检验某种科学理论或假设而进行某种操作或从事某种活动；试验是为了察看某事的结果或某物的性能而从事某种活动。

　　物理试验是试验的一种，是现代科学研究的常用技术手段。基于相似原理按一定的尺寸比例关系设计、制作模型是当前物理试验模型研制的主要做法[2]。

　　相似原理由三个基本定律组成，是研究模型与其原型之间相似性质与规律的基本理论。一般来说，相似模型与原型之间的各种物理量（如长度、时间、力、速度等）均可以抽象为二维、三维空间的坐标[3, 4]。

　　同步充填理念的提出，催生了大量放矿同步充填无顶柱留矿采矿方法的发明。新采矿方法因柔性隔离层的存在，其矿石流动规律不同于传统采矿方法。

2.1　模型研制思路

　　物理试验模型的设计与制作，应在掌握采矿工程专业一般知识的基础上，着重考虑新采矿方法矿石流动的工艺特征、模型相似比、试验研究目标实现的可能性等三个基本方面。

　　因此，同步充填柔性隔离层下散体介质流动规律物理试验模型的研制思路为：基于试验原理的模型结构参数的设计—模型材料的选择—部分构件的功能化设计—模型制作—其他辅助工作。

　　其他辅助工作主要包括观测面板加工、观测网绘制、模型的防锈与美化处理等。

2.2　模型结构参数

　　（1）相似常数的取值

　　物理试验模型越大，越能反映原型的实际情况；但现实中，往往由于各方面条件的限制，试验模型不宜做得太大，其尺寸一般受到多方面条件的制约，如模型放置空间、制作费用、试验操作的工作强度和时间因素等。

对于地下采场、硐室巷道,通常相似常数取 1/50 ~ 1/20[5]。综合各方面的因素,本书物理试验模型的相似常数取 1/25。

(2)物理试验模拟矿块结构的基本形态

物理试验所要模拟的是大量放矿同步充填无顶柱留矿采矿方法在大量放矿时的散体矿石流动规律。物理试验模型原型来源于浅孔留矿法标准矿块,其矿块结构主要包括阶段高度、矿块长度和宽度、矿柱尺寸及底部结构等。

综合考虑模型的可实现性和试验的便利性,物理试验模型与矿块结构原型(二者相似比为 1 : 25)的结构参数取值如表 2 - 1 所示。

表 2 - 1　物理试验模型与矿块结构原型的结构参数取值对照表

对照项	原型结构参数	物理试验模型结构参数
阶段高度	40 m	160 cm
矿块长度	50 m	200 cm
矿块厚度	6 m	24 cm
矿体倾角	90°	90°
矿房长度	42 m	168 cm
间柱宽度	8 m	32 cm
间柱厚度	6 m	24 cm
底柱的高度	5 m(取漏斗颈高 1 m,喇叭口高 2 m,阶段运输巷道高 2 m)	20 cm(漏斗颈高 4 cm,喇叭口高 8 cm,阶段运输巷道高 8 cm)
漏斗口尺寸	200 cm × 200 cm	8 cm × 8 cm
漏斗个数	7 个	7 个

物理试验模型总体尺寸如表 2 - 2 所示,其框架结构如图 2 - 1 所示。

表 2 - 2　物理试验模型总体尺寸统计表　　　　　　　　(单位:cm)

总长度	总宽度	总高度
232	24	180

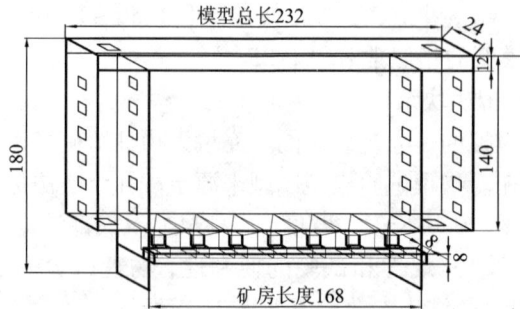

图 2 - 1 物理试验模型框架结构图(单位: cm)

2.3 模型材料选择

2.3.1 材料选择的原则

可用于物理试验模型制作的材料很多,但没有一种是绝对理想的。

应选择一种或几种合适材料制作模型,一般要遵循"满足相似条件的要求、满足试验目的的要求、满足试验仪器的测量精度、满足易于加工的要求"原则。

2.3.2 框架材料的选择

物理试验模型装置在试验时须装满矿石,对模型坚固性提出较高的要求。试验时要保证模型不破坏、不变形,但是模型越坚固其制作成本越高。因此,所选材料既要满足强度要求,又要便于加工,且力求加工成本低。

制作物理试验模型,其框架的材料一般是槽钢、角钢、铁板和木板等。考虑各方面要求,设计模型主要采用不易变形的角钢、铁板与方形钢管;其中角钢用于主体框架结构、铁板与方形钢管用于模型的底部结构。

2.3.3 面板材料的选择

为便于观察矿石的流动现象与规律,面板材料要求透明,即要求满足一定的透明度;同时,还需考虑材料的坚固性、变形程度、材质、耐用性、价格及加工难易程度等。

当前社会经济条件下,满足上述要求的面板材料主要有三种:有机玻璃、钢化玻璃、耐力板。

①有机玻璃价格较便宜、刚度较大、不易变形、透明度好;但加工钻孔困难、

易破裂。

②钢化玻璃价格最低,强度和刚度最大;但材质极重、加工困难、透明度差、安装困难,且边沿不允许大的碰撞。

③耐力板价格高,优点有材质轻、强度高、塑性好、不易破坏、加工方便;但易变形。

综合考虑,耐力板的优点突出,只需做好加固工作、防止较大变形,完全可以满足试验要求。经权衡各方面因素,选择厚度为 0.5 cm 的 PC 耐力板作为物理试验模型的面板材料。

2.3.4　柔性隔离层材料的选择

柔性隔离层材料的选择,须满足以下几个条件:

①不与矿岩表面发生黏结作用;

②不与接触矿岩发生化学反应;

③有一定的厚度和坚固性,能起到隔离矿石与充填废石的作用;

④有一定的抗拉强度和抗弯强度,耐磨损;

⑤便于施工操作,不易在施工中发生褶皱。

基于市场调研,比较分析各种可能作为隔离层的材料性能,选择 2 mm 厚硅橡胶材料作为物理试验的柔性隔离层。

相较于其他材料,硅橡胶是一种新型的高分子弹性材料,有极好的耐高温(180℃~200℃)和耐低温(-40℃~-60℃)性能,永久变形小。

2.3.5　漏斗闸门挡板的同步功能设计与材料选择

漏斗闸门挡板如按采矿方法原型可设计成 7 个,但挡板设计过多会给放矿试验带来较多操作上的困难,且可能需要较多的人手来同时操作。在试验过程中,可能较难实现同步放矿工艺模拟。如设计成一条形挡板,则有利于模拟真正意义上的同步放矿。考虑挡板是人为控制,试验中重量不宜过大。经综合考虑,闸门挡板选取一条形木板,其长×宽×厚的尺寸设计为 168 cm×10 cm×2 cm。

闸门挡板(木板)通过合页间隔焊接在模型斗穿构件的底部。

2.4　模型制作过程

2.4.1　框架结构的成型

模型框架材料主要由不同型号的角钢、铁板与方形钢管等组成。首先,依据前述设计参数确定各构件尺寸,由原始冶金材料切割出相应大小和形状的构件;

然后，将各构件焊接拼装；最终，制作形成模型框架结构，如图 2-2 所示。

整个框架加工和组装中，最为复杂的部位是底部结构。

漏斗的喇叭口用四块规格一致的铁板拼装，其加工方法为：

①严格按照尺寸要求，切割好漏斗的各板块构件；

②将四块板块竖起摆在一个平面上，使梯形的四块板块内侧两两相切围在一起形成倒立的喇叭状；

③经精细调整直至符合尺寸要求，将四块碎块从外侧焊接在一起。

漏斗颈和斗穿的规格尺寸相同，采用的材料均是 8 cm×8 cm 的方形钢管，其加工组装方法为：

①将方形钢管沿 45°斜向切割；

②将 45°的两斜面倒转并焊接在一起，即可将斗颈和斗穿组装在一起。

喇叭口的加工组装过程与斗穿、斗颈的加工组装过程分别如图 2-3、图 2-4 所示，最后将喇叭口和斗颈斗穿严格焊接在一起形成完整的漏斗，如图 2-5 所示。

将 7 个完整的漏斗摆放在模型框架上；调节所有漏斗处于竖直状态，保证所有喇叭口都在一个水平面上；沿喇叭口外缘，将 7 个漏斗焊接在框架上；在底部出矿口安装长条挡板，作为放矿闸门，控制矿石的流动速度。

完成组装的模型底部结构与木质闸门挡板如图 2-6 所示。

图 2-2　物理试验模型的框架结构

先切割
成块片　　　摆放好从外侧焊接

图 2 - 3　喇叭口的加工组装过程

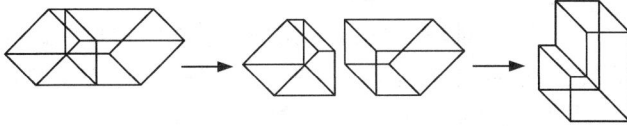

图 2 - 4　斗穿、斗颈的加工组装过程

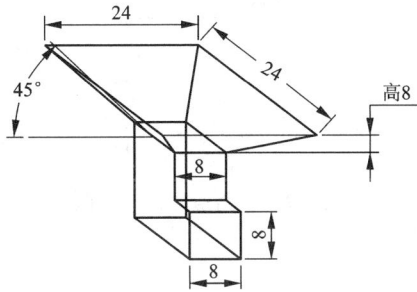

图 2 - 5　完整的漏斗形状和相应尺寸(单位:cm)

图 2 - 6　物理试验模型底部结构与木质闸门挡板

2.4.2 后 PC 耐力板的分割与安装

为便于描述散体矿石流动规律,物理试验过程中常在模型内矿石颗粒的特定位置摆放大量的标识颗粒。由于物理试验模型的高度尺寸较大,若整张 PC 板直接安装在模型后部,不利于标识颗粒的准确摆放,也对装填废石带来困难,因此须对整张的 PC 板作切割分离处理。

采用人工方法将 PC 耐力板切割成三等分,每小块 PC 耐力板宽度设计为 50 cm。在钻凿小块 PC 耐力板螺丝孔前,先加工模型中钢板的螺丝孔;之后,把切割好的小块 PC 耐力板放置在模型中,并对放置顺序做标记,防止放置 PC 耐力板出现顺序错误;用标记笔确定 PC 耐力板螺丝孔的位置,用钻孔机对 PC 耐力板加工形成固定眼。

耐力板的改造示意,如图 2-7 所示。

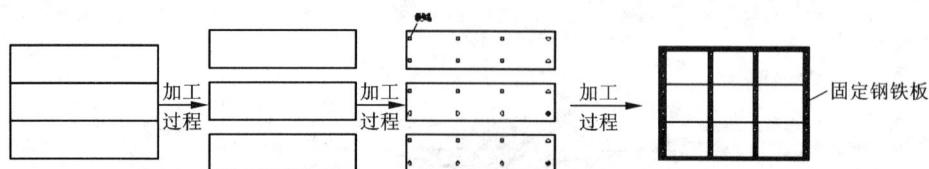

图 2-7　耐力板改造示意图

装填矿石过程中,按装填高度逐一固定切割好的小块 PC 耐力板,具体步骤为:

①装填工作前,先固定下部的小块 PC 耐力板;

②待模型中矿石充填至下部小块 PC 耐力板上边界前,固定中部小块 PC 耐力板;

③依次循环,最后固定上部小块 PC 耐力板,完成装填工作。

2.4.3 前 PC 耐力板的加固与安装

模型中的矿石存在泊松效应,在模型侧壁上产生较大的侧压力。市场上所提供的耐力板材料强度一般很难达到设计要求,会因侧压存在而产生鼓起变形现象。

为降低因耐力板变形影响试验效果,须对耐力板进行加固,具体做法为:

①在耐力板四周采用刚性框架对其进行加固,框架结构按照耐力板的尺寸设计。

②在耐力板两侧边缘用两根强度较大的角钢材料固定,顶底部则用两块厚度

为 5 mm 的铁板加固,以控制耐力板侧边的弯矩变形。

③焊接连接框架的各部分材料,确保框架的顶底部铁板与侧面的角钢相切接触,而后在耐力板框架的四个角上焊接固定螺钉的小铁片。

④在框架及耐力板边缘对应位置钻凿若干个直径为 9 mm 的孔,再用规格为 $\phi 8$ mm × 30 mm 的螺钉将耐力板固定在刚性框架上,固定后将其放入模型中。

前 PC 耐力板能按需要在模型中前后自由移动,具体操作是:

①在焊好框架四周的铁片中心位置焊上预先准备好的螺钉,螺钉的直径为 20 mm,长度为 100 mm。

②采用八块具有一定厚度及强度的铁片,两两组合焊接在模型的四个角落;作为耐力板移动的轨道,各铁片长度应略小于模型厚度但又不小于两侧角钢间空隙;焊接位置依固定在耐力板上的螺钉位置而定。铁片之间留有一定空隙,该空隙能够满足固定在耐力板上的螺钉自由移动。

③在螺钉上安上垫片及螺母,用于固定耐力板。垫片既要适合所用的螺钉又要使垫片的直径大于轨道之间的空隙,以达到固定耐力板的要求。

前 PC 耐力板安装完成后,在底部漏斗口安装闸门挡板。

至此,物理试验模型全部组装完成,其整体结构如图 2 - 8 所示。

图 2 - 8　物理试验模型整体结构

2.5　面板观测网绘制

前 PC 耐力板的作用主要是采集试验中隔离层及标记颗粒层界面信息,因此须对前 PC 耐力板进行网格化处理。

（1）绘制仪器

①勾线笔。

勾线笔具备油性速干型、附着力强特点，可使其在任何光滑表面进行书写；勾线笔的油性具有易溶于碱性物质的特性，易对画制的线条进行擦除；且无辐射作用，对人体无伤害。

②T 字尺及辅助尺。

T 字尺为一端有横挡的"丁"字形直尺，由互相垂直的尺头和尺身构成，采用透明有机玻璃制成，常在工程设计上绘制图纸时配合绘图板使用。

辅助尺采用 20 cm 等腰直角三角板。等腰直角三角形是一种特殊的三角形，具有所有三角形的性质。

（2）绘制过程

①以耐力板底部中心作为直角坐标系的原点，取向右为 X 轴正方向、铅直向上为 Y 轴正方向，分别绘制 X 轴及 Y 轴；

②以 20 cm × 20 cm 正方形网格确定整体轮廓；

③以 2 cm × 2 cm 的正方形网格作为最小单元格依次刻画网格线。

绘制线条过程辅用泥工线牵引形成直线，并配合尺子和画笔绘制各线条。线条绘制完成后，对 20 cm × 20 cm 正方形网格进行加粗处理，以增加视觉感知能力。

最终的局部观测网格线如图 2 - 9 所示。

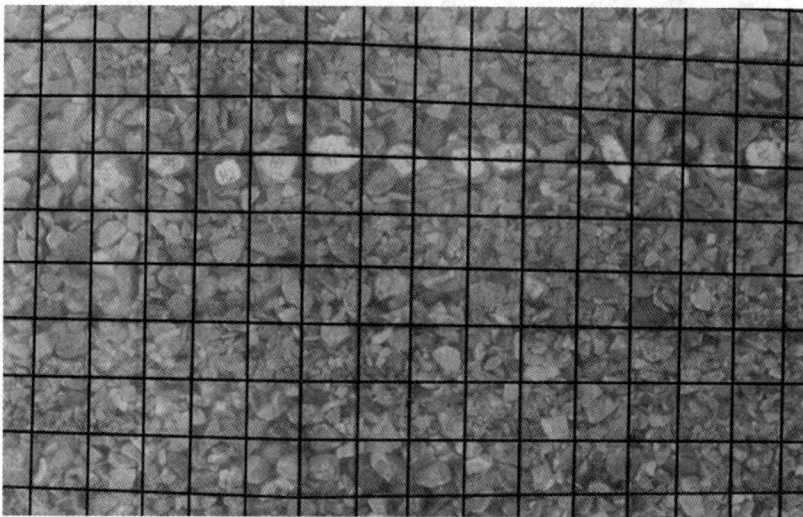

图 2 - 9　物理试验模型局部观测网格线

（3）面板观测网的优点

①X 轴平行且紧贴于漏斗面，易确定各漏斗母线与网格坐标间的相对位置；

②能尽可能地观测到接近漏斗中心附近的散体流动形态变化，漏斗附近的网格线也很标准，不留余边，能较好地反映在收集的数据中；

③从人机工程学角度出发，选用 2 cm×2 cm 的最小尺度网格符合人们日常生活习惯，且符合模型中散体平均块度要求，克服了选用更大尺寸网格带来的观测不精确问题与选用更小尺度网格造成观测不便问题；

④加粗的 20 cm×20 cm 正方形网格尺度，视觉感知良好，提升了数据处理便利度；

⑤体系坐标具有对称性，给后期数据处理提供了便利。

（4）面板观测网的缺点

①手工绘制存在人为个体差异，画制网格坐标可能在精度上存在细小误差；

②因矿岩侧向压迫而使耐力板鼓出，造成网格线观测数据不够精确，给试验结果带来一定的细小误差。

参考文献

［1］吕叔湘，丁声树. 现代汉语词典［M］第 6 版. 北京：商务印书馆，2016.

［2］杨俊杰. 相似理论与结构模型试验［M］. 武汉：武汉理工大学出版社，2005.

［3］王永岩，张则荣. 振动筛试验模型和原型相似试验研究［J］. 机械工程学报，2011，47（5）：101－105.

［4］郭景. 物理实验中的模拟法［J］. 内蒙古科技与经济，2004，8（4）：94－95.

［5］王艾伦，黄礼坤，王前进. 一种相似常数的确定方法及其在转子模型设计中的应用［J］. 机械科学与技术，2015，34（4）：502－506.

第3章 隔离层下散体介质
流动规律物理试验

物理试验是人们有目的地利用仪器设备，人为控制和模拟一些相近或相似的物理现象，排除干扰、抓住本质以研究物理规律的一种活动[1]。

基于第2章研制的相似模型，开展新采矿方法大量放矿时散体矿石流动规律物理试验，从根本上弄清同步充填柔性隔离层下散体介质流动规律并形成理论体系，有助于完善放矿学理论，促进放矿学理论的新发展。

3.1 散体介质物理力学参数的测定

影响大量放矿同步充填无顶柱留矿采矿方法散体介质流动规律的因素较多，涉及堆密度、孔隙度、压实度、湿度、块度、自然安息角、外摩擦角等矿石物理力学参数。

(1) 堆密度

散体介质的堆密度(γ)是指松散介质装载体积的质量。

堆密度计算式为：

$$\gamma = \frac{W}{Q} \tag{3-1}$$

式中：γ为散体矿岩装载堆密度，t/m^3；W为松散介质装入容器的质量，t；Q为装载容积，m^3。

实验设备有1000 mL的烧杯、矿石和电子秤等。

测定时，先将1000 mL空烧杯称重；然后，将待测定矿石装满于烧杯中，测定总质量，并记录相应数据；依此步骤重复测定几次，减少实验误差；按式(3-1)计算松散介质堆密度，取平均值。

松散介质堆密度测量示意图如图3-1所示。

散体介质堆密度实验数据见表3-1，计算得出堆密度均值为1.530 kg/L。

图 3 - 1　散体介质堆密度测量

表 3 - 1　散体介质堆密度实验数据

烧杯质量/g	石子体积/mL	烧杯 + 石子质量/g	堆密度/(kg·L⁻¹)	均值/(kg·L⁻¹)
248.9	1000	1787.8	1.539	
248.9	1000	1744.7	1.496	
248.9	1000	1768.7	1.520	
248.9	1000	1759.8	1.511	1.530
248.9	800	1495.6	1.558	
319.0	800	1564.2	1.557	

（2）孔隙度

散体介质的孔隙度（ n ）是指松散介质在松散状态下颗粒间的孔隙体积占松散体积之百分比。

孔隙度计算式为：

$$n = \frac{Q_f}{Q_s} \times 100\% \tag{3-2}$$

式中：n 为孔隙度，%；Q_f 为注入水的体积，mL；Q_s 为松散状态下试样的总体积，mL。

实验设备有 1000 mL 的烧杯、电子秤、矿石和水等。

测定散体介质的孔隙度，先用 1000 mL 烧杯将散体介质装填至 1000 mL 刻度线，称重记录烧杯加介质的质量；然后向烧杯内注水至 1000 mL 刻度线，称重记录总质量；根据前后两次称重数据，计算得出注入水的质量，再根据水的密度换算成体积，即可由注入水的体积和试样总体积，按式(3-2)计算得到散体介质的孔隙度，取平均值。

散体介质孔隙度实验数据见表 3-2，计算得孔隙度均值为45.5%。

表 3-2 散体介质孔隙度实验数据

石子体积 /mL	烧杯+石子质量 /g	烧杯+石子+水 质量/g	水的质量 /g	孔隙度/%	均值/%
	1768.7	2202.8	434.1	43.4	
1000	1749.3	2204.8	455.5	45.6	45.5
	1759.8	2206.2	446.4	44.6	

(3)湿度

散体介质的湿度(M)是指一定量的松散介质中所含水的百分比。

湿度计算式为：

$$M = \frac{W_s - W_g}{W_g} \times 100\% \tag{3-3}$$

式中：M 为散体介质的湿度，%；W_s 为散体介质在自然湿度状态下的质量，g；W_g 为散体介质在干燥状态下的质量，g。

实验设备有电子秤、烘干机、实验容器和矿石等。

取实验用的部分散体矿石介质，用堆锥法将试样混合均匀，分成六份，分次称试样质量；称后的试样，放入烘箱内，对试样进行 12 小时的烘干，直至质量几乎没有变化；然后，对烘干试样进行称重，按式(3-3)计算出各组试样的湿度，取平均值。

松散介质湿度实验数据见表 3-3，计算得均值湿度为0.14%。

表 3 - 3　散体介质湿度实验数据测定

烘前质量/g	烘后质量/g	湿度/%	均值/%
294.4	293.9	0.17	
282.1	281.8	0.11	
264.3	264.0	0.11	
269.0	268.3	0.26	0.14
300.6	300.4	0.07	
258.7	258.4	0.12	

(4)块度

松散矿石的块度(U)是指松散矿石块的尺寸以及各种尺寸的矿石块所占的百分比。

块度计算式为:

$$U = \frac{W_{j}}{W_{z}} \times 100\% \qquad\qquad (3-4)$$

式中: U 为某一级的块度质量百分比,%; W_{j} 为某一级试样筛余质量,kg; W_{z} 为筛分的实验总质量,kg。

实验设备有套筛、矿石和电子秤等。

矿石块度测定采用筛分法。首先,根据实验要求确定石块的分级按 2 mm、4 mm、7 mm、12 mm 为界线分为五个分级,并选取五个相对应尺寸的筛格;然后,随机选取矿样,用四分法对矿样进行缩分,将缩分后的矿石用选取的筛格进行筛分,筛分时必须按规定的给料制度操作和保证一定的振荡时间,以保证筛分结果具有可比性;振动筛分完成后,称出每号筛格上筛余的矿石质量,再根据式(3-4)计算某一级的块度质量百分比。

散体介质块度实验数据见表 3 - 4,计算得每一级块度质量百分比。

表 3 - 4　散体介质块度实验数据

粒度范围/mm	质量/kg	百分比/%	筛下百分比/%
<2	0.88	2.72	2.72
2~4	3.4	10.5	13.22
4~7	8.2	25.2	38.42
7~12	19.3	59.4	97.82
>12	0.72	2.2	100

(5)自然安息角

散体介质的自然安息角(φ_z)是指自然湿度条件下的散体,在某一特定条件下堆积,其自然静止坡面与水平面之间的夹角。

自然安息角可利用无底圆筒法进行测量,计算式为:

$$\tan\varphi_z = \frac{2h_{zd}}{d_{zd}} \tag{3-5}$$

式中: φ_z 为自然安息角,(°); h_{zd} 为锥体高度,cm; d_{zd} 为锥体底面直径,cm。

实验设备有无底圆筒、散体介质、直角钢尺和游标卡尺等。

选取较大的矿石颗粒,用游标卡尺测量颗粒尺寸并作记录;计算颗粒平均直径,查阅资料确定出合适的圆筒尺寸;测定时,先将无底圆筒置于一个平面上,再将要测得的松散矿石装满圆筒;然后,人工缓慢平稳地把圆筒垂直向上提起,松散矿石在自重作用下自然形成一个锥体;测量锥体锥面与水平面的夹角,即为矿石的自然安息角。

或者,先测量锥体底面任意两相互垂直方向上的直径尺寸,求其平均值作为锥体底面直径;然后,测量锥体高度,按式(3-5)计算矿石的自然安息角。

散体介质自然安息角测量示意图如图3-2所示。

散体介质自然安息角实验数据见表3-5,计算得自然安息角均值为35.79°。

图3-2　自然安息角测量示意图

表 3 - 5　散体介质自然安息角实验数据

高度 h/cm	直径 D/cm	自然安息角/(°)	均值/(°)
10.9	30.7	35.38	
10.3	29.1	35.29	35.79
11.1	29.8	36.68	

(6)外摩擦角

散体介质的外摩擦角(φ_w)是指散体介质颗粒沿着斜面或斜槽开始下滑的一瞬间,下滑瞬间斜面与水平面的夹角。

外摩擦角计算式为:

$$\sin\varphi_w = \frac{h_{th}}{l_{ch}} \tag{3-6}$$

式中:φ_w 为外摩擦角,(°);h_{th} 为斜面抬起高度,cm;l_{ch} 为斜面长度,cm。

实验用到的设备有 PC 板、直角钢尺、散体介质和钢锯等。

用钢锯将 PC 板切割加工成适宜尺寸;并用直角钢尺测量 PC 板几何参数;测定时先将散体矿石均匀铺在 PC 板上,然后缓缓将 PC 板抬起,待散体介质大规模滑动时停止,记录抬起高度;重复数次,按式(3-6)计算外摩擦角,取平均值。

散体介质外摩擦角测量示意图如图 3-3 所示。

散体介质外摩擦角实验数据见表 3-6,计算得外摩擦角均值为 39.53°。

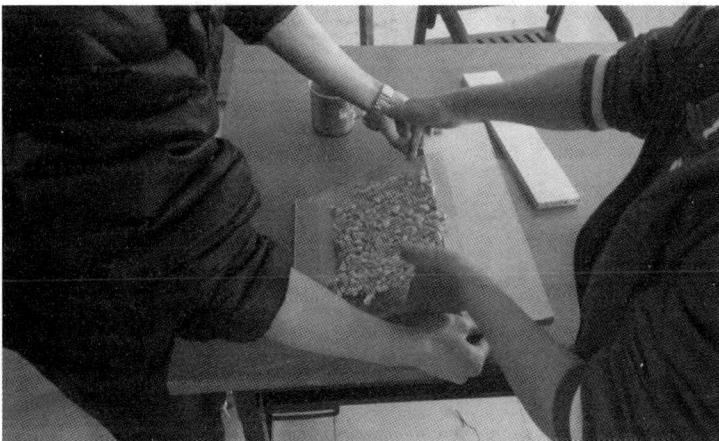

图 3 - 3　外摩擦角测量示意图

表3-6 散体介质外摩擦角实验数据

长度 l/cm	高度 h/cm	外摩擦角/(°)	均值/(°)
25.0	10.4	39.76	39.53
	10.2	39.21	
	10.3	39.49	
	10.5	40.03	
	10.1	38.94	
	10.4	39.76	

（7）内摩擦角

松散介质的内摩擦角（θ_G）是指没有黏聚力的松散介质内部发生剪切破坏瞬间作用于松散介质内部剪切面上的正应力和总应力之间的夹角。

松散介质内摩擦角的测定方法有松散介质抗剪强度的直接剪切试验和三轴剪切试验两种。本章松散介质内摩擦角采用直接剪切试验进行测定，实验仪器（直剪仪）如图3-4所示。

图3-4 直剪仪

选取的松散介质内摩擦角分别在正应力50 kPa、100 kPa、200 kPa、300 kPa、400 kPa五种水平下测定，记录在相应正应力条件下松散介质开始移动时剪切仪表中所示数值 R，实验数据如表3-7所示。

表 3 - 7　不同正应力水平下剪切仪表中示数值

正应力 σ/kPa	示数值 R
50	33
100	57
200	88
300	100
400	114

剪应力计算式为：

$$\tau = c \times R \qquad (3-7)$$

式中：τ 为剪应力，kPa；c 为系数值，1.55；R 为剪切仪表中示数值。

利用式(3-7)计算得到不同正应力条件下的剪应力，计算结果见表 3-8。

表 3 - 8　不同正应力条件下的剪应力

正应力 σ/kPa	剪应力 τ/kPa
50	51.15
100	88.35
200	136.4
300	155
400	176.7

以 σ 为横坐标、τ 为纵坐标，把相对应的 σ 和 τ 值画在 $\sigma - \tau$ 坐标系上得到松散矿石的抗剪强度曲线图，如图 3-5 所示。

由图 3-5 可知，当垂直载荷增大时，剪应力增量呈现减少的趋势，这与岩石力学剪切强度实验结果相符。柔性隔离层条件下的散体介质流动，处于低应力状态（$\sigma < 20$ kPa），得出的内摩擦角，可为后期放矿试验提供可靠的内摩擦角参数值。

由库仑准则可知，内摩擦角计算式为：

$$\tau = c + \sigma \tan\theta_G \qquad (3-8)$$

根据式(3-8)可计算 $\tan\theta_G = 0.8835$，内摩擦角 $\theta_G = 41.5°$。

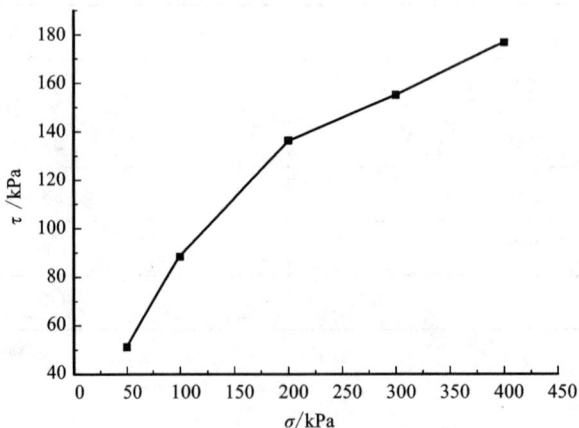

图 3 – 5　松散介质抗剪强度曲线图

3.2　物理试验方案的制定

3.2.1　标识颗粒的分层处置

（1）分层化设计方案

查阅文献[2-4]可知，目前标识颗粒的分层化设计方案主要有以下几种：

方案一：选择试验用平均粒径的散体矿石颗粒，用水洗净晒干后，进行染色处理；再用涂改液涂抹染色矿石颗粒某一个面后，用油性笔依次标记序号；

方案二：选择与试验用矿石颗粒颜色不同、但块度组成相同的石子，如一定粒度的铁矿石、沙子、塑料颗粒等；

方案三：选择与试验用矿石颗粒颜色、块度组成均不同的石子，如一定粒度的铁矿石、沙子等；

方案四：选择直径与试验用矿石颗粒粒径相当的钢球；

方案五：选择一定宽度的彩色带，每隔一定高度水平布置在试验用矿石颗粒聚合体表面上。

（2）各方案的优缺点评述

①方案一：

优点：所选标识颗粒在颜色上区别于试验用矿石颗粒，方便进行录像或照相；由于粒度分布与试验用矿石颗粒完全一样，对散体矿石流动规律的负面影响极其微小；易于选出；易于对散体矿石流动规律进行描述。

缺点：微乎其微。

②方案二：

优点：所选石块与试验用矿石颗粒颜色不同，试验时易于观察与区分。

缺点：须额外破碎加工成满足块度要求的石块。

③方案三：

优点：所选石块与试验用矿石颜色不同，试验时易于观察与区分。

缺点：除须额外破碎加工成满足块度要求的石子外，还有可能出现卡矿现象，进而影响散体矿石固有流动规律。

④方案四：

优点：通过放矿时观察钢球的位置，对其位置进行曲线处理，可测量出椭球体长半轴和短半轴的长度。

缺点：因钢球密度过大，对散体矿石固有流动规律可能有较大影响。

⑤方案五：

优点：此方案的材料来源广泛，加工的时间相对于以上几种方案比较短，且容易与散体矿石区别开来。

缺点：当彩色带到达漏斗时，由于彩色带有一定的宽度，可能会出现明显的卡矿现象，可能会影响散体矿石固有流动规律。

经综合比较，选择方案一。该方案具体操作过程为：挑选试验用的平均粒径为 2 cm 的散体矿石颗粒，洗净晒干之后将颗粒分成五组；然后，用五种不同的染色剂进行染色；待矿石颗粒上色完成后，用涂改液涂抹矿石颗粒其中某个较为平整的面；最后，用油性笔在涂改液上对矿石颗粒依次编号，以完成颗粒的标识工作。

3.2.2　隔离层物理性质参数的测定

大量放矿同步充填无顶柱留矿采矿方法与浅孔留矿采矿方法的最大区别在于柔性隔离层的存在。隔离层在放矿过程中的主要作用是矿废隔离，使矿废直接接触转变为间接接触。大量放矿过程中，隔离层因介质流动产生次生横向荷载并受到上覆废石的压力作用。为确保放矿过程中隔离层不被破坏，需要对柔性隔离层物理性质参数有一个基本认知。

采用 WDW - 50 微机电子万能试验机对购置的 2 mm 柔性隔离层进行拉伸试验，以测定其抗拉强度及其弹性模量。WDW - 50 试验机装置如图 3 - 6 所示。

柔性隔离层物理性质参数测定流程如下：

(1)选择试验类型

试验前，应在试验类型选项中选取"非金属拉伸试验"。

图 3 - 6　WDW - 50 微机控制电子万能试验机

(2)输入试件信息

点击快速新建记录后,将原来数据模板中数据清空,并刷新成一个新的数据模板,然后根据所测试件具体信息将数据输入仪器,结果如图 3 - 7 所示。

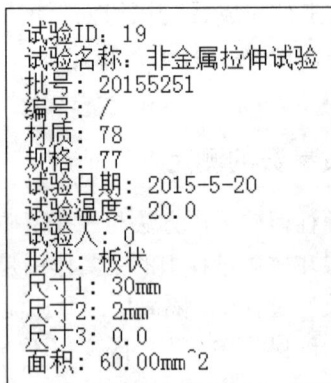

图 3 - 7　试样信息截图

(3)试验操作

①安装试件。

先夹紧上夹头,调节横梁位置到合适的地方,装上引伸计,将负荷传感器和变形传感器调零后夹紧下夹头。

②选择试验方法。

拉伸试验操作简单，选择单一的控制模式来试验即可（位移控制，选择其中的一种控制模式，确定控制速度）。

③开始试验操作。

核对控制过程无误后按下控制板的"开始"按钮，试验开始。在试验过程中，应密切注视试验机的进程，必要时进行人工干预；在试验控制过程中，不要进行与试验无关的操作，应密切注意界面上的提示。

④试验结束。

当隔离层试件被拉断后，试验机横梁不移动，试验结束。

（4）结果保存

当一次测试完成并停止试验机运行后，正常情况下，程序会自动分析数据，并自动保存试验曲线和分析结果。

试样破断后，系统自动判断试验结束。此时，在软件上截取试验数据分析结果，如图 3－8 所示；调出并保存拉伸过程中的应力应变曲线图，如图 3－9 所示。

由图 3－9 计算得柔性隔离层拉伸极限应力 σ_u 为 3.56 MPa，弹性模量 E 为 1.55 MPa。

```
试验ID：19
试验名称：非金属拉伸试验
批号：20155251
编号：/
材质：78
规格：77
试验日期：2015-5-20
试验温度：20.0
试验人：0
形状：板状
尺寸1：30mm
尺寸2：2mm
尺寸3：0.0
面积：60.00mm^2
原始标距：100.0
断后标距：308.455
延伸率：208.5%
最大力：0.214
强度：3.56MPa
弹性模量：1.55
试验类型：常规
```

图 3－8　试验数据分析结果

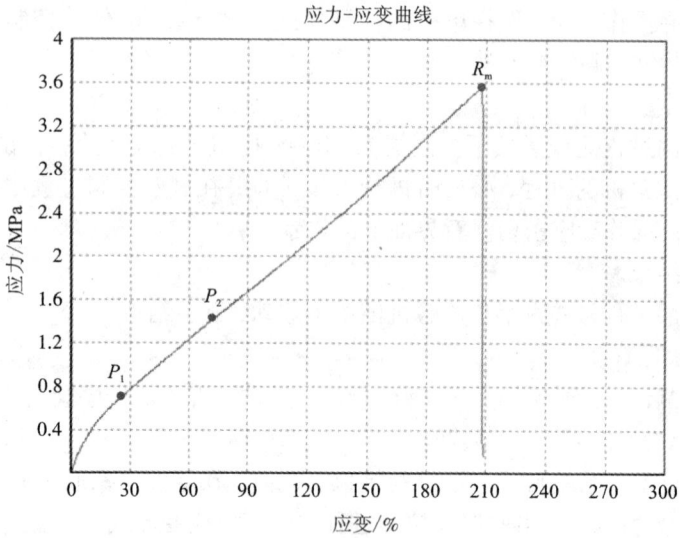

图 3 – 9   拉伸过程中应力应变曲线图

3.2.3   测力元件的布置

(1)应力采集仪器

购置 YJZ – 32A 型智能数字应变仪 2 台(见图 3 – 10)、微型土压力盒 15 个(见图 3 – 11)、应变片(见图 3 – 12)及导线若干,用于采集试验相关数据。

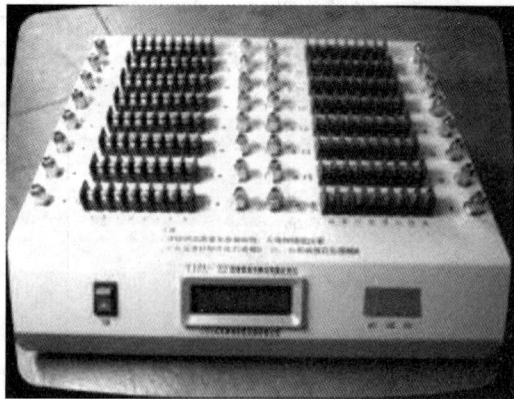

图 3 – 10   YJZ – 32A 型智能数字应变仪

图 3 – 11　微型土压力盒

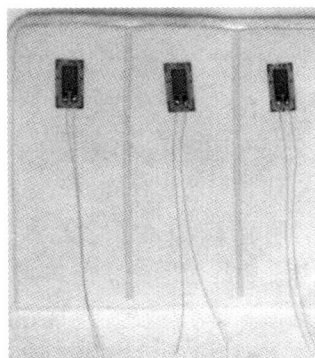

图 3 – 12　应变片

（2）单漏斗试验测点布置

单漏斗放矿试验中，将购置的长度 5 m、宽度 1 m、厚 2 mm 的硅橡胶裁剪成长度 2.5 m、宽度 13 cm、厚 2 mm 的试验用柔性隔离层。考虑实际放矿过程中隔离层中部受力较为集中，两侧受力分散，因此在隔离层中部区域密集布置测点，两侧分散布置测点，且测点在隔离层上呈左右对称布置，共计 11 个测点。

单漏斗试验隔离层上表面测点布置情况，如图 3 – 13 所示。

单位：cm

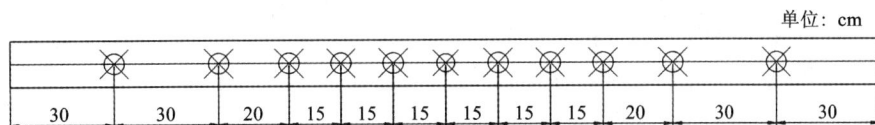

图 3 – 13　单漏斗试验隔离层上表面测点布置图

（3）全漏斗试验测点布置

全漏斗放矿试验中，将购置的长度 5 m、宽度 1 m、厚 2 mm 的硅橡胶裁剪成长度 1.7 m、宽度 13 cm、厚 2 mm 的试验用柔性隔离层。鉴于试验中隔离层整体上呈水平下移状态，且受力较为均匀，因此在隔离层上以等间距形式左右对称布置测点，共计 9 个测点。

全漏斗试验隔离层上表面测点布置情况，如图 3 – 14 所示。

单位：cm

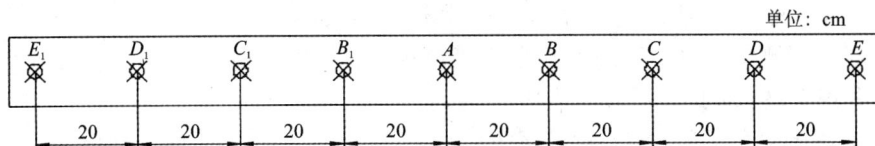

图 3 – 14　全漏斗试验隔离层上表面测点布置图

(4)应变片布置及仪器接线

应变片布置在柔性隔离层上表面,接线前先用试纸将测点部位擦拭干净,以确保贴片部位清洁;然后用胶水在每个测点固定布置两个平行反向(防止同向布置引线交叉而造成短路)的应变片,其长轴与隔离层拉伸方向一致,并用烙铁将应变片引线与导线焊接在接线端子两端;接线完毕后,用应变仪检查接线的完整性;然后用绝缘胶带保护各测点应变片,以防止试验过程中因矿石摩擦而造成应变片损坏及引线拉断[5]。将连接好应变片的导线按从左往右的顺序依次接入应变仪的通道。每个应变片连接好导线后按从左往右的顺序依次接入 YJZ – 32A 型智能数字应变仪的相应通道,即测点 1 的两个应变片接通道 1、2 相应的接线柱;测点 2 的两个应变片接通道 3、4 相应的接线柱;测点 3 的两个应变片接通道 4、5 相应的接线柱……以此类推。

测量应变片应变时,先将应变仪调零,并将桥路设置成 1/4 桥,即按测量片阻值大小准备两个标准电阻(出厂时接入两个 120 Ω 的标准电阻),将其接入机箱上盖第一行的 A、D_1 及 D、C 四个端子,将补偿片接入 B、C_1 两个端子,去掉出厂时接入的标准电阻,将各个测量片分别接入各通道的 a、b 接线柱。

待模型装填满后,将布有应变片的隔离层平整铺设于矿石面上。

(5)微型土压力盒布置及仪器接线。

微型土压力盒布置在测点的上表面。压力盒受力面(光面)朝上,用绝缘胶带固定,并将导线引出,连接至应变仪。

连接顺序为:测点 1 的压力盒接通道 1 相应的接线柱;测点 2 的压力盒接通道 2 相应的接线柱;测点 3 的压力盒接通道 3 相应的接线柱……以此类推。测压力时,先将应变仪调零,并将桥路设置成全桥,即把各个测点压力盒的 a、b、c、d 端分别接入机箱上盖各通道的 a、b、c、d 接线柱。

待模型装填满后,将布有微型土压力盒的隔离层平整铺设于矿石面上。

3.2.4 试验步骤与数据收集

按试验要求准备口罩、出矿工具、箩筐、铁锹、电烙铁、相机、平均块度为 2 cm 的矿石及称重衡器。称重衡器最大称重量为 300 kg,使用前应进行校准,以免带来试验误差。

(1)单漏斗隔离层下散体矿石流动规律试验步骤

①为观测漏斗中心线的矿石颗粒流动规律,先将模型观测面板移至模型中部,并用平整木板挡住后方漏斗缺口;

②用试验室废弃的岩石试样将 7 个漏斗口堵住,在模型正前方架设相机,调准相机焦点对准模型观测网中心;

③每铺设一定高度的矿石,按标识颗粒顺序依次布置标识颗粒,直至模型装

填完毕；

　　④铺设隔离层；

　　⑤打开模型中间漏斗，每放出一定量矿石，收集标识颗粒，并记录每次放出颗粒信息，同时向模型中充填废石，保持模型始终处于充满状态；

　　⑥用相机拍摄正面观测面板。

　　(2)全漏斗隔离层下散体矿石流动规律试验步骤

　　全漏斗隔离层下散体矿石流动规律试验步骤与单漏斗试验步骤基本一致，不同之处在于第⑤试验步骤时需打开所有的漏斗，以实现同步放矿。

　　为方便描述试验现象，将 7 个漏斗从左至右依次编号为 1 - 7。

3.3　单漏斗隔离层下散体介质流动规律物理试验

3.3.1　物理试验现象

　　单漏斗试验中，因散体介质不断放出，隔离层逐渐下降。每放出一定矿石量后，记录放出标记颗粒编号及相机拍摄记录相关数据。部分时刻(分别取第 1、7 和 11 次放矿及放矿终了)的单漏斗隔离层下散体矿石流动物理试验现象如图 3 - 15 所示。

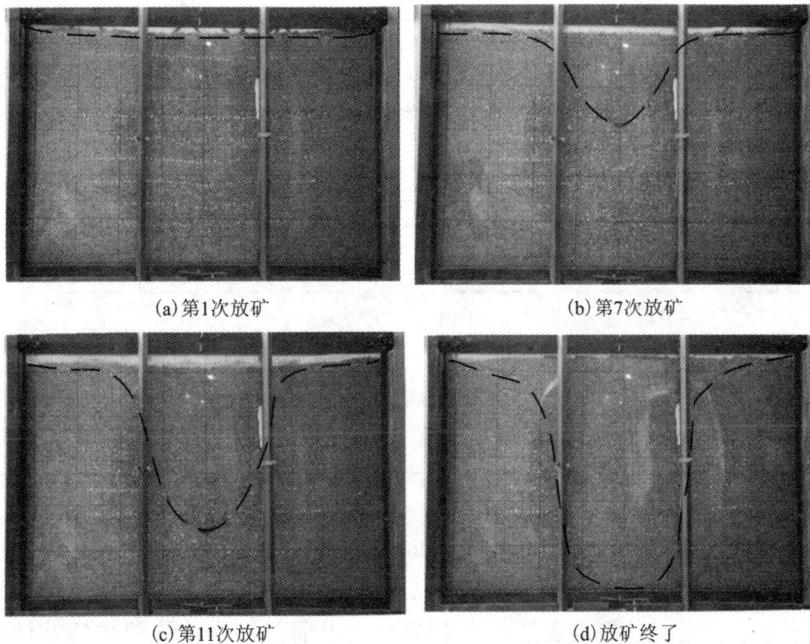

(a)第1次放矿　　　　　　　　　　(b)第7次放矿

(c)第11次放矿　　　　　　　　　　(d)放矿终了

图 3 - 15　单漏斗隔离层下散体矿石流动物理试验现象

打开漏斗口后，漏斗口附近散体矿石参与运动，且范围随着放出量的增加而不断扩大。各层标记颗粒自下至上依次下沉，直至隔离层，整体呈现高斯分布形态。隔离层下沉后在隔离层底部出现了空腔，随着放出矿石量增多，空腔形态愈加明显。空腔组成形态在前期呈月牙形，后期呈现三角形。各层标记颗粒之间距离逐渐增大，层间距逐渐缩短，放矿口上部未放出的标记颗粒杂乱无序。

3.3.2 放出量与放出高度的关系

最高层位矿石颗粒被放出后，漏斗中仍有矿石放出。此后，因隔离层的阻碍作用，放出高度不再增长，为一定值。对试验中放出量与放出高度两指标参数进行统计，结果如表 3 – 9 所示。

表 3 – 9 放出量 Q 与放出高度 H 试验数据

H/cm	Q/kg
0	0
20	2.35
35	7.9
44	12.7
54	18.7
64	25.7
74	33.85
84	42.45
93.5	50.25
112	62.1
122	71.2
122	91.2
122	114.7
122	148

柔性隔离层条件下漏斗口放出量与放出高度的关系与传统放矿椭球体理论存在区别，尤其是最高层矿石颗粒被放出后，放出高度不随放出量的增加而增加，而是呈水平直线关系，但最高层矿石颗粒被放出前仍符合传统放矿椭球体理论。现用 Castro[6] 研究成果探讨最高层矿石颗粒被放出前放出高度与放出量之间的关系。

Castro 通过开展迄今为止规模最大的崩落法采矿中矿岩流动特性的三维物理放矿试验研究得出：当相邻放出口之间无相互影响即视为单一放矿口条件下，放出体高度 H 与累计放矿量 Q 之间满足方程：

$$H = h_0(1 - e^{-Q/m_h}) + cQ \qquad (3-9)$$

式中：方程系数 h_0 和 m_h 分别表示随着放矿量的增加放出体的高度呈指数形式增加时的高度和质量；c 表示最终放出体高度随放矿量呈线性增加时的增长率。

利用式(3-9)对表3-9中数据进行拟合，得出放出体高度理论曲线并与试验数据进行对比，如图3-16所示。系数拟合结果如表3-10所示。

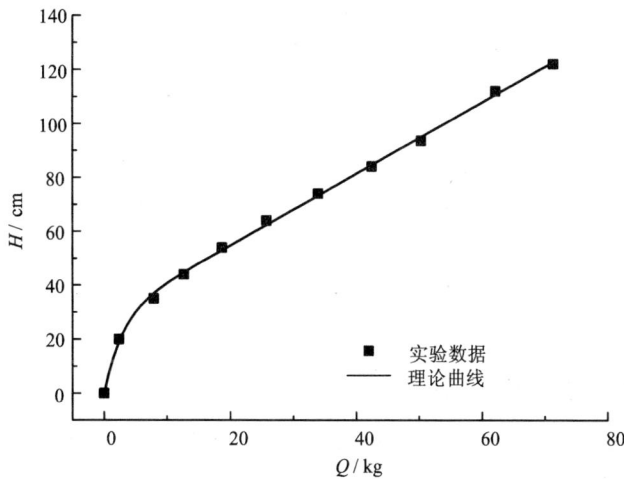

图 3-16　最高层位矿石颗粒放出前放出体高度理论曲线与试验数据对比图

表 3-10　式(3-9)参数拟合结果表

h_0	m_h	c	R^2
28.261	2.856	1.327	0.998

表3-10中试验拟合优度 R^2 值接近1，表明式(3-9)对试验统计数据拟合度较高。

由图3-16可知，放出体高度随放矿量的变化规律：放矿初始阶段，放出体高度呈指数增长，随着放矿量的增加，其增长率逐渐减小；在增长至一定程度后，放出体高度随放矿量的增加呈线性增长。

图3-17描述的是整个单漏斗物理试验放出量与放出高度的关系。结合图3-16描述可知，单漏斗柔性隔离层下，放出体高度随放矿量总体的变化规律是：在放出量为7.9 kg之前，放出体高度呈指数增长；放出量在7.9到71.2 kg之间，

放出体高度随放矿量增加呈线性增长；放出量达 71.2 kg 之后，放出体高度不随放矿量增加而增加，两者呈水平直线关系。

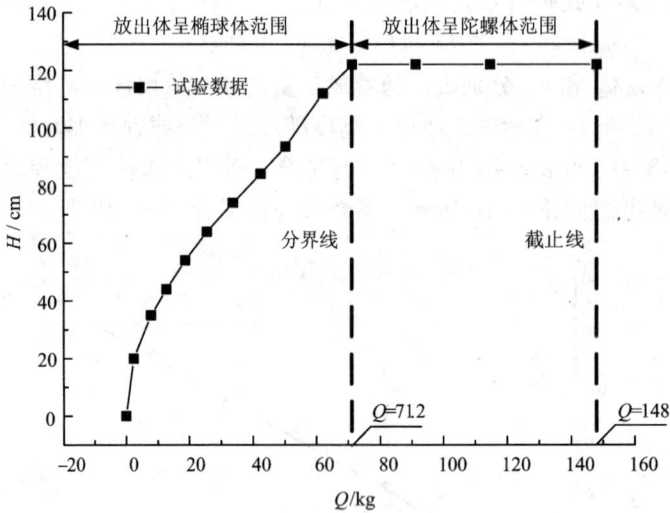

图 3-17 单漏斗物理试验放出量与放出高度关系

3.3.3 放出体形态演化规律

将标记颗粒按原始坐标绘出，将当次放出标记颗粒用光滑连接线绘出矿石放出体形态，如图 3-18 所示。

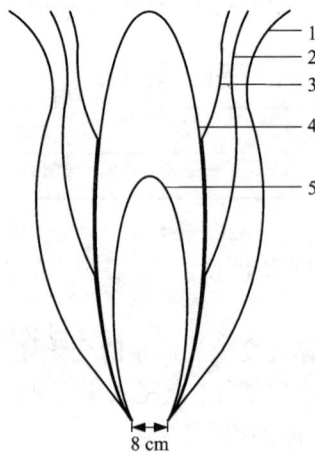

图 3-18 单漏斗物理试验散体矿岩放出体形态演化图

1—极限陀螺体；2、3—过渡陀螺体；4—极限近似椭球；5—过渡近似椭球由图 3 - 18 可知，最高层位矿石未被放出前放出体形态为完整近似椭球体，且逐渐增大至矿石最高层面，并未因隔离层存在而改变基本规律。待最高层位矿石被放出后，上部受隔离层滑动影响，变为新的曲线，不再是椭球体的一部分；中间部分由于空腔存在，放出体边界为新的部分近似椭球体；下部受隔离层影响较小，平面图形仍为近似椭球体扩展形状。放出体剖面图形为一类似陀螺体的剖面形状。

（1）最高层位矿石未被放出前，放出体具有椭球体的性质，可利用随机介质放矿理论描述，其非点源放矿放出体公式[7]为：

$$r^2 = (\alpha + 1)\beta z^\alpha \ln \frac{H_1 + H_0}{z} \qquad (3-10)$$

式中：r 为放出体表面标记颗粒横向长度，cm；z 为放出体上标记颗粒水平高度，cm；H_1 为放出体高度，cm；H_0 为放矿口影响高度，cm；α、β 为散体流动性质和放出条件有关的常数；$H_0 = (D/2)\tan\theta_C$；D 为漏斗口直径，cm；θ_C 为内摩擦角，（°）。

以放出体最低点为坐标原点，取 z 轴过原点铅直向上，取 r 轴水平向右，读取隔离层放矿条件下放出高度为 123 cm 时，放出体边界试验数据如表 3 - 11 所示。

表 3 - 11　柔性隔离层下放出体边界数据表

r/cm	z/cm
0	126.54
10.68	114.24
16.42	92.18
16.91	81.94
18.07	56.27

结合式（3 - 10）和表 3 - 11 可解得 $\alpha = 1.453$、$\beta = 0.464$，相关系数为 0.996。故最高层位矿石未被放出前放出体公式为：

$$r^2 = 1.141 z \ln \frac{H_1 + 3.54}{z} \qquad (3-11)$$

（2）最高层位矿石被放出后，放出体形态发生了明显变化，放出体形态在整体上呈现为陀螺体，这一现象与目前三大类放矿理论放出体为椭球体或近似椭球体存在较大差异，放出体形态不再适用于传统椭球体放矿理论。

上部矿石因隔离层的摩擦作用而被提前放出；中部矿石因空腔存在，易从空腔边界滚落至空腔底部而被提前放出；下部矿石流动规律不变。上部形态与对应部位的隔离层曲线形态相类似；中部形态与端部放出体形态相类似；下部形态为椭球体外延形态，放矿终了因空腔存在而呈现为一小段直线（倾角为自然安息角）。因此，陀螺体整体形态由上部为指数曲线、中部为部分倾斜椭球体、下部为椭球体外延形态构成。

因陀螺体不能用传统椭球体放矿理论进行描述，但可根据数据拟合得到某特定时刻相关函数。其中放矿终了陀螺体形态基本涵盖了后期陀螺体的性质，且获取试验数据充分，因此可用放矿终了放出体形态试验数据进行拟合。

因放出体关于y轴对称，可用右侧数据对终了放出体形态进行描述，并结合各分段的特性，分三段对放矿终了陀螺体进行拟合，得到最终放出体形态的数学近似表达式：

$$\begin{cases} z = \tan\varphi \times (r-4) + 3.54 \quad (3.54 \leqslant z \leqslant 23.94) \\ (r-20-z\cot83°)2 = 0.501(z-23.94)^{1.434}\ln(\dfrac{72.8}{z-23.94}) \\ \qquad (23.94 < z \leqslant 96.74, R^2 = 0.916) \\ z = -19736.1 \times e^{(-r/4.4)} + 127.1(96.74 < z \leqslant 125.94, R^2 = 0.986) \end{cases} \quad (3-12)$$

式中：φ 为散体矿石的自然安息角，（°）；取 $\varphi = 39.46°$；其他符号意义同前。

放矿终了右侧放出体曲线与拟合曲线对比，如图 3-19 所示。

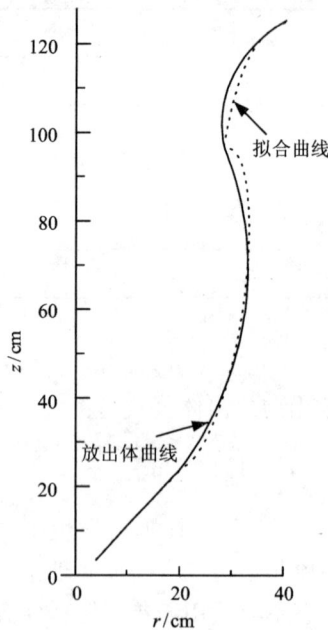

图 3-19 放矿终了右侧陀螺体曲线与拟合曲线对比图

综上可知，最高层位矿石被放出前，放出体为椭球体，椭球体性质符合随机介质理论，放出体可用式（3 – 11）描述；最高层位矿石被放出后，放出体为陀螺体，陀螺体性质与现有放矿理论不相符合，但可利用试验数据分三段描述；最高层位矿石被放出与否是椭球体向陀螺体转化的临界点。

3.3.4　松动体形态演化规律

试验中矿石从漏斗中放出，只有靠近漏斗的部分矿石参与运动。矿石运动范围可以通过试验模型看出。透过 PC 板记录出现松动的标记颗粒，在绘图板上绘制出标记颗粒位置，将标记颗粒光滑连接，连接范围内的散体矿石即对应松动体，如图 3 – 20 所示。

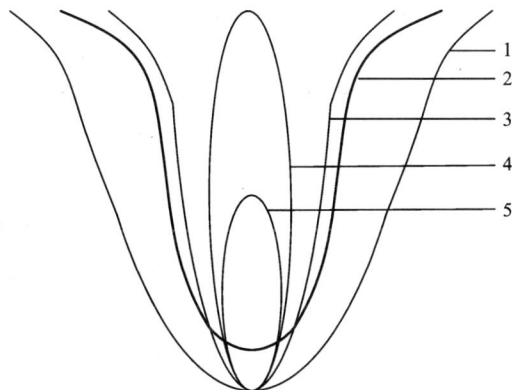

图 3 – 20　单漏斗隔离层下散体矿岩松动体形态
1—最终松动体；2—终了隔离层；3—后期过渡松动体；
4—临界松动体；5—前期过渡松动体

由图 3 – 20 可知，松动体还未发展到最高层位前，其形成规律与崩落矿岩松动体形成规律一致，均保持一完整近似椭球体。直至松动体发展至临界松动体，隔离层开始下沉，松动体在上部形成一个缺口，松动体形态整体呈现为喇叭形状，其上部为指数曲线，下部为部分近似椭球体。喇叭形终松动体随隔离层的下沉逐渐向外扩展，上部形态曲线拉长，下部形态曲线缩短，直至最终松动体的形成。最终松动体在 48 cm 以下形态是椭球体的一部分，在 48 cm 以上形态具有部分指数函数的性质。

3.3.5 隔离层界面形态演化规律

(1)柔性隔离层界面形态试验记录及演化规律基本描述

在实施大量放矿同步充填无顶柱留矿采矿方法大量放矿工艺室内相似试验过程中,每放出一定量的矿石散体介质后,记录隔离层界面下降深度 h,并用高速相机拍摄记录隔离层界面的形态位置。将具有代表性的第 3 次、第 7 次、第 10 次及放矿终了的隔离层界面形态曲线绘制在一张图上,可看出单漏斗试验隔离层界面形态的动态演化规律,如图 3-21 所示。

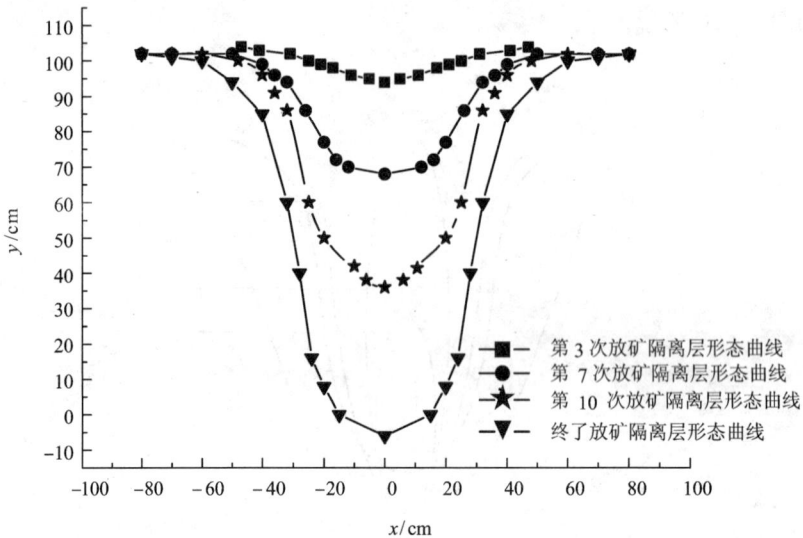

图 3-21 单漏斗试验隔离层界面形态的动态演化规律

未放矿时隔离层为直线型水平状态,当打开放矿漏斗口后,随着物理模型中的矿石介质不断放出,隔离层在回填废石载荷力与矿石散体流动场的共同作用下,逐渐弯曲变形且随矿石流动一起下降;隔离层下部散体介质中出现了明显空腔,且空腔体积不断扩大。剖面上,隔离层界面整体呈现出高斯曲线形态;但放矿过程中的空腔使底部隔离层与矿石分离,底部隔离层在上覆载荷与两侧隔离层拉力的作用下呈现出类似抛物线形状;尤其是在放矿后期,底部隔离层类似抛物线形状的现象愈加显著。

（2）隔离层界面形态的初始动态模型

根据物理模型设计特点（坐标原点设置在物理模型下边缘的中点），柔性隔离层每下降一定深度 h，可得对应深度下柔性隔离层 (x, y) 坐标。将各组 (x, y) 值依次输入到 Origin 数据处理软件中，用 Gauss 拟合函数分别对各组数据进行非线性拟合，各组回归相关系数都在 0.9 以上，故高斯模型可以很好地拟合各条曲线，相关参数见表 3 – 12。

表 3 – 12　隔离层拟合参数

h/cm	y_0/cm	x_c/cm	σ	h_1/cm
5	104.83886	-8.85×10^{-17}	21.36433	5.36781
10	104.18124	3.41×10^{-18}	18.59067	9.72113
17	104.09917	-2.84×10^{-17}	16.63854	17.54203
24	103.92538	-1.85×10^{-17}	18.63374	24.25461
32	103.01507	-1.08×10^{-16}	19.64289	32.44713
36	103.03218	-1.25×10^{-16}	19.90467	39.58472
46	103.32269	-1.96×10^{-16}	19.70454	49.72292
58	103.5178	1.58×10^{-16}	20.04461	62.38818
68	104.26188	-1.11×10^{-16}	21.40762	71.53941
76	104.2458	3.81×10^{-16}	22.05374	82.69378
88	104.3688	2.33×10^{-16}	22.12517	92.79021
98	103.31964	-1.12×10^{-16}	21.20082	105.65856
106	104.87366	2.68×10^{-16}	22.78717	116.40997
110	105.30568	-2.08×10^{-16}	23.60857	128.24866

高斯模型基本式为：

$$y = y_0 - h_1 \mathrm{e}^{-2[(x-x_c)/\sigma]^2} \qquad (3-13)$$

基于高斯模型基本式，可构建出剖面上整体呈现的高斯曲线的隔离层形态初始模型。式（3 – 13）中 y_0、h_1、x_c、σ 四个参数不存在任何物理意义，需在理论上建立各参数与隔离层形态初始模型参数之间的物理与数值关系。

基于高斯分布公式具有的集中性、对称性、标准差（σ 决定了高斯分布的幅度）及 3σ 法则等特征和本次试验的自身特点，对参数进行理论分析及修正。

①y_0 参数。

当 x 趋于无穷大时，由高斯分布 3σ 法则特征可知：$h_1 e^{-2(x/\sigma)^2}$。

结合试验特点明显可知，y_0 等于隔离层初始位置在网格的纵坐标值 H，即 $y_0 = H$。

②x_c 参数。

结合高斯分布集中性、对称性和试验隔离层最低点位于 $x = 0$ 处，即 $x_c = 0$。

③h_1 参数。

通过对 y_0、x_c 分析，可将式(3-13)作如下改写：

$$H - y = h_1 e^{-2(x/\sigma)^2} \qquad (3-14)$$

先对特殊点 $x = 0$ 进行分析，得出 $h_1 = h$。然后结合特殊点 $x = 0$ 的结论对曲线的一般性进行分析，利用反证法论证思维并结合高斯分布特点，易得出 $h_1 = h$ 为通解。

④σ 参数。

σ 参数是刻画隔离层在散体载荷作用下其形态分散程度的一个量。

影响 σ 参数大小的因素主要是散体与隔离层自身物理力学性质和隔离层下降深度 h，其关系可用 $\sigma = f(\alpha, \beta, h)$ 表示。

由表 3-12，对 σ 与 h 关系进行线性拟合，得：

$$\sigma = 0.0443h + 18.966 \qquad (3-15)$$

综上可得隔离层形态初始动态模型：

$$y = H - h e^{-2(x/\sigma)^2} \qquad (3-16)$$

(3)隔离层界面形态剖面整体动态函数式

y_0、x_c、h_1 参数与初始动态模型参数在数值上具有相等关系，但还需要利用统计学原理对数据进行有效检验。

现对各参数等式作变换如下：

$$X_1 = y_0 - H \qquad (3-17)$$

$$X_2 = x_c - 0 \qquad (3-18)$$

$$X_3 = h_1 - h \qquad (3-19)$$

X_1、X_2、X_3 三个母体均符合正态分布 (μ, σ^2)，其中 σ^2 未知。在各母体上作假设 $H_1 : \mu_1 = \mu_0 = 0$，$H_2 : \mu_2 = \mu_0 = 0$，$H_3 : \mu_3 = \mu_0 = 0$。

用 t 检验法检验，其统计量 $T = \dfrac{\overline{X} - \mu_0}{\dfrac{s^*}{\sqrt{n}}}$ 服从自由度为 $n-1$ 的 t 分布。给定显著水平 $\alpha = 5\%$，计算各母体的 $\overline{X}$、s^* 的数值。若 $|\bar{x} - \mu_0| \geq t_{\frac{\alpha}{2}}(n-1)\dfrac{s^*}{\sqrt{n}}$，则拒绝

假设 H_0，即 $\bar{x}$ 与 μ_0 有显著差异，若 $|\bar{x} - \mu_0| < t_{\frac{\alpha}{2}}(n-1)\dfrac{s^*}{\sqrt{n}}$，则接受 H_0，即 $\bar{x}$ 与 μ_0 无显著差异。将母体统计量列于表 3 - 13。

表 3 - 13　各母体统计量表

母体	计算 t 统计量绝对值	给定水平统计量值
X_1	0. 1160	2. 1604
X_2	0. 0685	2. 1604
X_3	3. 4088	2. 1604

由表 3 - 13 可知，假设 X_1、X_2 均无显著差异，只有 X_3 存在显著差异，则 h_1 与 h 不存在数值上的相等关系，故应对 $h_1 = h$ 作进一步修正处理。

通过回归 h_1 与 h 数据，得到 h_1 与 h 曲线关系图，如图 3 - 22 所示。

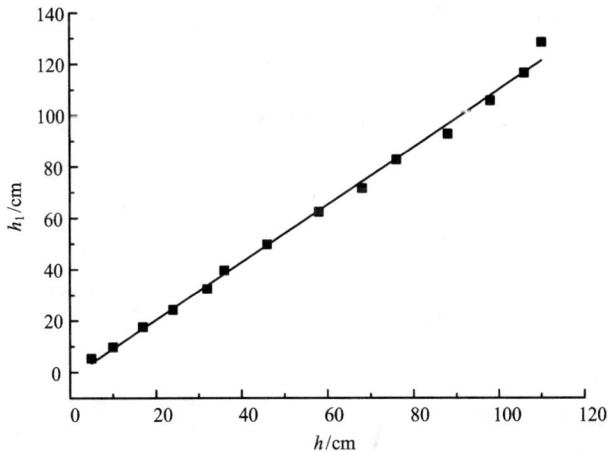

图 3 - 22　h_1 与 h 曲线关系图

由图 3 - 22 可知，h_1 与 h 存在线性关系，对 h_1 与 h 作如下修正处理：

$$h_1 = \lambda h \tag{3 - 20}$$

计算可得 $\lambda = 1. 1204$。

综上可得隔离层界面形态的动态函数式为：

$$y = H - \lambda h e^{-2(x/\sigma^2)} \tag{3 - 21}$$

式中：H 为隔离层初始纵坐标，cm；h 为隔离层下降深度，cm；σ 为隔离层曲线标准差；$\lambda = 1. 1204$。

（4）实测界面形态曲线与动态函数式比较

图 3 - 23 和图 3 - 24 分别为第 5 次及放矿终了隔离层形态曲线与拟合曲线对比图。

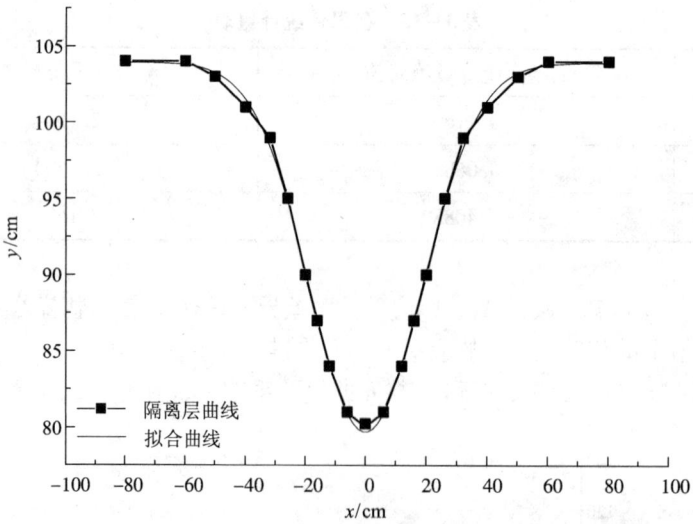

图 3 - 23　第 5 次隔离层形态曲线与拟合曲线对比图

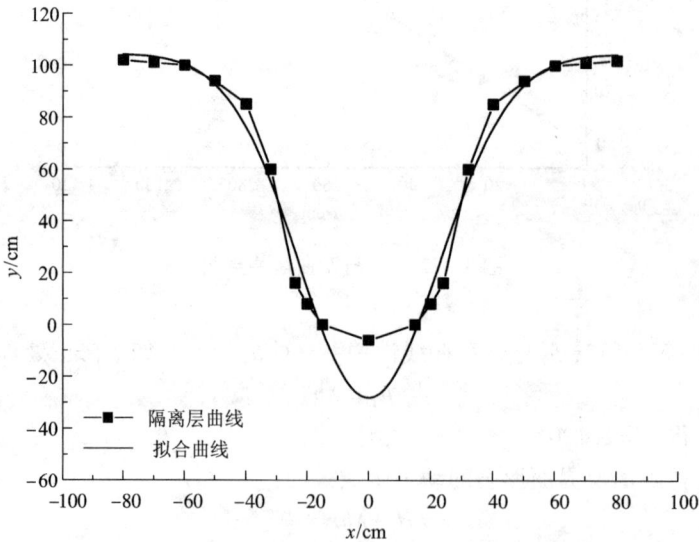

图 3 - 24　放矿终了隔离层形态曲线与拟合曲线对比图

由图 3 – 23、图 3 – 24 可知，式(3 – 21)拟合曲线与隔离层曲线在底部偏差较大，尤其是随着隔离层下降深度的增加，差异性表现得更加明显，在放矿终了时最低点误差为：$\eta = \dfrac{|\Delta h|}{h} = 16.5\%$。

虽式(3 – 21)拟合曲线精度较高，但由于放矿过程中空腔的存在，隔离层受散体介质摩擦力作用，底部隔离层下沉受到限制；在大量放矿后期，隔离层下部散体介质中的空腔不断扩大，隔离层形态曲线与拟合曲线在底部偏差逐渐增大；且由 h_1 与 h 之间的数值关系可推知，隔离层形态曲线与拟合曲线在底部的偏差逐渐增大。因此，隔离层形态动态函数式在底部不具有较强的适用性，需另寻一种函数来描述此部分隔离层界面形态。

(5)底部隔离层界面形态函数式

底部隔离层的弯曲变形受上覆散体载荷影响，呈现为类似抛物线形态。由于隔离层的重量对隔离层变形影响比上覆散体载荷对隔离层变形影响很小，故忽略不计。散体和隔离层整体受力状态如图 3 – 25 所示。

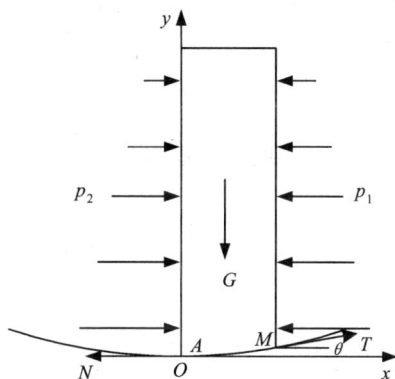

图 3 – 25　$\overset{\frown}{AM}$段散体和隔离层整体受力分析图

设隔离层最低点为 A，取 y 轴通过点 A 铅直向上，并取 x 轴水平向右，且取垂直纸面宽度为一个单位长度，设隔离层曲线方程为 $y = y(x)$，现考察点 A 到另一点 $M(x, y)$ 间的一弧段 $\overset{\frown}{AM}$，$\overset{\frown}{AM}$ 段散体两侧侧压力分别为 p_1、p_2，其所受重力为 G，密度为 ρ，高度为 h。因隔离层为柔性材料，所以在点 A 处张力沿水平的切线方向，其大小为 N，在点 M 处的张力沿该点的切线方向 z，设其倾角为 θ，其大小为 T。

作用在 $\overset{\frown}{AM}$ 段散体和隔离层上的外力整体上是平衡的，将作用在隔离层 M 点的力沿铅直和水平两个方向分解，得：

$$T\sin\theta = G \qquad (3-22)$$

$$T\cos\theta = N + \int p_1 \mathrm{d}y - \int p_2 \mathrm{d}y \qquad (3-23)$$

将式(3-22)除以式(3-23)，得：

$$\tan\theta = \frac{G}{N + \int p_1 \mathrm{d}y - \int p_2 \mathrm{d}y} \qquad (3-24)$$

由于 $\overset{\frown}{AM}$ 段与 x 轴划过的面积比其上覆散体面积要小很多，此部分散体重量的增加并不会引起隔离层较大的形变，因此散体重量可近似表示为

$$G \approx pghx \qquad (3-25)$$

散体侧压力表示式：

$$p = k_c\rho g h' \qquad (3-26)$$

式中：k_c 为侧压力系数；ρ 为散体密度 kg/m³；g 为重力加速度，m/s²；h'为深度，cm；p_1、p_2 分别为铅直和水平两个方面的测压力。

因 $\tan\theta = y'$，再将式(3-25)、式(3-26)代入式(3-24)，可得：

$$y' = \frac{\rho ghx}{N - \rho g \left(h - \dfrac{y}{2}\right)k_c y} \qquad (3-27)$$

将式(3-27)涉及的坐标原点取隔离层最低位置，则初始条件为：

$$y\big|_{x=0} = 0 \qquad (3-28)$$

利用式(3-28)初始条件对式(3-27)一阶微分方程求解，得到底部隔离层界面的函数表达式：

$$\frac{N}{\rho g}Y - \frac{hk_c}{2}Y^2 + \frac{k_c}{6}Y^3 = \frac{h}{2}X^2 \qquad (3-29)$$

(6)隔离层界面形态完整函数式综合确定

因式(3-21)坐标原点为试验模型的原点，而式(3-29)的坐标原点是隔离层的最低点坐标，为使两个方程在坐标原点上达到一致性，对式(3-29)做 $X = x$、$Y = y + H - h$ 坐标变换，可得：

$$\frac{N}{\rho g}(y + H - h) - \frac{hk_c}{2}(y + H - h)^2 + \frac{k_c}{6}(y + H - h)^3 = \frac{h}{2}x^2 \qquad (3-30)$$

式(3-30)是根据只有上覆载荷的情形下分析的，不适用于空腔边界以外的隔离层形态曲线。

式(3-30)在空腔边界的误差值如表3-14所示。

由表3-14可知，式(3-21)表达的曲线在空腔处误差值较小，可把空腔边界作为式(3-13)、式(3-30)隔离层界面形态表达函数的分界点。

表 3 – 14　空腔边界处误差值表

h/cm	差值/cm
10	0
17	0
24	0
32	0.5
36	1.5
46	1.5
68	0
76	1
88	−1
98	−2
106	−1
110	−1

空腔边界的倾角，随着隔离层的逐渐下沉增大至散体自然安息角 φ 后一直不变，由式(3 – 27)、式(3 – 29)联立求解，可得边界点方程：

$$\frac{N^2}{\rho^2 g^2}\tan^2\varphi + h^2 k_c^2 y^2 \tan^2\varphi + \frac{k_c^2}{4} y^4 \tan^2\varphi - \frac{2Nhk_c}{\rho g} y \tan^2\varphi$$

$$- hk_c{}^2 y^3 \tan^2\varphi - \frac{2Nh}{\rho g} y + h^2 k_c y^2 - \frac{hk_c}{3} y^3 = 0 \qquad (3 – 31)$$

式中：φ 为空腔边界倾角，(°)；其他符号意义同前。

由式(3 – 31)可解得空腔边界倾角为 φ 时的边界纵坐标 y_1，并可由 y_1 反代入式(3 – 27)或式(3 – 29)，求解得边界横坐标 x_1，即可得完整隔离层形态的数学模型：

$$\begin{cases} y = H - \lambda h^* \exp(-2(x/\sigma)2), & x > |x_1| \\ \dfrac{N}{\rho g}(y + H - h) - \dfrac{hk_c}{2}(y + H - h)2 + \dfrac{k_c}{6}(y + H - h)3 = \dfrac{h}{2} x^2, & x \leqslant |x_1| \end{cases} \qquad (3 – 32)$$

式中：H 为隔离层初始纵坐标，cm；h 为隔离层下降深度，cm；σ 为标准差；$\lambda =$ 1.1204；N 为隔离层最低点张力，N；ρ 为散体密度，$\mathrm{kg/m^3}$；k_c 为侧压力系数。

3.3.6 空腔形态演化规律

（1）空腔形成机理

空腔的形成是由于隔离层下沉速率滞后于隔离层下方矿石下沉速率，且充填废石的载荷不足，致使隔离层在最低点位置出现隔离层与下方矿石分离。

空腔形成的起始位置可用速度场进行解释，现作如下假设：

①视降落漏斗母线与隔离层最初水平线交点为一假想颗粒；

②视隔离层起始运动阶段对散体移动规律不产生影响，仍为矿－废直接接触模型；

③矿石最高层位移动后，散体移动后仍为无膨胀散体，各点密度保持不变；

④不考虑充填废石冲击荷载作用。

根据随机介质放矿理论可知无膨胀散体移动流轴速度方程，可将模型中流轴速度表示为：

$$v_z = -\frac{q}{\pi\beta H_1^\alpha} \tag{3-33}$$

式中：v_z 为散体垂直下降速度，m/s^2；q 为单位时间放出矿石量，kg；α、β 为散体流动性质和放出条件有关常数，H_1 为矿石高度，cm。

设隔离层起始高度为 H_2，隔离层与紧挨隔离层下表面矿石间距为 d_H，则紧挨隔离层矿石高度为 $H_2 - d_H$。由假设条件和式（3-33）可求得隔离层的速度 v_1 和紧挨隔离层下方矿石速度 v_2：

$$v_1 = -\frac{q}{\pi\beta H_2^\alpha} \tag{3-34}$$

$$v_2 = -\frac{q}{\pi\beta(H_2 - d_H)^\alpha} \tag{3-35}$$

将式（3-34）除以式（3-35），得：

$$\frac{v_1}{v_2} = \left(\frac{H_2 - d_H}{H_2}\right)^\alpha < 1 \tag{3-36}$$

当矿石最高层位刚发生移动时，漏斗母线与隔离层最初水平线交点处假想颗粒流动速度小于紧挨隔离层下方矿石速度，隔离层存在阻断回填废石与矿石间联系出现微小空隙；随着隔离层逐渐下沉，其制约作用逐渐明显，二者速率差逐渐增大，这是试验后期呈现宏观空腔的主要原因。

（2）空腔边界特性

空腔边界为隔离层中间向外围逐渐扩展的波动形式，其边界点系是矿石与隔离层间存在接触且法向应力为零点的集合。试验中，在隔离层下降深度为 48 cm 之前空腔形态为月牙形，之后为三角形，如图 3-26 所示。

如图 3 – 26(a) 所示, 两曲线交点 3, 即空腔边界点。交点 3 处, 两曲线的导数具有如下关系:

$$f'_1(x) = f'_2(x) \tag{3 – 37}$$

如图 3 – 26(b) 所示, 交点 3 处右侧颗粒沿着空腔面呈下滑趋势, 曲线 1 在交点 3 处的导数是存在的。

设交点 3 坐标为 $(\tau_{xy}, \rho g h)$, 则曲线 1 的导数存在如下关系:

$$f'_{1+}(x_1) = f'_{1-}(x_1) = f'_1(x_1) \tag{3 – 38}$$

曲线 2 的导数存在如下关系:

$$f'_{2+}(x_1) = f'_{2-}(x_1) = f'_2(x_1) = \tan\varphi \tag{3 – 39}$$

(a) 试验前期空腔

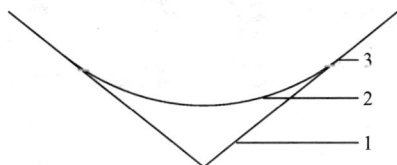

(b) 试验后期空腔

图 3 – 26　试验空腔演化图

1—矿石层面曲线 $f_1(x)$; 2—隔离层曲线 $f_2(x)$; 3—两曲线交点

曲线 1、曲线 2 的右导数在 x_1 处是相等的, 即

$$f'_{1+}(x_1) = f'_{2+}(x_1) \tag{3 – 40}$$

由式 (3 – 38) ~ 式 (3 – 40), 可得:

$$f'_1(x_1) = f'_2(x_1) = \tan\varphi \tag{3 – 41}$$

分析式 (3 – 37) 与式 (3 – 41) 的关系可知, 空腔边界处隔离层曲线与矿石层曲线相切, 切角先随着隔离层下降深度的增加而增加, 直到切角为矿石自然安息角 φ 后保持不变, 切点位置随着隔离层下沉由中间向两边逐渐发展呈波动形式, 放矿终了时切点的横坐标 $x = \pm 20$ cm。

3.4 全漏斗隔离层下散体介质流动规律物理试验

3.4.1 物理试验现象

模型各漏斗口从左至右标号依次为 1 至 7 号。

全漏斗隔离层下散体矿石流动规律试验中，通过上下振动长条木挡板，矿石不断从模型中均匀放出。初始阶段，隔离层与矿石面始终紧密接触在一起，并一起保持平缓下移；上部标记颗粒呈准直线下移；下部标记颗粒呈波浪形下移，且越往下标记颗粒形态的振幅越大。部分时刻（分别取第 1、3、8、9 次放矿）的全漏斗隔离层下散体矿石流动物理试验现象，如图 3 - 27 所示。

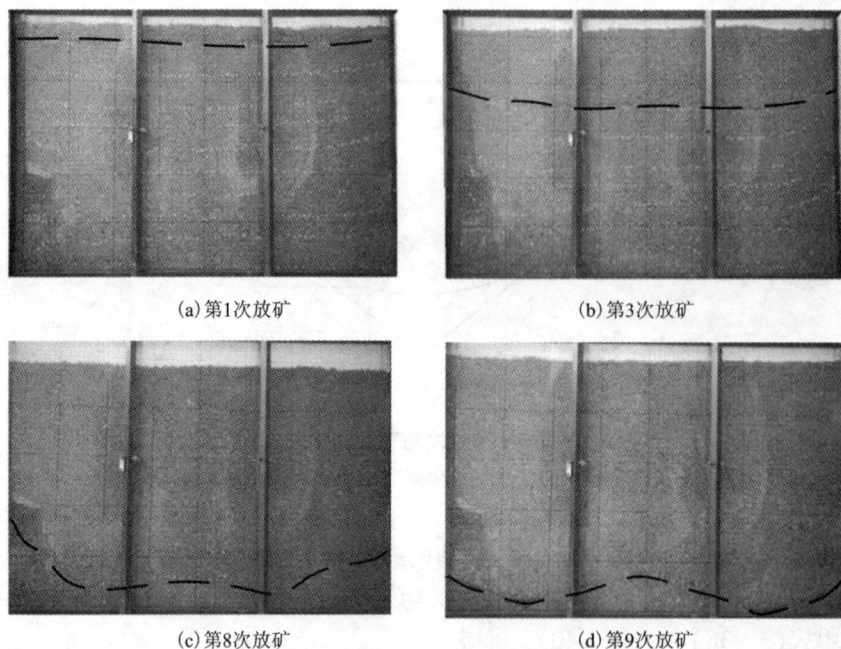

(a) 第1次放矿　　　　　　　　　　(b) 第3次放矿

(c) 第8次放矿　　　　　　　　　　(d) 第9次放矿

图 3 - 27　全漏斗隔离层下散体矿石流动物理试验现象

当放出量达到某一值时，隔离层与标记颗粒层出现凹凸不平。随着放出量的不断增多，凹凸现象越来越明显，凹陷的最低点偏向于 2、6 号漏斗口靠模型的外侧，在某些空间部位出现隔离层与矿石面脱离的现象。当各漏斗口不再有矿石放出时，隔离层呈波浪形悬浮于各漏斗上；且由于隔离层的阻碍、平整作用，模型中不存在脊部残留纯矿石的现象。

3.4.2 各漏斗放出量与放出高度的关系

根据试验中所铺设的标记颗粒层数,共进行 10 次放出量的计量称重。各漏斗口放出量 Q 与放出高度 H 的数据统计,如表 3 - 15 所示。

表 3 - 15 各漏斗口放出量 $Q(\mathrm{kg})$ 与放出高度 H 统计数据

H/cm	漏斗号						
	1	2	3	4	5	6	7
0	0	0	0	0	0	0	0
21.4	3.15	3.65	3.05	3.4	3.35	3.25	2.55
36.4	11.75	12.1	11.15	10.7	10.65	12.2	11.25
46.4	15.4	16.5	15.5	14.9	15.05	17.1	16.5
56.4	21.45	24	21.05	20.45	20.9	23.75	22.9
66.4	27.55	30.55	26.65	26.1	26.95	30.95	27.45
76.4	32	36.35	31.75	31.2	31.75	36.45	32.65
86.4	37.75	42.15	38.25	36.65	37.7	43.35	39.35
94.4	40.85	45.6	41.25	40.45	40.9	46.9	42.85
108.4	48.95	53.25	49.6	47.85	48.65	54.75	51.25
120.4	57.5	61.45	61.6	58.05	59.35	62.45	60.95

根据如表 3 - 15 所示的数据,绘制出各漏斗口放出量 Q 随放出高度 H 的变化曲线,如图 3 - 28 所示。

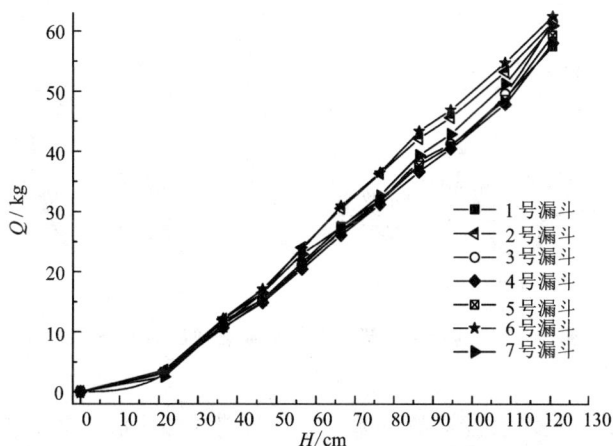

图 3 - 28 各漏斗口 $Q = f(H)$ 变化曲线图

由图 3-28 可知,7 个漏斗口中每一个的放出量均与放出高度先呈指数缓慢增长,后呈线性稳定增长。7 个漏斗口中每一个的放出量均与放出高度呈正相关。各漏斗口的放出量存在微小差异,在总放出量水平上第 1 号漏矿口的放出量最小,第 6 号漏矿口放出量最大,差值为 4.95 kg。第 2 号、第 3 号、第 7 号等 3 个漏矿口的放出量基本一致,为 61 kg 左右。第 4 号、第 5 号漏矿口放出量 59 kg,放矿能力居中。比较 1、7 号放出总量与其他两组对称漏斗放出总量值,出矿水平虽稍微有些降低,但基本保持在 120 kg 的放出水平。

可见,边界漏斗对放矿漏斗口放矿能力的影响并不大,单位时间内各漏斗放出矿量基本相等。该结论与文献[4]得出的"在单位时间内从一定直径的漏孔中放出的散体体积量为一常数"结论基本一致。

3.4.3　放出体形态演化规律

(1)放出体形态演化规律。

将全漏斗物理试验中的标记颗粒按原始坐标绘出,并将当次放出的标识颗粒光滑连接,绘制得到矿石放出体形态动态演化图,如图 3-29 所示。

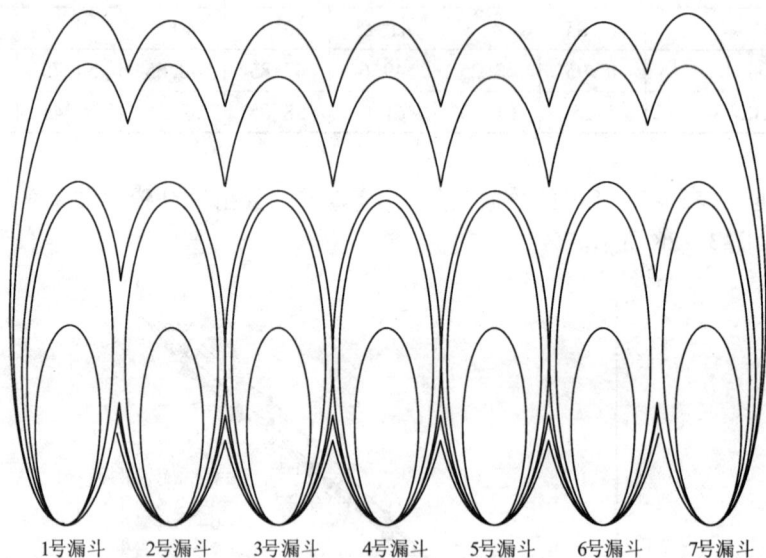

图 3-29　全漏斗物理试验散体矿岩放出体形态演化图

由图 3-29 可知,各漏斗放出体依然保持着单漏斗放出体为近似椭球体的性质,椭球体形态的发展也是随着放出量的不断增加而扩大。扩大到一定程度后,各漏斗放出体存在相交现象,且每个漏斗放出的矿石都基本来自两漏斗中心线间的矿石。1、7 号漏斗在边壁的影响下放出体的母线略向模型中部偏斜，与端部放矿规律具有一致性。

（2）放出体形态方程。

试验中 1、7 号漏斗靠近模型边壁，边壁对该漏斗的放出体形态存在较大的影响，使放出体母线偏向于模型中部，矿岩移动垂直边界。其他 5 个漏斗均远离模型边壁，边壁对放出体的影响可忽略不计，矿岩移动条件可近似看作为无限边界条件。

①2 ~ 5 号漏斗散体流动参数。

由随机介质理论无限边界条件下放出体平面方程确定散体流动参数，其公式为：

$$r^2 = (\alpha + 1)\beta' Z^{\alpha'} \ln \frac{H}{Z} \tag{3-42}$$

式中：r 为放出体横坐标，cm；z 为放出体纵坐标，cm；α'、β' 为散体流动参数，H 为放出体高度 cm。

试验后期 2 ~ 5 号漏斗口放出体是相交的，为获得更准确的试验数据，取 4 号漏斗放出高度为 79.93 cm 时的放出体边界点坐标数据（见表 3 - 16），用式（3 - 22）对表 3 - 16 中的数据进行回归拟合，拟合系数为 0.996，得出散体流动参数值 $\alpha' = 1.472$、$\beta' = 0.2715$，即可求得 4 号漏斗的放出体方程为：

$$r^2 = 0.6712 z^{1.472} \ln \frac{H}{z} \tag{3-43}$$

表 3 - 16　4 号漏斗放出高度为 79.93 cm 时的放出体边界点坐标数据

r/cm	z/cm
0	79.93
6.62	69.94
9.06	59.94
10.25	49.94
10.01	39.94
9.49	24.94

②1 号和 7 号漏斗散体流动参数。

由随机介质理论无限边界条件下放出体方程确定散体流动参数，其公式为：

$$[r - g(z)]^2 = (w + 1)\beta_1 z^{\alpha_1} \ln \frac{H}{z} \tag{3-44}$$

式中：$w = \dfrac{\alpha_1 + \alpha'}{2}$，$g(z) = kz^{\frac{\alpha_1}{2}}$；$\alpha_1$、$\beta_1$ 为沿进路方向的矿石散体流动参数；α' 为沿垂直于进路方向的矿石散体流动参数；k 为壁面影响系数；其值大小取决于壁面对散体的阻尼程度，其他符号意义同前。

取 7 号漏斗放出高度为 79.93 cm 时的放出体边界点坐标数据（见表 3 - 17），用式(3 - 24)对表 3 - 17 数据进行回归拟合，拟合系数为 0.998，可得边壁漏斗散体流动参数值 $\alpha' = 1.472$，$\alpha_1 = 1.2929$，$\beta_1 = 0.5755$，$k = 0.0154$，即可求得边壁条件下放出体方程为：

$$[r - 0.0154z^{1.2929}]^2 = 1.3711z^{1.2929}\ln\frac{H}{z} \qquad (3 - 45)$$

表 3 - 17　7 号漏斗放出高度为 79.93 cm 时的放出体边界点坐标数据

r/cm	z/cm
2.17	79.93
8.61	69.94
10.44	59.94
11.24	49.94
11.31	39.94
10.7	24.94

(3)放出体相切时的放出高度。

①中部漏斗放出体相切时的放出高度。

2 ~ 5 号漏斗位于模型中部，受边界影响小，放出体在任一时刻形态都相同且各母线平行，故放出体互切位置应在放出体的最宽部位，由 $\dfrac{\mathrm{d}r}{\mathrm{d}z} = 0$ 即可知最宽部位所在高度计算式为：

$$h = He^{-\frac{1}{a}} \qquad (3 - 46)$$

模型中相邻漏斗之间的间距 $l = 24$ cm，又由于放出体的扩展为完全同步过程，可知放出体的交点在相邻漏斗的垂直平分线上，即：

$$r = \frac{l}{2} = 12 \text{ cm} \qquad (3 - 47)$$

由式(3 - 23)、式(3 - 25)、式(3 - 26)联立可解得中部漏斗放出体互切时的放出高度 $H = 98$ cm。

②边壁漏斗与毗邻漏斗放出体相切时的放出高度。

边壁漏斗放出体与毗邻漏斗放出体相切状态与中部 5 个漏斗放出体相切状态不同，1、7 号漏斗放出体在边壁的影响下向模型中部偏斜，使得放出体的扩展与其他 5 个漏斗放出体不同步。因模型左右对称，1、2 号漏斗口的放出速度相等，即 $Q_1 = Q_2$。

$$\begin{cases} Q_1 = \dfrac{\sqrt{\beta\beta_1}\,\pi}{\omega + 1} z_{H_1}^{\omega+1} \\ Q_2 = \dfrac{\beta\pi}{\alpha + 1} z_{H_2}^{\alpha+1} \end{cases} \tag{3-48}$$

将散体流动参数代入式(3-48)，便可计算得 z_{H_1}，z_{H_2} 的关系式：

$$z_{H_2} = 1.1817 z_{H_1}^{0.9638} \tag{3-49}$$

结合式(3-43)、式(3-45)和式(3-49)，可得：

$$\sqrt{1.3711 z^{1.2929} \ln\left(\frac{z_{H_1}}{z}\right)} + \sqrt{0.6712 z^{1.472} \ln\left(\frac{1.1817 z_{H_1}^{0.9638}}{z}\right)} + 0.0154 z^{1.2929} = 24 \tag{3-50}$$

对式(3-50)方程求解，1 号漏斗放出高度为 z_{H_1}，可得 $z_{H_1} = 75$ cm，即为 1 号和 2 号漏斗相切时 1 号漏斗的放出高度。

3.4.4 隔离层界面形态演化规律

全漏斗物理试验中，隔离层的存在改变了原有应力传递规律，下部矿石在上覆废石覆压作用下变得更为平整。隔离层自身横向荷载不足以使隔离层继续与下部矿石接触而产生分离，在各漏斗的中心线上方形成或大或小的空腔，其空腔的大小以 2 号、6 号漏斗表现得最为显著。放矿全过程隔离层界面形态的演化规律，如图 3-30 所示。

为建立全漏斗隔离层下的矿石层面函数，首先分析全漏斗无隔离层放矿条件的最高矿石层面；然后根据隔离层的平整作用分析隔离层形态。

全漏斗无隔离层放矿条件下，颗粒沿迹线按速度 $v = v_r + v_z$ 向漏斗口移动；在纵坐标轴方向，颗粒移动速度的大小等于其位置坐标值随时间的变化速率，即有 $\frac{d_z}{d_t} = v_z$；将 v_z 代入式 $v = v_r + v_z$，沿颗粒迹线积分并把试验中放出体简化成 12 cm 宽立柱形模型，由随机介质理论可得放出量与颗粒位置之间的变换关系：

$$\begin{cases} r = r_0 + \displaystyle\int_{z_0}^{z} \Omega_r d_z \\ \dfrac{Q_r}{12} = \displaystyle\int_{z_0}^{z} \dfrac{1}{P(r, z)} d_z \end{cases} \tag{3-51}$$

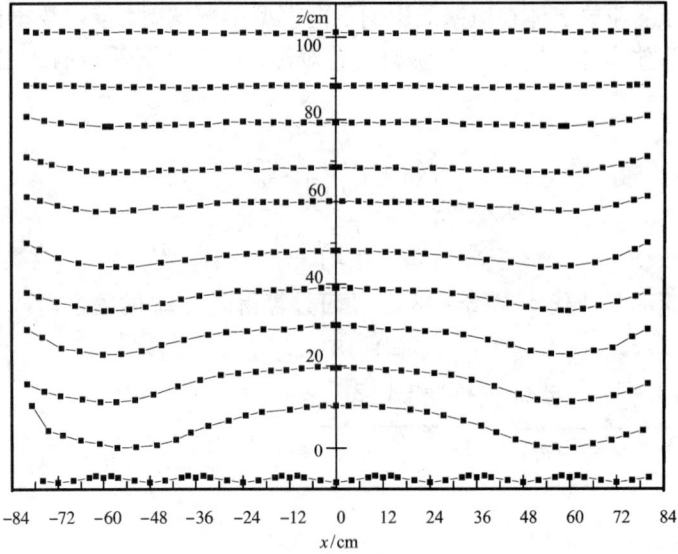

图 3 - 30　全漏斗物理试验隔离层界面形态的演化规律

式中：r_0、z_0 为颗粒原始位置坐标值，cm；r、z 为颗粒移动后新位置坐标值，cm；

Q_T 为放出总量，kg；$\Omega_r = \dfrac{a_s r}{2z} + \dfrac{a_s \eta_1}{z \eta_2}$，

$$\eta_1 = -12\exp\left[-\frac{(r-24)^2}{\beta_s z^{\alpha_s}}\right] + 12\exp\left[-\frac{(r+24)^2}{\beta_s z^{\alpha_s}}\right] - 24\exp\left[-\frac{(r-48)^2}{\beta_s z^{\alpha_s}}\right]$$

$$+ 24\exp\left[-\frac{(r+48)^2}{\beta_s z^{\alpha_s}}\right] - \frac{36}{A}\exp\left[-\frac{(r-72)^2}{\beta_s z^{\alpha_s}}\right] + \frac{36}{A}\exp\left[-\frac{(r+72)^2}{\beta_s z^{\alpha_s}}\right]$$

$$\eta_2 = \exp\left[-\frac{r^2}{\beta_s z^{\alpha_s}}\right] + \exp\left[-\frac{(r-24)^2}{\beta_s z^{\alpha_s}}\right] + \exp\left[-\frac{(r+24)^2}{\beta_s z^{\alpha_s}}\right] + \exp\left[-\frac{(r-48)^2}{\beta_s z^{\alpha_s}}\right]$$

$$+ \exp\left[-\frac{(r+48)^2}{\beta_s z^{\alpha_s}}\right] + \frac{1}{A}\exp\left[-\frac{(r-72)^2}{\beta_s z^{\alpha_s}}\right] + \frac{1}{A}\exp\left[-\frac{(r+72)^2}{\beta_s z^{\alpha_s}}\right]$$

$$P(r, z) = -\frac{1}{7\pi\beta_s z^{\alpha_s}}\exp\left[-\frac{r^2}{\beta_s z^{\alpha_s}}\right] - \frac{1}{7\pi\beta_s z^{\alpha_s}}\exp\left[-\frac{(r-24)^2}{\beta_s z^{\alpha_s}}\right]$$

$$-\frac{1}{7\pi\beta_s z^{\alpha_s}}\exp\left[-\frac{(r-48)^2}{\beta_s z^{\alpha_s}}\right] - \frac{1}{7\pi\beta_s z^{\alpha_s}}\exp\left[-\frac{(r+24)^2}{\beta_s z^{\alpha_s}}\right]$$

$$-\frac{1}{7\pi\beta_s z^{\alpha_s}}\exp\left[-\frac{(r+48)^2}{\beta_s z^{\alpha_s}}\right] - \frac{1}{7\pi\beta_s Az^{\alpha_s}}\exp\left[-\frac{(r+72)^2}{\beta_s z^{\alpha_s}}\right]$$

$$-\frac{1}{7\pi\beta_s Az^{\alpha_s}}\exp\left[-\frac{(r-72)^2}{\beta_s z^{\alpha_s}}\right]$$

α_s、β_s 为独立放矿时散体流动参数，A 为端壁切余系数。

$$A = \frac{1}{2} + \frac{1}{\sqrt{\pi}} \int_0^{\frac{12}{\sqrt{\beta z^{\alpha_s}}}} \exp(-\mu^2)\,\mathrm{d}\mu$$

其他符号意义同前。

在最高矿石层面高 z_H 上，对每次漏斗放出总量 Q_T，用式（3-51）计算此层面每一点颗粒移动后的新位置 (r, z)，可得出全漏斗无隔离层放矿条件下最高矿石层面移动后形态。

全漏斗无隔离层放矿条件下最高矿石层面形态近似为谐振波。最高矿石面移动形态可改写成波的形式 $z = A_1 \sin(wr + \varphi) + B$。全漏斗隔离层放矿条件下，因隔离层的存在，会对最高矿石层面的振幅和频率产生变化，但并不会改变波的特性。

因此，全漏斗隔离层放矿条件下的最高矿石层面可表示为：

$$z = A_1 \sin(w_1 r + \varphi) + B \qquad (3-52)$$

式中：A_1 为振幅；w_1 为频率；φ 为相位角；B 为偏离 x 轴的距离。

以试验坐标网格基点为原点，取水平向右为 x 轴正方向，取垂直向上为 z 轴正方向。由如图 3-30 所示隔离层形态演化曲线可知：在隔离层下降深度 0～109 cm 范围内，隔离层最低点未与放矿漏斗接触时，隔离层形态曲线的频率和相位角始终保持一致，所以式（3-53）中 w_1、φ 参数不变，因而将隔离层界面形态的曲线通式写为：

$$z = A_1 \sin(w_0 r + \varphi_0) + C - h - A_1 \qquad (3-53)$$

式中：$w_0 = \dfrac{\pi}{60}$；$\varphi_0 = 0°$；$C = 109$ cm，为模型中隔离层的最大下降深度；h 为隔离层的下降深度，cm。

为确定隔离层界面曲线与下降深度的关系，对隔离层界面在不同下降高度下的波幅进行统计，结果如表 3-18 所示。

运用 Origin 8.0 软件对表 3-18 的数据进行拟合，得到隔离层界面的波幅拟合曲线，如图 3-31 所示，拟合系数为 0.986。

表 3-18　隔离层界面在不同下降深度时凹凸幅度统计

下降深度/cm	凹凸幅度/cm
12	0.5
22	0.6
32	0.8

续表 3 - 18

下降深度/cm	凹凸幅度/cm
42	1
52	2
62	2.6
72	3
82	4.25
92	6

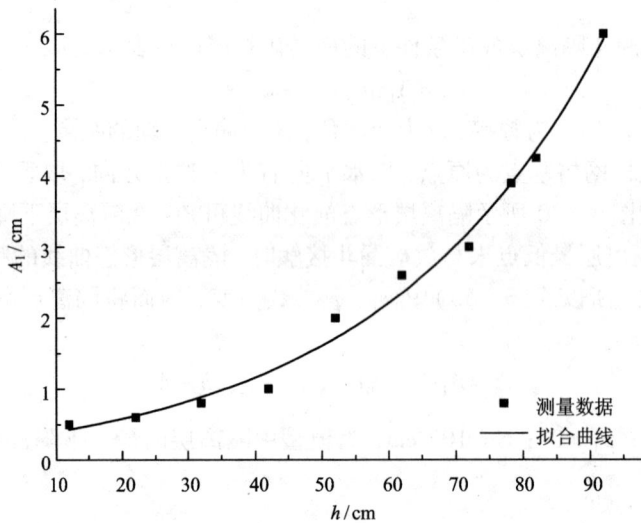

图 3 - 31   隔离层界面的波幅拟合曲线图

由图 3 - 31 可知，放矿过程中隔离层界面波幅随着下降深度的增加而增加。其拟合曲线方程为：

$$A_1 = -0.132 + 0.395e^{0.03h} \tag{3-54}$$

根据式(3-53)和式(3-54)，可以得到隔离层界面在下降过程中的形态曲线方程，即

$$z = (-0.132 + 0.395e^{0.03h})\sin\left(\frac{\pi}{60}r\right) + 109 - h + 0.132 - 0.395e^{0.03h} \tag{3-55}$$

在隔离层下降深度为 109 ~ 110.35 cm 时，隔离层界面形态主要是在模型中

部 $-60 \sim 60$ cm 内的变化。此范围内隔离层形态变化复杂,不仅存在波幅的变化,而且还存在频率的变化,且受试验偶然性的影响较大。在下降深度达到 110.35 cm 时,隔离层界面形态为终了状态,其形态呈谐振波。结合试验数据,隔离层界面最终形态曲线方程为:

$$z = 0.725\sin\left(\frac{\pi}{12}r\right) - 7.625 \qquad (3-56)$$

3.4.5 散体矿石移动速度场

速度方程决定了矿岩堆体内任一部位散体的移动状态,散体移动速度是表征矿石内在运动的重要参数。

全漏斗同步充填放矿试验中,矿石流动速度是各漏斗在矿石颗粒速度上的叠加,矿岩面平缓下移;且各漏斗单位时间内放出量相等(每个漏斗的放出速度相等)。7 个漏斗中受边壁影响最大的主要是 1、7 号漏斗,其余 5 个漏斗均可忽略边壁的影响。虽然 1、7 号漏斗靠近边壁,致使矿石的流动存在无影响区与过渡区,但是试验中 1、7 号漏斗放出体没有显著的差异。中部漏斗及边壁漏斗放出体差异如图 3-32 所示。

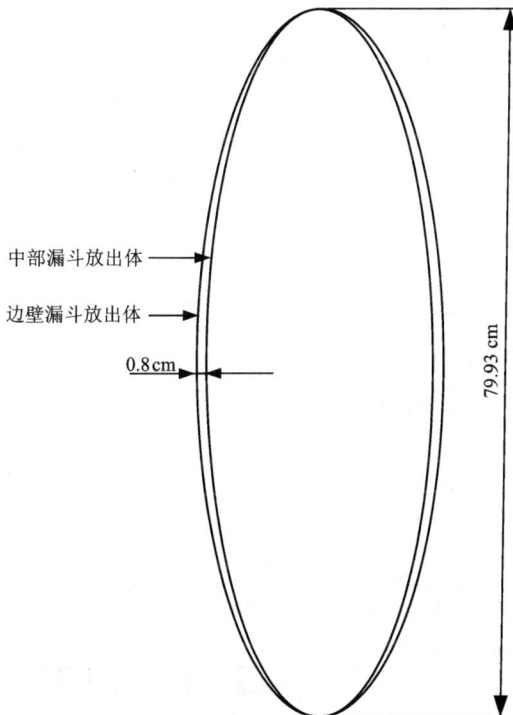

图 3-32 中部、边壁漏斗放出体差异图

近似取用其他5个漏斗独立放矿时流动参数值为1、7号漏斗独立放矿时流动参数值，把试验的速度考虑为平面模型，且由随机介质理论，可得各漏斗的散体移动速度方程。

2～5号漏斗散体移动速度方程：

$$\begin{cases} v_z = -\dfrac{q}{\pi\beta_s z^{\alpha_s}}\exp\left(-\dfrac{r^2}{\beta_s z^{\alpha_s}}\right) \\ v_r = -\dfrac{\alpha_s qr}{2\pi\beta_s z^{\alpha_s+1}}\exp\left(-\dfrac{r^2}{\beta_s z^{\alpha_s}}\right) \end{cases} \tag{3-57}$$

式中：α_s、β_s为独立放矿时散体流动参数；q为单位时间放出量，kg；v_z为铅直速度，m/s；v_r为水平速度，m/s；其他符号意义同前。

1、7号漏斗散体移动速度方程：

$$\begin{cases} v_z = -\dfrac{q}{\pi\beta_s A z^{\alpha_s}}\exp\left(-\dfrac{r^2}{\beta_s z^{\alpha_s}}\right) \\ v_r = -\dfrac{\alpha_s qr}{2\pi\beta_s A z^{\alpha_s+1}}\exp\left(-\dfrac{r^2}{\beta_s z^{\alpha_s}}\right) \end{cases} \tag{3-58}$$

式中：A为端壁切余系数，$A = \dfrac{1}{2} + \dfrac{1}{\sqrt{\pi}}\int_0^{} \exp(-\mu^2)\,\mathrm{d}\mu$；其他符号意义同前。

以4号漏斗放出体最低点为坐标原点，取z轴通过放出体母线铅直向上，并取r轴水平向右。对其他漏斗6个速度方程均作相应的变换，调整至统一坐标系内，则采场中任意点速度是7个漏斗在该点速度的叠加，其铅直、水平速度分别为：

铅直速度：

$$v_z = -\frac{q}{\pi\beta_s z^{\alpha_s}}\exp\left[-\frac{r^2}{\beta_s z^{\alpha_s}}\right] - \frac{q}{\pi\beta_s z^{\alpha_s}}\exp\left[-\frac{(r-24)^2}{\beta_s z^{\alpha_s}}\right] - \frac{q}{\pi\beta_s z^{\alpha_s}}\exp\left[-\frac{(r-48)^2}{\beta_s z^{\alpha_s}}\right] -$$

$$\frac{q}{\pi\beta_s z^{\alpha_s}}\exp\left[-\frac{(r+24)^2}{\beta_s z^{\alpha_s}}\right] - \frac{q}{\pi\beta_s z^{\alpha_s}}\exp\left[-\frac{(r+48)^2}{\beta_s z^{\alpha_s}}\right] - \frac{q}{\pi\beta_s A z^{\alpha_s}}\exp\left[-\frac{(r+72)^2}{\beta_s z^{\alpha_s}}\right] -$$

$$\frac{q}{\pi\beta_s A z^{\alpha_s}}\exp\left[-\frac{(r-72)^2}{\beta_s z^{\alpha_s}}\right] \tag{3-59}$$

水平速度：

$$v_r = -\frac{\alpha_s qr}{2\pi\beta_s z^{\alpha_s+1}}\exp\left[-\frac{r^2}{\beta_s z^{\alpha_s}}\right] - \frac{\alpha_s q(r-24)}{2\pi\beta_s z^{\alpha_s+1}}\exp\left[-\frac{(r-24)^2}{\beta_s z^{\alpha_s}}\right] - \frac{\alpha_s q(r+24)}{2\pi\beta_s z^{\alpha_s+1}}$$

$$\exp\left[-\frac{(r+24)^2}{\beta_s z^{\alpha_s}}\right] - \frac{\alpha_s q(r-48)}{2\pi\beta_s z^{\alpha_s+1}}\exp\left[-\frac{(r-48)^2}{\beta_s z^{\alpha_s}}\right] - \frac{\alpha_s q(r+48)}{2\pi\beta_s z^{\alpha_s+1}}\exp\left[-\frac{(r+48)^2}{\beta_s z^{\alpha_s}}\right] -$$

$$\frac{\alpha_s q(r-72)}{2\pi\beta_s A z^{\alpha_s+1}}\exp\left[-\frac{(r-72)^2}{\beta_s z^{\alpha_s}}\right] - \frac{\alpha_s q(r+72)}{2\pi\beta_s A z^{\alpha_s+1}}\exp\left[-\frac{(r+72)^2}{\beta_s z^{\alpha_s}}\right] \tag{3-60}$$

式(3-59)、式(3-60)中散体流动参数的物理意义与单漏斗放矿试验条件下的散体流动参数相同。

根据单漏斗放矿试验条件下由随机介质理论中平面放出体公式拟合的散体流动参数,可知 $\alpha_s = 1.453$,$\beta_s = 0.465$。

式(3-60)、式(3-61)是在不考虑二次松散系数下建立的速度叠加方程,较为复杂。实际放矿中,因二次松散系数的存在,每个漏斗的边界影响范围是有限的。若利用式(3-59)、式(3-60)计算某点的速度,用 3σ 统计原则,移动带边界计算式为:

$$R = 3\sigma = 3\sqrt{\frac{1}{2}\beta_s z^{\alpha_s}} \qquad (3-61)$$

由式(3-61)可确定各漏斗边界移动范围为:

$$R = 1.447 z^{0.727} \qquad (3-62)$$

根据式(3-62),可在模型直角坐标系中绘制各漏斗移动带边界叠加效果,如图3-33所示。

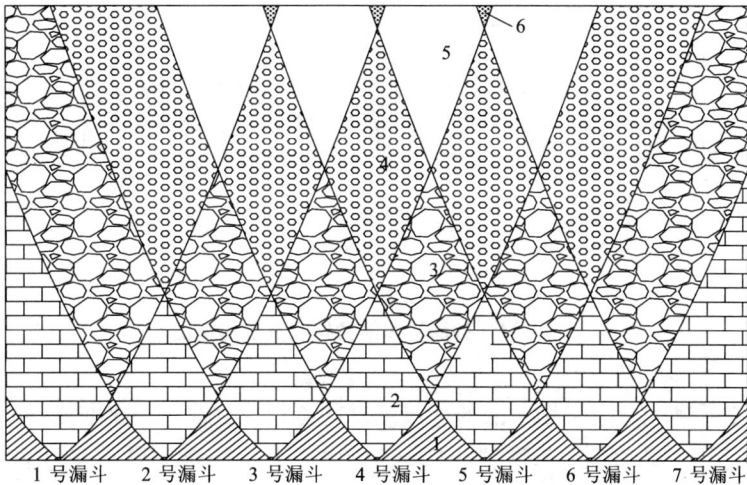

图 3-33　各漏斗移动带边界叠加图

由图3-33可知,斜线1号区在采场最底端,为各漏斗不影响区域,散体颗粒不发生移动,在以漏斗为底部结构的采场中,这部分区域被桃形矿柱所代替;砖块2号区域位于各漏斗的上方,但所处位置较低,此部分矿石均在旁边漏斗移动带边界之外,所以2号区域只受对应漏斗的影响;碎石3号区域位于相邻漏斗的中央,所处位置在采场中部,由于相邻漏斗移动带边界随着高度的增加逐渐向外扩展,使得此部分矿石的流动受矿石两边漏斗的影响;六边形的4号区域在各漏斗的正上方且位于采场的上部，矿石的流动受对应区域的3个漏斗的影响；空白的5号区域在3号区域上方且在采场最上部，矿石流动受5号区域旁边的4个漏斗的影响；十字叉的6号区域位于采场最上部的中部，此部分矿石主要受5个漏斗的影响。

实际运算中，只需计算散体颗粒所受影响漏斗的速度，可利用图3-33中不同影响区域对式(3-59)、式(3-60)进行简化处理。

利用式(3-59)、式(3-60)可得到当各漏斗单位时间放出量q时各层矿石颗粒铅直、水平速度，如图3-34、图3-35所示。

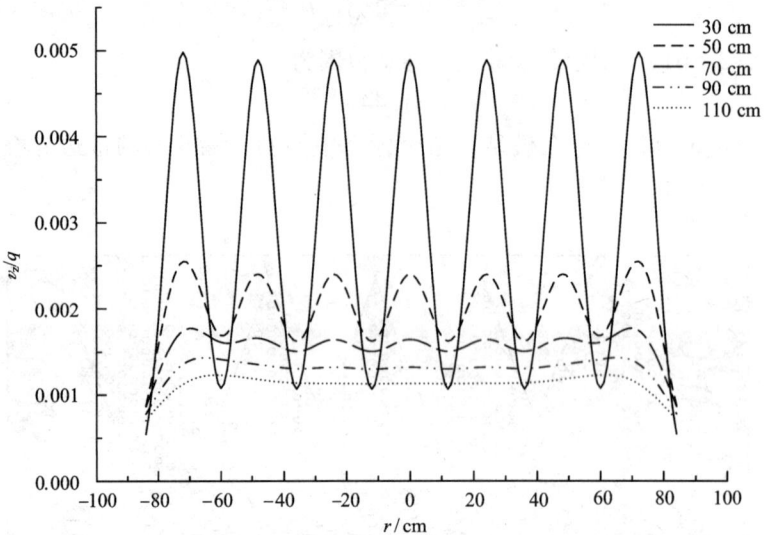

图3-34 各层散体颗粒铅直叠加速度图

由图3-34可知，采场下部的速度波动幅度最大，越往上速度波动幅度越小，最后基本趋于一条直线，与物理放矿试验中的"上层的标记颗粒呈准直线形，下层的标记颗粒呈波浪形，且越往下标记颗粒形态的振幅越大"的现象相吻合；1、7号漏斗由于受到边壁的影响，其漏斗中心线速度均大于其他5个漏斗，矿石流动性最好；最靠近边壁的速度在整个采场中速度最小，散体颗粒在采场中的流动性最差。

由图3-35可知，采场中各层位的水平速度均为一条正弦曲线，在$v=0$水平以上的表示速度方向向右，$v=0$水平以下的表示速度方向向左，颗粒水平速度的运动方向是判断颗粒从哪个漏斗放出的判据；图3-35中有13个集结点，除$x=0$处始终等于0外，其他点都在各漏斗中心线附近和两漏斗中心线附近集结，这

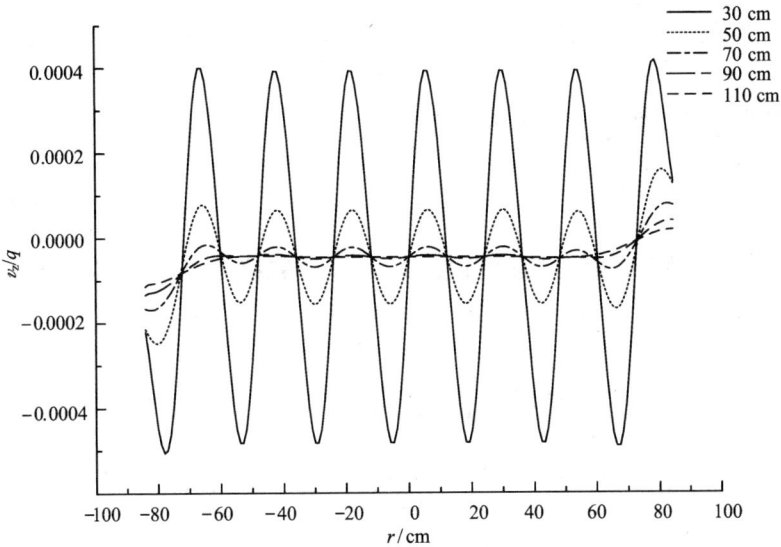

图 3 - 35　各层散体颗粒水平叠加速度图

也说明了每个漏斗放出的矿石都基本来自两漏斗中心线间的矿石。

综合图 3 - 34、图 3 - 35 可知，1、7 号漏斗的水平速度与铅直速度大小都受边壁的影响，速度值均大于其他 5 个漏斗，边壁铅直速度最小，边壁水平速度最大，速度偏离于边壁，从而使得 1、7 号漏斗放出体偏向于模型中部。由于 1、7 号漏斗水平、垂直速度均大于其他漏斗的速度，使得 2、6 号漏斗靠模型外侧矿石的叠加速度较大，且 2、6 号漏斗上方的矿石的流动并不受边壁摩擦阻力的影响，致使试验中 2、6 号漏斗上方靠模型外侧矿石下降最快，各层标记颗粒在此部位极易表现为凹型。

3.4.6　散体矿石移动迹线

全漏斗同步放矿时，与单漏斗条件下试验现象有所不同。自放矿开始，整个采场中的矿石都投入了运动，散体颗粒不断移动与放出，进入放出体范围内的散体已被放出，位于放出体边界上的散体颗粒在统计意义上刚好到达漏斗口，放出体之外的散体尚未移到放出口。为确定未被放出的散体的移动位置，需建立颗粒点移动方程。

对于移动带内任一固定点，颗粒经过该点时的移动迹线的切线，应与该点速度方向切线共线，绘制出移动迹线与移动方向的关系，如图 3 − 36 所示，即 $\dfrac{d_r}{d_z} = \dfrac{v_r}{v_z}$，由此可确定颗粒移动迹线方程为：

$$r = r_0 + \int_{z_0}^{z} \Omega_r d_z \qquad (3-63)$$

式中：r_0、z_0 为颗粒原始位置坐标值，cm；r、z 为颗粒移动后新位置坐标值，cm；

$\Omega_r = \dfrac{a_s r}{2z} + \dfrac{\alpha_s \eta_1}{z \eta_2}$；

$$\eta_1 = -12\exp\left[-\frac{(r-24)^2}{\beta_s z^{\alpha_s}}\right] + 12\exp\left[-\frac{(r+24)^2}{\beta_s z^{\alpha_s}}\right] - 24\exp\left[-\frac{(r-48)^2}{\beta_s z^{\alpha_s}}\right]$$

$$+ 24\exp\left[-\frac{(r+48)^2}{\beta_s z^{\alpha_s}}\right] - \frac{36}{A}\exp\left[-\frac{(r-72)^2}{\beta_s z^{\alpha_s}}\right] + \frac{36}{A}\exp\left[-\frac{(r+72)^2}{\beta_s z^{\alpha_s}}\right];$$

$$\eta_2 = \exp\left[-\frac{r^2}{\beta_s z^{\alpha_s}}\right] + \exp\left[-\frac{(r-24)^2}{\beta_s z^{\alpha_s}}\right] + \exp\left[-\frac{(r+24)^2}{\beta_s z^{\alpha_s}}\right] + \exp\left[-\frac{(r-48)^2}{\beta_s z^{\alpha_s}}\right]$$

$$+ \exp\left[-\frac{(r+48)^2}{\beta_s z^{\alpha_s}}\right] + \frac{1}{A}\exp\left[-\frac{(r-72)^2}{\beta_s z^{\alpha_s}}\right] + \frac{1}{A}\exp\left[-\frac{(r+72)^2}{\beta_s z^{\alpha_s}}\right];$$

其他符号意义同前。

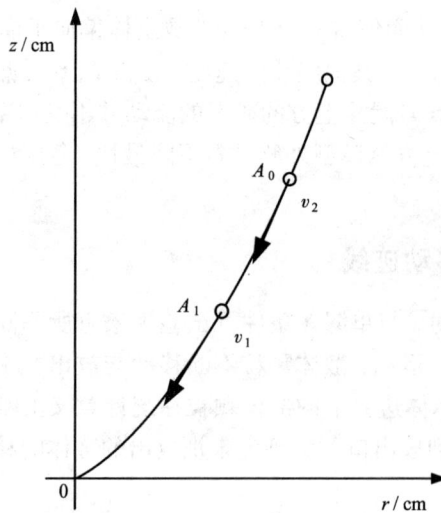

图 3 − 36　移动迹线与移动方向的关系

3.4.7　散体矿石等速体

按传统放矿理论,铅直下降速度相等的形体称之为等速体[8]。利用式(3-60)并结合 Matlab 软件,可绘制出全漏斗放矿等速体,如图 3-37 所示。

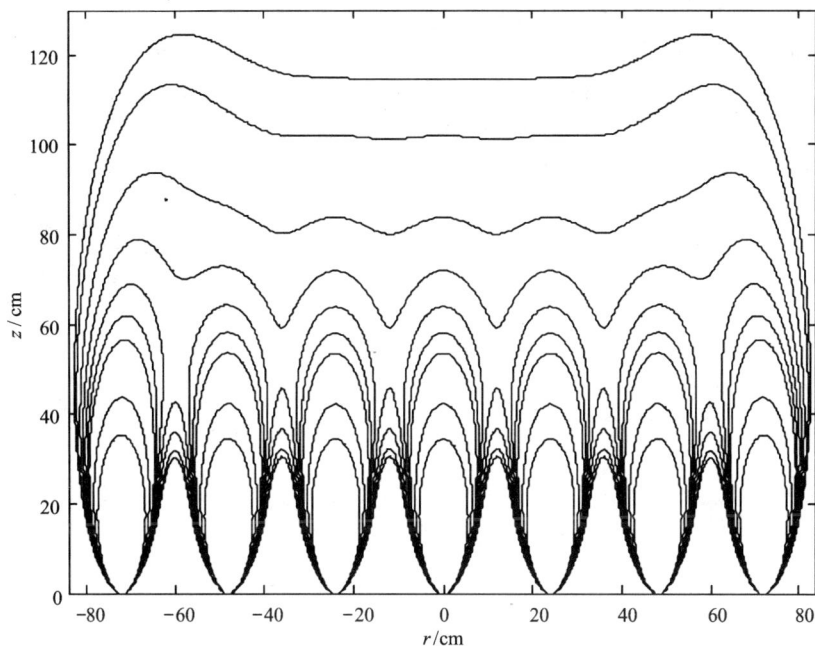

图 3-37　全漏斗放矿等速体

由图 3-37 可知,等速体以 4 号漏斗母线轴对称,在试验模型的中下部为完整的椭球体。1、7 号漏斗等速体偏向模型中部,且等速体形态略大于中部等速体。在试验模型中上部,因速度之间的互相叠加,完整的等速椭球体相交,呈两边高、中间低的波动形式,且越靠近上部波动幅度越小。

在全漏斗放矿试验中,等速体与放出体存在相似关系,均在试验模型中下部,均为完整椭球体;在试验模型的中上部,皆为波动曲线,且均受边壁漏斗影响而偏向于模型中部。速度分布与放出体形态高度吻合,表明了二者具有紧密相关性,通过散体移动场可揭示放出体形态曲线演化规律的本质特征。

参考文献

[1] 李祖瑶. 浅谈物理实验的意义[J]. 河南农业, 2010, 19(8): 64-64.

[2] 王昌汉. 放矿学[M]. 北京: 冶金工业出版社, 1982.

[3] 任凤玉. 随机介质放矿理论及其应用[M]. 北京: 冶金工业出版社, 1994.

[4] Г. М. 马拉霍夫. 崩落矿块的放矿[M]. 北京: 冶金工业出版社, 1958.

[5] 卢少微, 谢怀勤. 置入FBG传感器的CFRP加固RC梁在线监测技术研究[J]. 应用基础与工程科学学报, 2007, 15(3): 387-395.

[6] Castro R. Study of the mechanisms of gravity flow for block caving[D]. Sydney: University of Queensland, 2006.

[7] 刘振东. 无底柱分段崩落法结构参数优化研究[D]. 衡阳: 南华大学, 2011.

[8] 乔登攀, 任凤玉. 崩落矿岩散体移动密度场及速度场[J]. 中国矿业, 2004, 13(4): 55-57.

第 4 章　隔离层下散体介质
流动规律数值试验

数值试验是人们认识自然规律的手段之一[1-3]。与物理试验相比,数值试验可节省试验材料的耗费,降低试验人员的劳动量。

数值分析方法主要包括确定性分析方法和非确定性分析方法。其中,确定性分析方法主要有连续介质分析方法和非连续介质分析方法[4]。非连续介质分析方法主要包括离散单元法、关键块体理论和不连续变形分析法三种。离散单元法(Discrete Element Method,简称 DEM)是 Cundall 博士于 1971 年提出来的,其理论依据是采用牛顿第二定律或差分格式求解块体的位移,并用时步积分累积求算块体的大位移[5,6]。该方法适用于分析准静力或动力条件下解理系统或块体结合的力学问题,已在采矿工程、岩土工程等领域中得到成功应用,并愈来愈受到工程界和学术界的重视[7]。

基于离散单元理论的 PFC 软件(分 2D 与 3D 版本)是通过离散单元方法来模拟圆形颗粒介质的运动及其相互作用,既可直接模拟圆形颗粒的运动与相互作用,也可通过两个或多个颗粒与其直接相邻的颗粒连接形成任意形状的组合体来模拟块体结构。PFC 软件中颗粒单元的直径可以是一定的,也可按高斯分布规律分布,单元生成器根据所描述的单元分布规律自动进行统计并生成单元[8-12]。为拓展 PFC 的功能,PFC 软件配置了具有强大功能的 FISH 语言,允许用户定义新的变量和函数,可满足用户添加其他特征的要求。

采用 PFC 软件开展柔性隔离层下散体介质流动规律数值试验,能够从细观角度对矿石移动规律进行本质性的分析和描述;可直观地展现散体矿石、隔离层界面的演化规律。

4.1　数值试验模型的构建与相关参数的选取

4.1.1　数值试验模型的构建

本书数值试验采用 PFC^{2D} 进行,根据大量放矿同步充填无顶柱留矿采矿方法物理试验模型结构尺寸,放矿数值试验模型长 168 cm、宽 128 cm、漏斗口间距 24 cm。

数值试验模型墙体结构如图 4 – 1 所示。

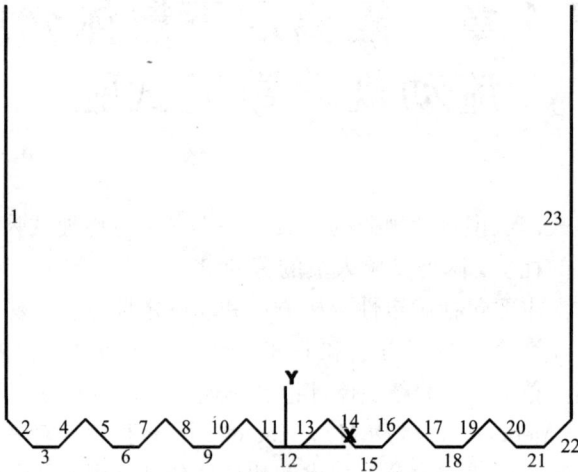

图 4 – 1　数值试验模型墙体结构图

整个墙体结构共由 23 面墙组成，漏斗壁与水平面的夹角为 45°。模型底部由 7 个尺寸相同的漏斗组成，每个漏斗由 3 面"墙"构成，由左至右依次将数值试验模型各漏斗口标号为 1 至 7 号，其中 3、6、9、12、15、18、21 分别代表漏斗的底墙。1、23 代表数值试验模型的边壁。

当底墙被删除后，漏斗被打开，表示放矿开始。

4.1.2　数值试验的步骤与相关参数的选取

(1)单漏斗隔离层下散体矿石流动规律试验步骤与参数选取。

为弄清单漏斗隔离层下散体矿石流动规律与隔离层演变规律，颗粒黏结采用抗旋转模型，颗粒生成采用自重堆积法。

数值试验过程分为以下四个阶段：

①初始建模。

在模型内从 0.08 cm 到 130 cm 内生成若干矿石颗粒，赋予矿石颗粒重力加速度 $g = 9.81$ m · s^{-2}，并赋予墙体及颗粒力学参数，如表 4 – 1 所示，初始模型矿石颗粒摩擦系数取 0.3，以使初始平衡模型充填密实。待模型平衡后，以每 10 cm 高度对颗粒分层化处理，并删除 128 cm 水平以上的矿石颗粒。

表 4 - 1　墙体及初始矿石颗粒力学参数

墙体			初始颗粒				
切向刚度 /(N·m⁻¹)	法向刚度 /(N·m⁻¹)	摩擦系数 /(N·m⁻¹)	法向刚度 /(N·m⁻¹)	切向刚度 /(N·m⁻¹)	摩擦系数	矿石颗粒密度 /(kg·m⁻³)	矿石颗粒半径/m
1×10^7	1×10^7	0.5	5×10^7	5×10^7	0.3	2800	0.08

②柔性隔离层的生成。

为实现柔性隔离层模拟, 在矿石颗粒面上生成一排长 250 cm、半径 0.0015 cm 的颗粒, 颗粒黏结采用平行黏结, 生成方式采用 Cubic 命令, 并赋予隔离层力学参数, 如表 4 - 2 所示。

表 4 - 2　隔离层力学参数

切向刚度 /(N·m⁻¹)	法向刚度 /(N·m⁻¹)	平行黏结法向刚度 /(N·m⁻¹)	平行黏结切向刚度 /(N·m⁻¹)	矿石颗粒密度 /(kg·m⁻³)	摩擦系数	平行黏结弹性模量 /Pa	颗粒半径 /m
1×10^7	1×10^7	1×10^6	1×10^6	2000	0.4	5×10^7	0.0015

③计算过程。

计算前, 改变颗粒接触为抗旋转模型, 赋予矿石颗粒的力学计算参数, 如表 4 - 3 所示, 并在各漏斗口处编译防卡漏 FISH 语言函数。删除 12 号底墙之后, 漏斗口被打开, 矿石颗粒从漏斗口放出, 矿石流动随即开始。放矿过程中借助 PFC²D 中 FISH 编译循环语句, 每计算若干时步, 关闭 4 号漏斗, 并在矿石颗粒面上生成适量的充填废石颗粒, 以实现同步充填效果, 待模型在自重作用下解算平衡后, 删除多余的充填废石颗粒, 并再次打开所有漏口, 进入下一循环的计算, 直至隔离层到达漏斗口而停止放矿。

表 4 - 3　矿石颗粒力学参数

切向刚度 /(N·m⁻¹)	法向刚度 /(N·m⁻¹)	摩擦系数	抗旋转摩擦系数	矿石颗粒密度 /(kg·m⁻³)	矿石颗粒半径/m
5×10^7	5×10^7	0.5	0.5	2800	0.08

④信息记录。

每次计算完后, 利用 History 命令和颗粒信息循环函数记录每次放出的矿石量及放出颗粒的 ID 号, 利用 Save 命令保存模型平面信息。结合放出颗粒的 ID 号和初始平衡状态下颗粒的坐标值(x,y)，即可得到每个放出颗粒的初始平衡位置，这部分颗粒所形成的区域即为放出体。通过上述过程可以实现放出体形态的可视化，可直观描述放出体在采场中的具体位置、统计放出矿石量，为描绘放出体高度与放出量的关系提供数据。通过 Save 命令保存的模型平面界面信息可直接观察放矿试验中隔离层、标记隔离层的演化规律，客观地反映数值试验中矿石流动、隔离层界面演化的现象与规律。

(2)全漏斗隔离层下散体矿石流动规律试验步骤与参数选取。

全漏斗隔离层下试验步骤及选取的参数与单漏斗隔离层下试验基本一致。不同之处在于柔性隔离层的生成步骤中柔性隔离层长度为 178 cm；计算过程步骤中矿石颗粒抗旋转摩擦系数取值为 0.3(多次调试综合取值)，且计算过程中漏斗开闭方式为 1~7 号漏斗同时全部打开或关闭。

4.2 单漏斗隔离层下散体介质流动规律数值试验

4.2.1 数值试验现象

单漏斗隔离层数值试验中，因散体矿石的不断放出，隔离层逐渐下降。每放出一定矿石量后，利用颗粒信息循环函数记录放出标记颗粒的编号及用 Save 命令保存模型界面信息，单漏斗隔离层下矿石流动规律，如图 4-2 所示。

打开漏斗口后，漏口附近矿石参与运动且范围随着放出量的增加而不断扩大。各层标记颗粒由下至上依次下沉直至隔离层，整体呈现高斯分布形态。隔离层下沉后其形态与标记颗粒相似，也呈现为高斯分布形态，但底部隔离层形态较为平滑，不以尖角的形式出现，且在其底部附近出现了空腔。空腔形态随放出矿石量的增多愈加明显。漏斗母线处各层标记颗粒之间距离逐渐增大，层间距逐渐缩短，放矿口上部未放出的标记颗粒杂乱无序。

4.2.2 放出体形态演化规律

基于单漏斗数值试验中每次放出颗粒的 ID 号和初始平衡状态下颗粒的坐标值(x,y)，对初始数值试验模型散体矿石进行分组还原，可得到每个放出颗粒的初始平衡位置，这部分颗粒所形成的区域即为放出体，单漏斗隔离层下放出体形态演化规律如图 4-3 所示。

由图 4-3 可知，最高层面颗粒未被放出前放出体形态为完整近似椭球体，且逐渐增大至颗粒最高层面，并未因隔离层的存在而改变基本规律，仍符合传统放矿理论规律；最高层面颗粒被放出后，放出体形态发生了明显变化，上部受隔离层滑动影响，变为新的曲线，不再是椭球体的一部分，中间部分由于放矿过程中

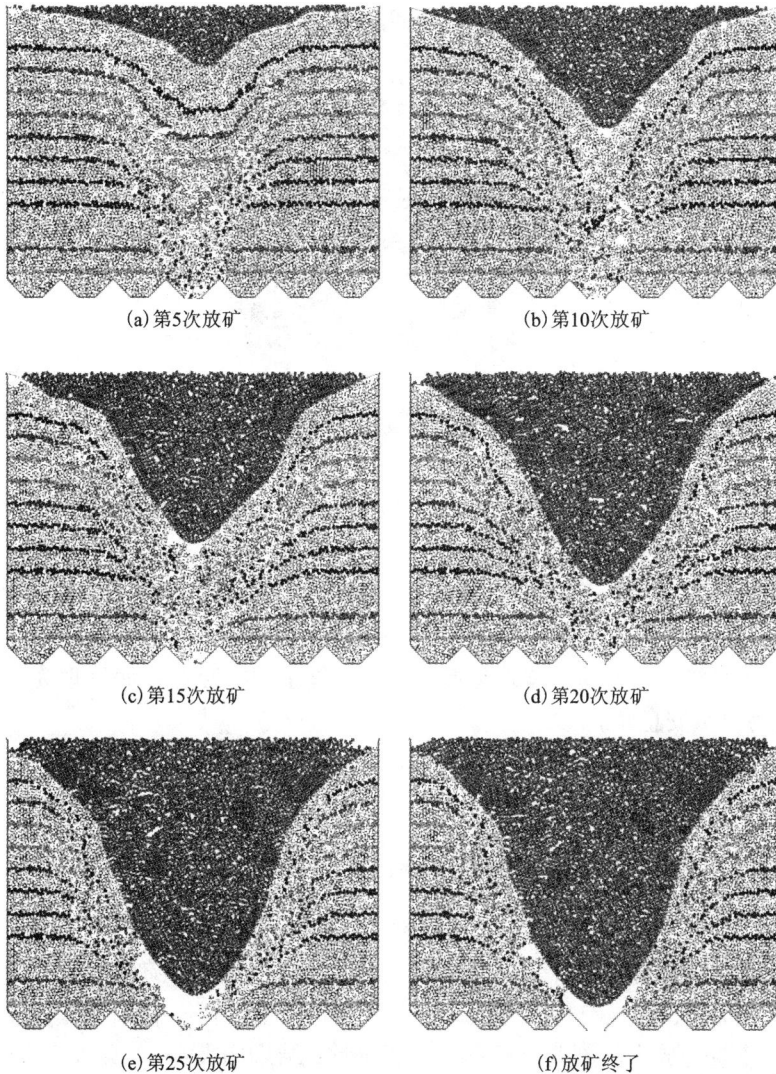

(a)第5次放矿　　　　　　　　　　　　(b)第10次放矿

(c)第15次放矿　　　　　　　　　　　　(d)第20次放矿

(e)第25次放矿　　　　　　　　　　　　(f)放矿终了

图 4 – 2　数值试验中散体矿石流动规律与标记颗粒层动态演化规律

空腔的出现，放出体边界部分近似椭球体，下部受隔离层影响较小，平面图形仍为原导致近似椭球体的扩展形状，整个放出体形态呈现为陀螺体。

单漏斗隔离层下大量放矿数值试验中，放出体整体上呈"椭球体 – 陀螺体"联合形态演化，这一现象与目前三大类放矿理论放出体为椭球体或近似椭球体存在较大差异。传统椭球体放矿理论不能继续用于阐述陀螺体放出体形态及其演化规律。上部矿石颗粒因隔离层的摩擦作用被提前放出；中部矿石因空腔存在，易从

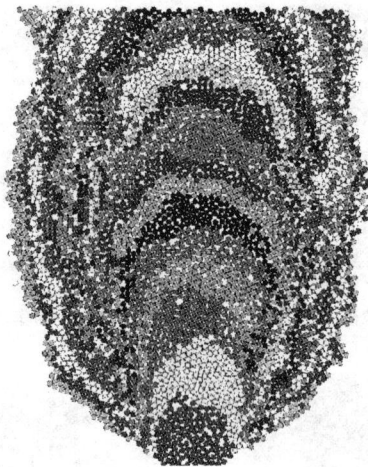

图 4 - 3   数值试验中单漏斗隔离层下放出体界面演化规律

空腔边界滚落至空腔底部，被提前放出；下部矿石流动规律不变。放矿终了时，陀螺体上部形态与对应部位的隔离层曲线形态相类似，中部形态与端部放出体形态相类似，下部形态为椭球体外延形态。放矿终了因空腔存在而呈现为一小段直线(倾角为自然安息角)。

因此，陀螺体整体形态由"上部为指数曲线，中部为部分倾斜椭球体，下部为椭球体外延形态"构成。

4.2.3 放出体高度与放出量的关系

单漏斗数值试验中，当放矿次数达到 15 次后，最高矿石面颗粒被放出，放出体不再呈现为椭球体，而转变为陀螺体；此后，放出高度不随放出量的增加而增加，为某一定值，但放矿并不终止，漏斗口仍有大量纯矿石放出，对单漏斗数值试验中放出量与放出高度两指标参数进行统计，结果如表 4 - 4 所示。

单漏斗隔离层条件下放出量与放出高度的关系与传统放矿理论存在较大区别，尤其是最高层矿石颗粒被放出后，放出高度不随放出量的增加而增加，而是呈水平直线关系。但最高层矿石颗粒放出前仍符合传统椭球体放矿理论。

表 4 - 4　放出量与放出体高度的关系表

放出高度/cm	放出量/kg
23	84
40	195
53	268
60	308
68	398
77	477
82	554
87	654
95	749
101	853
108	930
113	1024
117	1107
124	1212
127	1299
128	1403
128	1499
128	1556
128	1603
128	1659
128	1761
128	1873
128	1937
128	2039
128	2118
128	2204
128	2226
128	2228

利用式(3 -9)探讨此试验最高层矿石颗粒被放出前放出高度与放出量关系。结合表4 -4 数据,利用 Origin 软件对前15 次放出体高度与放矿量的关系进行非线性拟合,理论曲线与试验数据对比图如图4 -4 所示,系数拟合结果如表4 -5 所示。表4 -5 中 c 为系数值,实验数据拟合优度 R^2 值接近于1,表明按式(3 -9)对实验统计数据高度拟合,数值试验能较好地反映实际放矿过程。

表4 -5   放出量与放出体高度参数拟合结果表

h_0/cm	m_h/kg	$c/\%$	R^2
56.257	233.588	5.54×10^{-2}	0.998

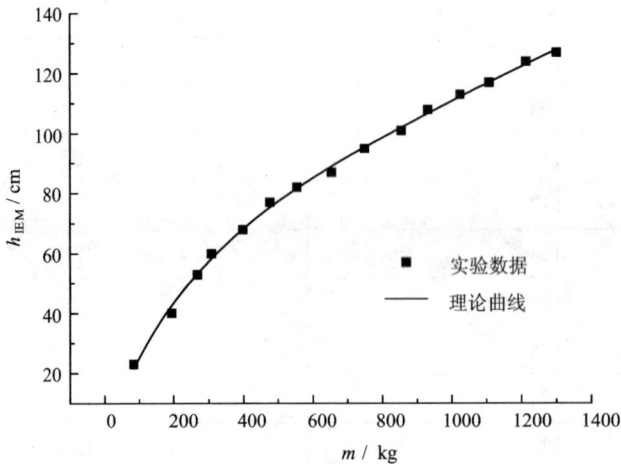

图4 -4   数值试验中放出体高度理论曲线与试验数据对比

由图4 -4 和拟合结果可知,放出体高度随放矿量的变化规律为:放矿初始阶段,放出体高度呈指数增长;随放矿量的增加,其增长率逐渐减小;在增长至一定程度后,放出体高度随放矿量的增加呈线性增长。

图4 -4 只表达了符合传统放矿理论的前15 次放矿数据,但并不能完全阐述整个放矿阶段放出高度与放矿量的关系。基于表4 -4 的全部数据,绘制出单漏斗数值试验放矿量与放出高度关系曲线,如图4 -5 所示。图4 -5 中分界线之前的曲线段放出体为椭球体范围,分界线之后的直线段放出体为陀螺体范围。

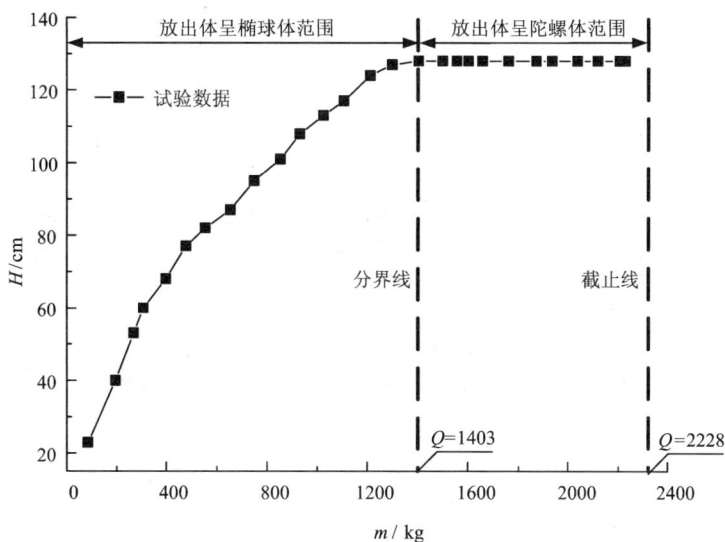

图 4 - 5　单漏斗数值试验放出量与放出高度关系

　　结合图 4 - 4 和图 4 - 5 可知，单漏斗隔离层条件下，放出体高度随放矿量的总体变化规律为：在放出量为 398 kg 之前，放出体高度呈指数增长；放出量在 398 - 1403 kg 之间，放出体高度随放矿量的增加呈线性增长；放出量达 1403 kg 之后，放出体高度不随放矿量的增加而增加，而是呈水平直线关系。

4.2.4　隔离层界面形态演化规律

　　在单漏斗数值试验过程中，每放出一定量的颗粒后，记录并保存隔离层界面下降深度 h 截面数据，从而可绘制出全过程隔离层界面形态的演化规律图，如图 4 - 6 所示。

　　由图 4 - 6 可知，当放矿漏斗口打开后，随着数值试验模型中散体矿石颗粒的不断放出，隔离层在回填废石颗粒载荷与散体矿石颗粒流动场的共同作用下，逐渐弯曲变形且随颗粒放出而逐渐下降；当放出一定量后，在隔离层下部出现了明显的空腔，且空腔体积不断扩大。

　　在数值试验模型剖面上，隔离层界面整体上呈现出高斯曲线形态；但放矿过程中形成的空腔使底部隔离层与矿石颗粒分离，底部隔离层在上覆载荷与两侧隔离层拉力的作用下呈现出类似抛物线形状；尤其在放矿后期，底部隔离层类似抛物线形状愈加显著。

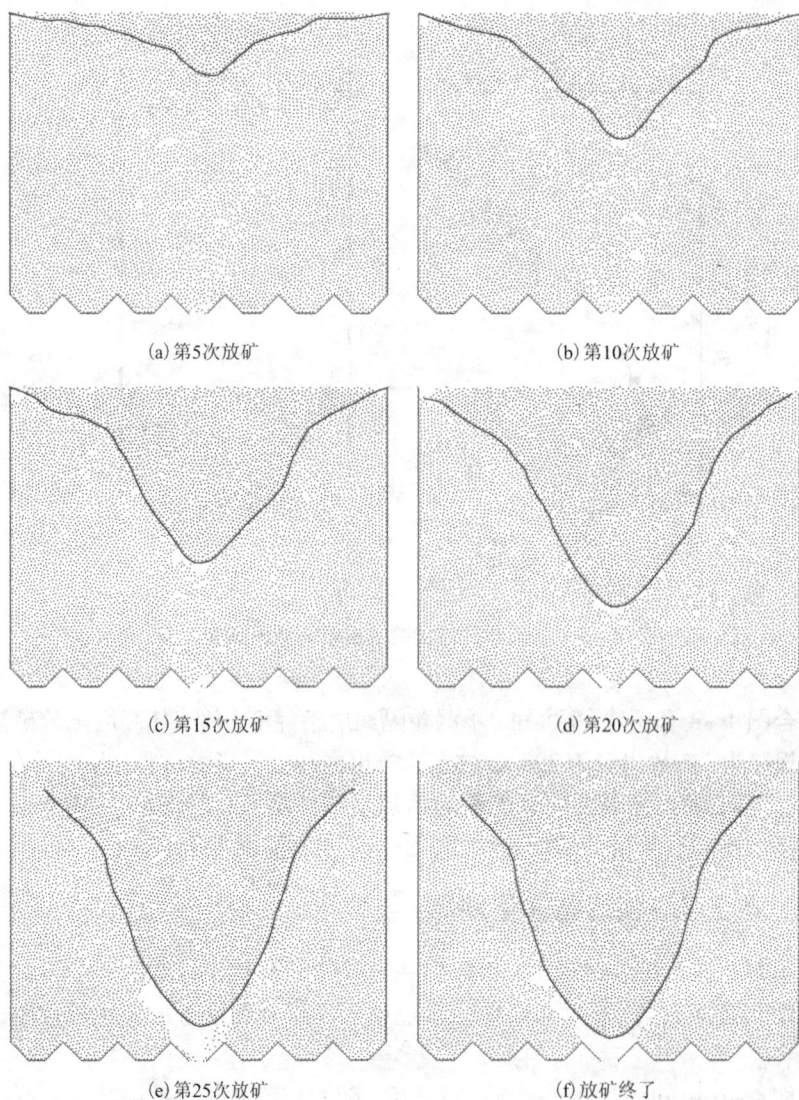

(a)第5次放矿

(b)第10次放矿

(c)第15次放矿

(d)第20次放矿

(e)第25次放矿

(f)放矿终了

图 4 - 6　数值试验中单漏斗隔离层界面形态的演化规律

4.2.5　标识颗粒层演化规律

　　采用 PFC^{2D} 软件中 Ball Group 命令，每隔一定距离对模型颗粒进行分组，实现标记颗粒层可视化。初始模型标记颗粒层分组结果，如图 4 - 7 所示。

　　每放出一定量的颗粒后，记录并保存标记颗粒层数据，全过程标记颗粒层动态演化规律，如图 4 - 2 所示。

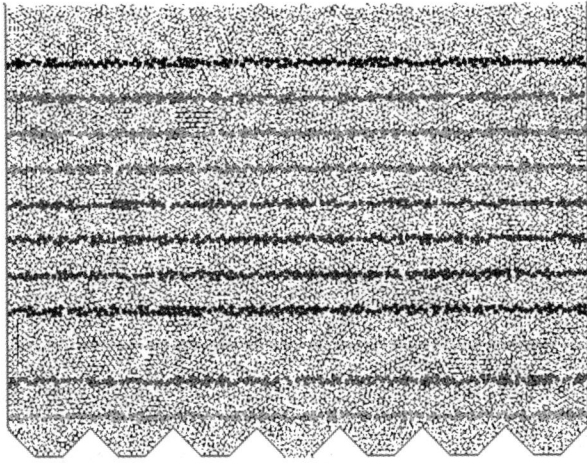

图 4 – 7　数值试验中初始模型标记颗粒层

由图 4 – 2 可知，漏斗口打开后，各层面标记颗粒均呈漏斗形下降。随着模型中矿石颗粒的不断放出，漏斗母线上各层间标记颗粒距离逐渐增大，层内标记颗粒间距也逐渐增大。由传统椭球体放矿理论定义，漏斗母线标记颗粒到达漏斗口时，层面标记颗粒开始形成破裂漏斗，也是无贫化放矿的终止条件。在最高层面标记颗粒形成破裂漏斗后，所有标记颗粒层均形成了破裂漏斗；但由于隔离层存在，漏斗口并没有废石放出，所以放矿行为并未终止。

4.2.6　空腔演化规律

当松动体发展至最高矿石颗粒面时，隔离层开始下沉。空腔的发展为一微观至宏观的演化过程，当隔离层下降至某一深度，隔离层底部呈现出明显空腔（图 4 – 2）。

空腔两侧散体矿石颗粒因隔离层的存在，不断从空腔两侧以拱形破裂漏出。废石颗粒因隔离层的阻碍作用，不从模型中放出。伴随空腔的存在，隔离层下面矿石能充分放出。

4.3　全漏斗隔离层下散体介质流动规律数值试验

4.3.1　数值试验现象

全漏斗隔离层数值试验中，在 7 个漏斗同时打开的情况下，矿石不断从模型中均匀放出。隔离层与矿石面紧密接触在一起，并一起保持平缓下移。试验前期呈水平形态下移,后期呈凹圆弧形下移。上部的标记颗粒呈准直线下移,下部的标记颗粒呈波浪形下移,且越往下标记颗粒形态的振幅越大。当各漏斗口不再有矿石放出时,隔离层呈波浪形悬浮于各漏斗上,且由于隔离层的阻碍,模型中不存在脊部纯矿石的残留。

全漏斗隔离层下标记颗粒及矿石流动规律如图4-8所示。

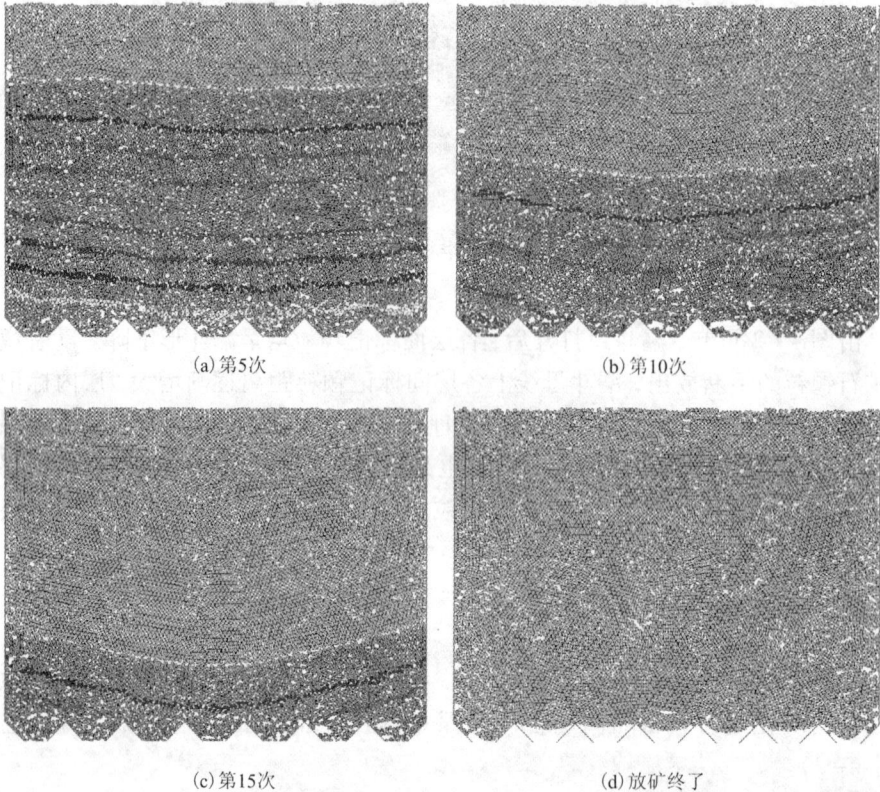

(a)第5次　　　　　　　　　　　　　(b)第10次

(c)第15次　　　　　　　　　　　　　(d)放矿终了

图4-8　数值试验中全漏斗隔离层下标记颗粒及矿石流动规律

4.3.2　放出体形态演化规律

结合初始平衡状态时每个颗粒的(x, y)坐标值和放出颗粒的 ID 号,得到每个放出颗粒在原来模型的初始平衡位置,这部分颗粒所形成的区域即全漏斗隔离层下的放出体。对放出体形态进行拟合,放出体扩展形态如图4-9所示。

图 4 - 9　数值试验中全漏斗隔离层下放出体扩展形态

由图 4 - 9 可知,当相邻放出体之间无相互交错时,各漏斗放出体依然保持着近似椭球的性质,椭球的发展随着放出量的不断增加而扩大。扩大到一定程度时,各相邻放出体之间产生相互交错,并出现不同程度的缺失,放出体呈跑道环形,竖直边界为直线,且位置固定在两漏斗中心线上,水平横向上边界为圆弧形,随着放出量的增加,逐渐向上发展。1、7 号漏斗在边壁的影响下放出体的母线略向模型中部偏斜,放出体竖直边界的分界线也略向模型中部靠近,与端部放矿规律具有相似性。

4.3.3　放出体高度与放出量的关系

数值试验中,每个漏斗放出的矿石均基本来自两漏斗中心线间的矿石颗粒,但由于放矿过程中存在误差,7 个漏斗放出体向外扩展并不完全同步。

在试验循环次数达到 19 次后,4 号漏斗不再有颗粒的放出。统计前 19 次放出量与放出高度关系,结果如表 4 - 6 所示。

表 4 - 6　各漏斗口放出量 $Q(kg)$ 与放出体高度 H 关系表

放出高度/m	漏斗号						
	1	2	3	4	5	6	7
0	0	0	0	0	0	0	0
0.1	30.40	21.96	31.53	27.02	37.16	25.90	29.84
0.18	39.97	42.79	70.93	60.80	72.62	45.04	68.68

续表 4 - 6

放出高度/m	漏斗号						
	1	2	3	4	5	6	7
0.26	81.63	83.88	109.22	104.71	116.53	85.01	111.47
0.3	112.03	127.79	142.99	126.67	151.44	115.41	138.49
0.38	148.62	154.25	178.46	171.14	187.47	147.50	173.96
0.46	179.02	198.73	209.99	205.48	221.25	184.09	203.23
0.52	202.67	239.83	250.52	242.08	253.90	221.25	244.89
0.6	212.80	275.29	284.30	285.43	282.05	259.53	278.67
0.65	239.83	314.14	324.27	314.70	315.83	286.55	316.95
0.73	279.80	356.92	358.61	354.11	338.34	316.39	354.11
0.8	319.77	398.58	374.38	387.89	372.69	353.55	378.88
0.85	355.80	437.43	412.09	423.35	418.29	368.18	403.65
0.9	389.58	447.00	437.99	452.63	456.01	392.95	428.98
0.95	420.54	489.78	474.58	481.34	486.97	422.79	475.15
1.03	456.01	517.93	515.12	521.87	529.19	466.70	506.11
1.13	484.72	550.02	555.09	566.35	573.67	504.42	535.38
1.19	516.24	581.55	592.24	605.19	605.19	542.70	556.78
1.25	555.65	624.33	621.52	644.60	641.22	578.17	591.68
1.28	593.37	662.62	660.36	672.19	674.44	613.07	625.46

基于表 4 - 6 数据,绘制各漏斗口放出量 Q 随放出高度 H 的变化曲线,如图 4 - 10 所示。

由图 4 - 10 可知,各漏矿口的放出量随放出体高度先呈指数缓慢增长后呈线性稳定增长,且各曲线走势基本一致,但有个别漏孔出现卡漏状态。其中以 1 号漏斗口放出速率最慢,5 号漏斗口放出速率最快,总放出量差值为 81.07 kg;2、3、4 号放出量基本处于同一水平,总放出量为 665 kg;6、7 号放出量为 620 kg。

结合模型的对称关系,并考虑卡漏因素,从模型两壁向中间分析各放出量的关系,可知:1、7 号放出量均值为 609.42 kg;2、6 号放出量均值为 637.85 kg;3、5 号放出量均值为 667.4 kg;4 号放出量为 672.19 kg。

综合可知,边壁漏斗在模型边壁影响下放矿能力较中间漏斗略小。

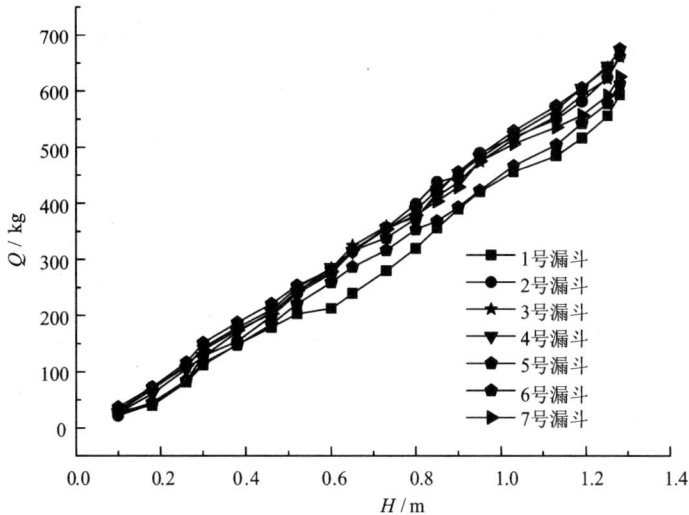

图 4 - 10　各漏斗口 $Q = f(H)$ 变化曲线图

4.3.4　隔离层界面形态演化规律

隔离层界面形态演化规律是建立在矿石面产生移动后并在上覆充填废石重力和自身拉力共同作用下，隔离层与矿石面存在接触或脱离的一种客观规律。在实施全漏斗放矿数值试验过程中，每次循环计算一次记录并保存隔离层界面下降深度 h 截面数据，全过程隔离层界面形态的演化规律，如图 4 - 11 所示。

由图 4 - 11 可知，放矿初期，整个隔离层近似在同一水平面，并保持平缓下移；当下降到某一深度时，隔离层开始出现弯曲起伏，呈凹圆弧形随矿石颗粒面下移；当隔离层接触到漏斗底部后，在底部结构的影响下隔离层最终以波浪形悬浮于各漏斗上。由于隔离层的阻碍作用，模型中不存在脊部纯矿石的残留，只在边壁两漏斗处有少许颗粒的滞留。

在隔离层整个下降过程中，隔离层的起伏度呈增大趋势。为确定隔离层起伏度，采用起伏角 i 表示：

$$i = \arctan\left(\frac{2h}{L - d}\right) \qquad (4 - 1)$$

式中：h 为起伏高度，m；L 为模型长度，m；d 为漏斗间距，m。

计算示意图见图 4 - 12。

（a）第 5 次　　　　　　　　　（b）第 10 次

（c）第 15 次　　　　　　　　　（d）放矿终了

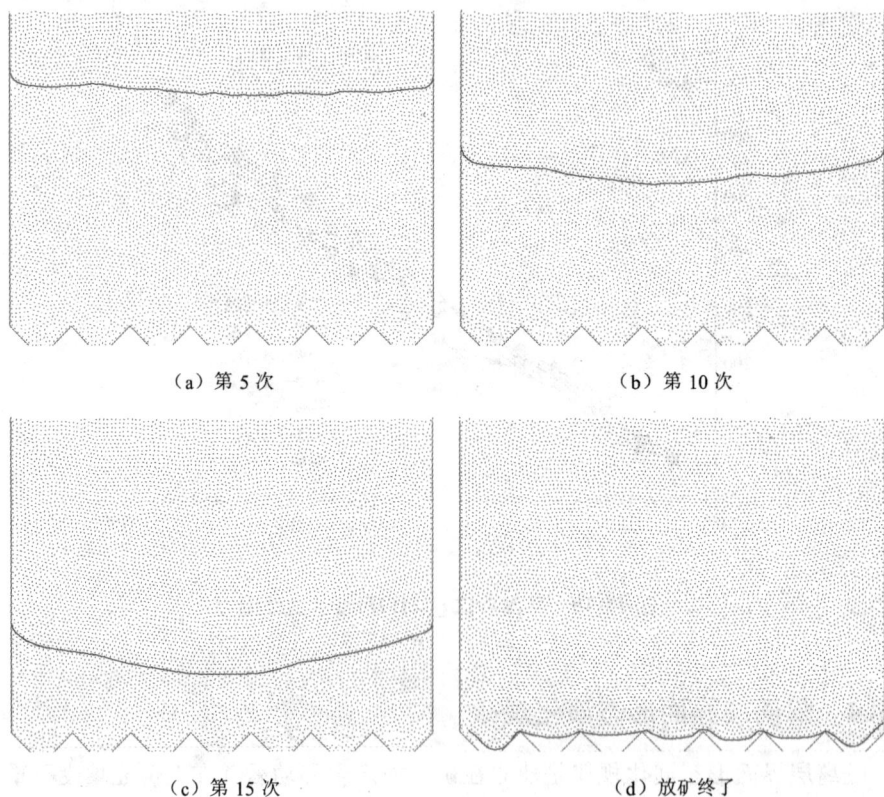

图 4 – 11　全漏斗放矿数值试验中隔离层形态的演化规律

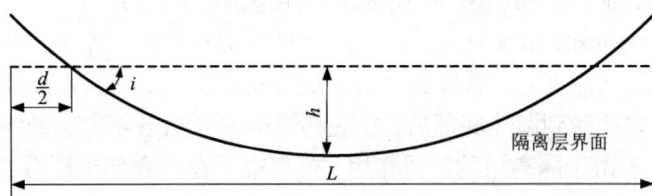

图 4 – 12　起伏角计算图

　　结合式（4 – 1），利用 Origin 软件对试验数据进行拟合，得到起伏角与隔离层下降深度之间的曲线关系，如图 4 – 13 所示。拟合系数为 0.984，拟合方程式为：

$$i = -6.82 + 7.09 e^{\frac{D}{1.32}} \tag{4 – 2}$$

式中：i 为起伏角，（°）；D 隔离层下降深度，m。

　　以 $i = 5°$ 作为隔离层共线的判据，可知在隔离层下降深度达 0.71 m 后，隔离层整体上的界面形态起伏程度较大，不能假设为一条直线。

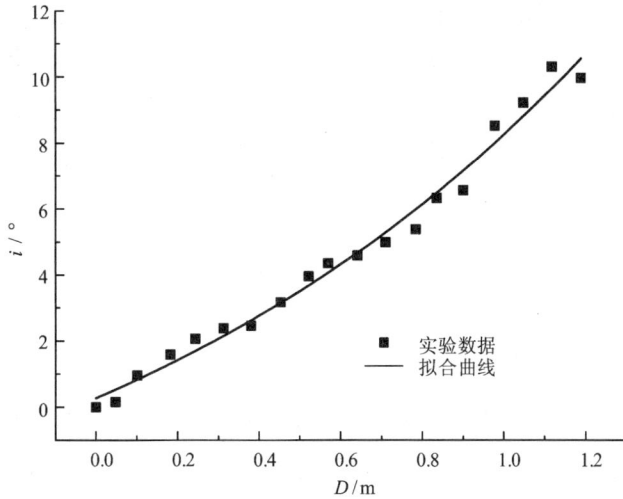

图 4 – 13　起伏角与隔离层下降深度曲线关系图

4.3.5　标识颗粒层演化规律

利用 PFC²ᴰ 中 Ball Group 命令每隔一定距离对模型颗粒进行分组，可实现标记颗粒层可视化，初始模型标记颗粒层，如图 4 – 14 所示。

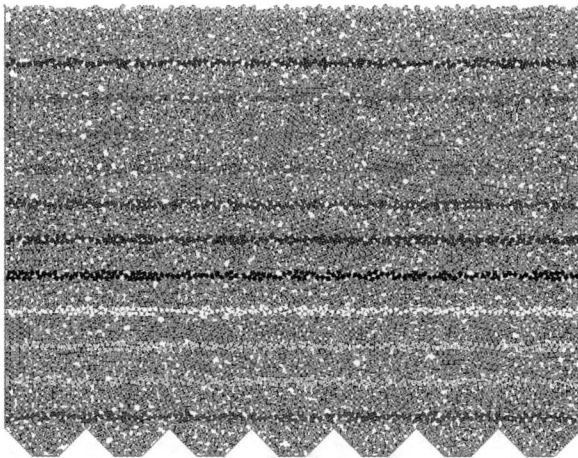

图 4 – 14　模型标记颗粒层

在每次循环计算后，利用 Save 命令记录并保存标记颗粒层数据，全过程标记颗粒层动态演化规律如图 4-8 所示。

由图 4-8 可知，放矿初期，上部标记颗粒呈准直线下移，接近漏斗口的标记颗粒呈波浪形下移；随着放矿过程的持续进行，标记颗粒层在模型边壁的影响下，漏斗上部标记颗粒由准直线转化为凹圆弧形下移，接近漏斗口后以波浪形下移。

参考文献

[1] 任立波. 稠密颗粒两相流的 CFD - DEM 耦合并行算法及数值模拟[D]. 济南：山东大学，2015.

[2] 买买提明·艾尼，热合买提江·依明. 现代数值模拟方法与工程实际应用[J]. 工程力学，2014, 31(4)：11 - 18.

[3] 吴剑锋，朱学愚. 由 MODFLOW 浅谈地下水流数值模拟软件的发展趋势[J]. 工程勘察，2000, 28(2)：12 - 15.

[4] 王金安. 岩土工程数值计算方法与实用教程[M]. 北京：科学出版社，2010.

[5] 焦玉勇，葛修润. 基于静态松弛法求解的三维离散单元法[J]. 岩石力学与工程学，1993(02).

[6] 陈俊，张东，黄晓明. 离散单元颗粒流软件(PFC)在道路工程中的应用[M]. 北京：人民交通出版社，2015.

[7] 卓家寿，赵宁. 离散单元法的基本原理、方法及应用[J]. 河海科技进展，2000, 13(3)：1 - 11.

[8] 周健，池永，池毓蔚，等. 颗粒流方法及 PFC2D 程序[J]. 岩土力学，2000, 21(3)：271 - 274.

[9] 周健，亢宾，曾庆有，等. 被动侧向受荷桩模型试验及颗粒流数值模拟研究[J]. 岩土工程学报，2007, 29(10)：1449 - 1454.

[10] 周健，张刚，曾庆有，等. 主动侧向受荷桩模型试验与颗粒流数值模拟研究[J]. 岩土工程学报，2007, 29(5)：650 - 656.

[11] 王培涛，杨天鸿，朱立凯，等. 基于 PFC2D 岩质边坡稳定性分析的强度折减法[J]. 东北大学学报(自然科学版)，2013, 34(1)：127 - 130.

[12] 朱焕春. PFC 及其在矿山崩落开采研究中的应用[J]. 岩石力学与工程学报，2006, 25(9)：1927 - 1931.

第 5 章　隔离层下散体介质流动规律 物理与数值试验结果比较

物理试验与数值试验结果对比，可以检验理论模型的逼真度，也可以从侧面反应物理试验过程的严谨性[1, 2]。同一试验经过多种手段进行验证与对比，其结果往往具有较大的说服力。因此，目前有较多国内外学者采用多种试验手段研究某一问题[3, 4]。

为更加客观真实地认识大量放矿同步充填无顶柱留矿采矿方法大量放矿时散体矿石流动规律，将物理试验与数值试验结果进行对比，有助于全面、准确地阐释同步充填柔性隔离层下散体介质流动规律。

5.1　单漏斗隔离层下散体介质流动规律试验结果比较

根据单漏斗隔离层条件下物理试验及数值试验结果，结合两种试验手段所探讨的物理量，将同类物理量试验结果进行比较。

可比较的物理量主要有放出体形态演化规律、放出体高度与放出量的关系、隔离层界面形态演化规律、空腔演化规律等 4 项。

5.1.1　放出体形态演化规律比较

两种试验手段下放出体形态的绘制方法基本一致，都是通过放出颗粒原始坐标绘制得出；不同之处在于物理试验中放出体由放出标识颗粒的原始坐标描绘得出，而数值试验中放出体是所有放出颗粒原始坐标分组得出。两种试验手段下放出体形态对比图如图 5 - 1 所示。

由图 5 - 1 可知，数值模拟与物理模拟结果吻合程度较高，在最高层面颗粒未被放出前放出体形态均为完整近似椭球体，且逐渐增大至颗粒最高层面，并没有因为隔离层的存在而改变基本规律。待最高层面颗粒被放出后，放出体形态发生了明显变化，上部受隔离层滑动影响，变为新的曲线，不再是椭球体的一部分，中间部分由于放矿过程中空腔的出现，放出体边界近似椭球体，下部受隔离层影响较小，平面图形仍为原近似椭球体扩展形状，放出体形态在整体上呈现为陀螺体。

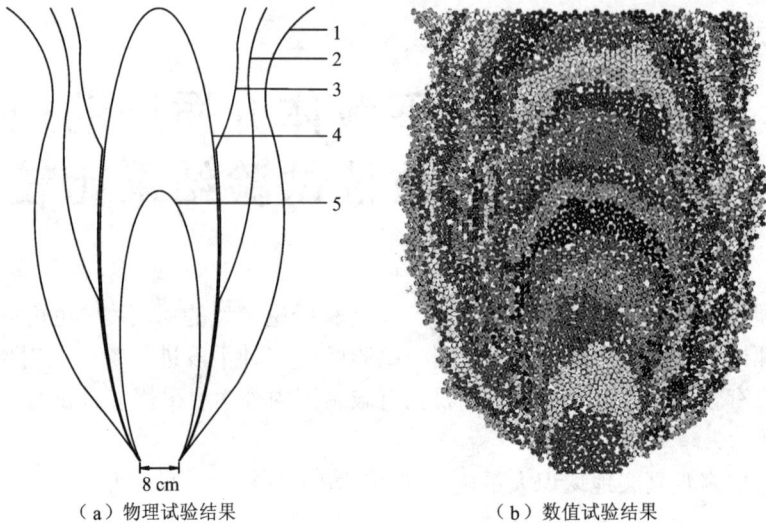

（a）物理试验结果　　　　　　　　　（b）数值试验结果

图 5 - 1　放出体形态的对比图

1—极限陀螺体；2、3—过渡陀螺体；4—极限近似椭球；5—过渡近似椭球

不同之处在于数值试验中放出体对称性不是太明显，偏斜程度大，且上部颗粒受隔离层摩擦力影响不显著，陀螺体的上部尖角部位不如物理试验放出体明显；数值试验中放出椭球体高宽比大于物理试验放出体高宽比。

5.1.2　放出体高度与放出量的关系比较

两种试验手段中均因柔性隔离层的存在，使得最高层矿石颗粒被放出后，漏斗中仍还有大量纯矿石待放出。此后，因隔离层的阻碍作用，放出高度不再随放出量增加而增加，而是呈水平直线关系，与传统椭球体放矿理论中漏斗口放出量与放出高度的关系存在差别。

通过对单漏斗隔离层试验条件下放出量与放出高度数值关系进行统计，获得两种试验手段下放出体高度与放出量关系，其对比图如图 5 - 2 所示。

比较图 5 - 2 中两种试验中放出体高度与放出量的关系可知：两种试验手段下结果基本吻合，曲线走势一致；放矿初始部分阶段，即物理试验放出量为 7.9 kg，数值试验放出量为 398 kg 之前，放出体高度随放出量呈指数增长；放矿中期，即物理试验放出量在 7.9 ~ 71.2 kg，数值放出量在 398 ~ 1403 kg，放出体高度随放出量的增加呈线性增长；放矿后期，即物理试验放出量达 71.2 kg，放出量达 1403 kg 之后，放出体高度不随放出量的增加而增加，而是呈水平直线关系；分界线虚线为椭球体向陀螺体的转化点，物理试验转化点为 71.2 kg，数值试验转化点为 1403 kg，转化点数值的不同说明了数值试验计算结果是无法无限接近真

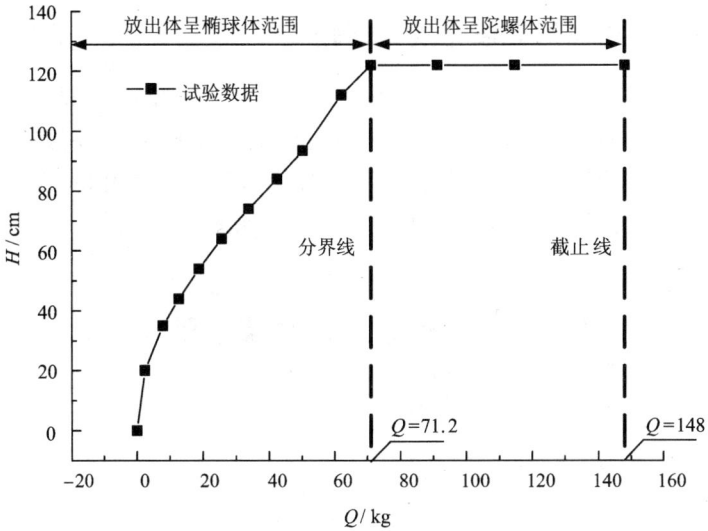

（a）物理试验结果

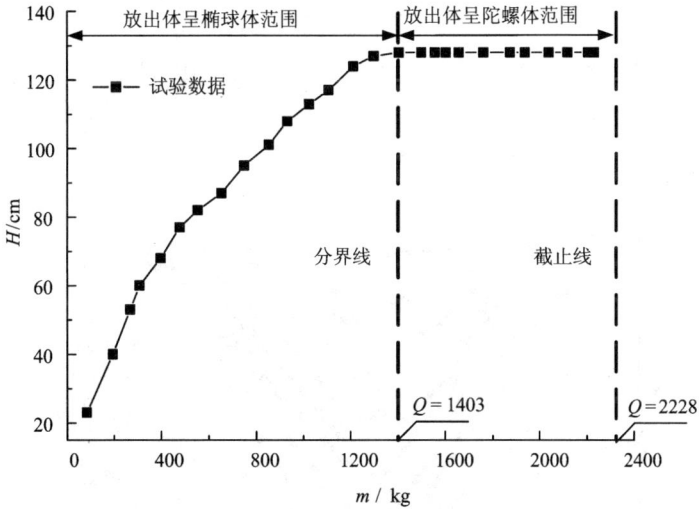

（b）数值试验结果

图 5 - 2　放出体高度与放出量关系对比图

实现象的事实，转化点之前放出体呈椭球体范围，转化点之后放出体呈陀螺体范围，分界线的存在说明了单漏斗隔离层条件下的放矿规律区别于传统椭球体放矿理论的客观事实。

5.1.3 隔离层界面形态演化规律比较

每放出一定量的矿石散体介质后及时回填废石，隔离层在回填废石的覆压下逐渐下沉。物理试验中隔离层界面信息采用高速相机记录，并用描点方式输出；数值试验中的隔离层界面信息利用 FISH 循环语言记录，并用 file. write 输出。两种试验手段下隔离层界面形态的演化规律对比，如图 5-3 所示。

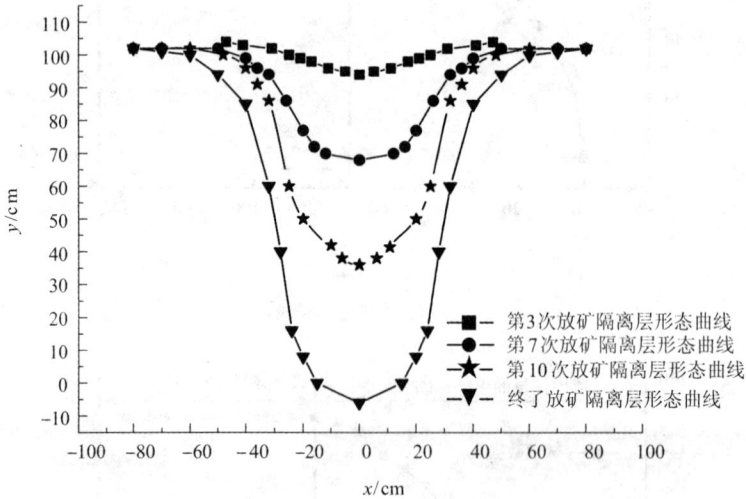

(a) 物理试验结果

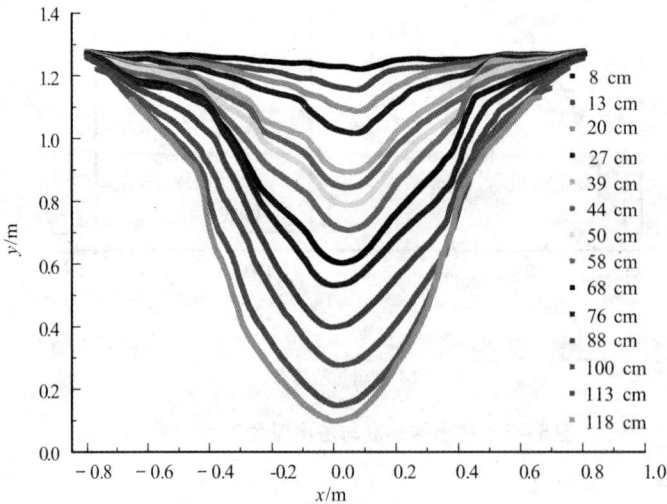

(b) 数值试验结果

图 5-3 隔离层界面形态的演化规律对比图

　　比较图 5 – 3(a)、图 5 – 3(b)放出体高度与放出量关系可知，两种试验条件下隔离层界面曲线在未放矿时呈水平直线型状态；漏斗打开后，随着模型矿石的放出，隔离层逐渐弯曲变形且随矿石流动一起下降，呈现出高斯曲线形态；并且在放矿后期，底部隔离层因空腔的存在表现为极强的类似抛物线形状。

　　数值试验结果的隔离层曲线存在重合部位，其主要原因是数值模型颗粒计算的摩擦系数大于初始模型设定的摩擦系数而致使孔隙率变大，进而使中上部局部区域隔离层受挤压，略向中部偏斜。数值试验中隔离层对称不理想，是隔离层另一差异的体现，也间接反映了放出体的不对称性。

5.1.4　空腔演化规律比较

　　空腔的形成是由于隔离层下沉速率滞后于隔离层下方矿石的下沉速率，且充填废石的载荷不足以使隔离层下沉与下方矿石充分接触，致使隔离层在最低点位置与下方矿石分离的现象。两种试验手段下空腔演化规律对比，如图 5 – 4 所示。

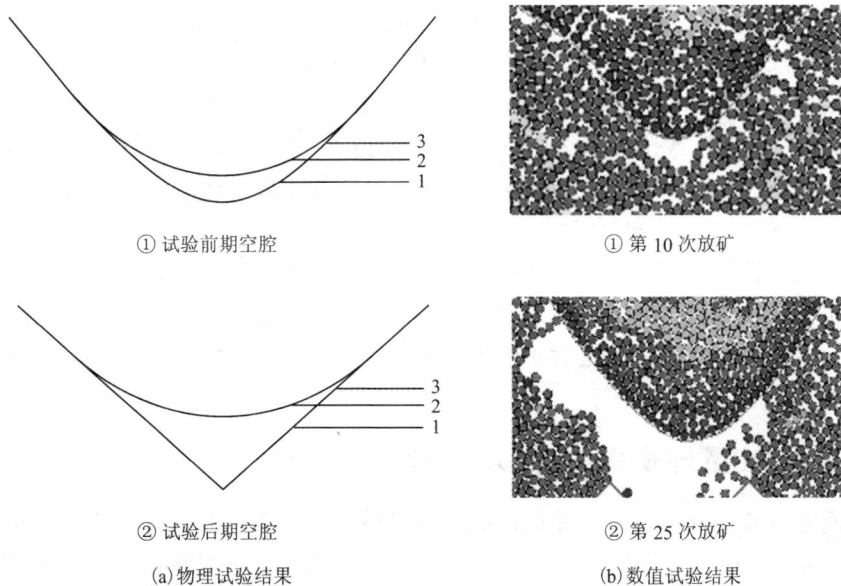

① 试验前期空腔　　　　　　　　　　① 第 10 次放矿

② 试验后期空腔　　　　　　　　　　② 第 25 次放矿

(a)物理试验结果　　　　　　　　　(b)数值试验结果

图 5 – 4　空腔演化规律对比图

1—矿石层面曲线 $f_1(x)$；2—隔离层曲线 $f_2(x)$；3—两曲线交点

　　比较图 5 – 4 空腔演化规律可知，空腔的发展为一微观至宏观的演化过程。当隔离层下降至某一深度，隔离层底部呈现出明显的可视化空腔。

　　但两种试验条件下，物理试验空腔形态规整，只存在月牙形和三角形两种；

而数值试验空腔形态比较复杂，没有纯粹可量化的形态，究其原因为两种试验条件下空腔两侧矿石运动方式不同，物理试验空腔两侧矿石以滚动方式向下运动，因而物理试验中空腔形态规整；数值试验空腔两侧矿石颗粒是以拱形破裂倾倒向下运动，拱形力链结构分布的随机性使数值试验中空腔形态呈现出不规整现象。

5.2 全漏斗隔离层下散体介质流动规律试验结果比较

根据全漏斗隔离层条件下物理试验及数值试验结果，结合两种试验手段所探讨的物理量，将同类物理量试验结果进行比较，可比较的物理量有放出体形态、放出量与放出体高度关系、隔离层界面移动规律。

5.2.1 放出体形态演化规律比较

全漏斗隔离层放矿条件下放出体形态的绘制与单漏斗隔离层放矿条件下绘制手段一致，都是利用放出颗粒原始坐标绘制得出；物理试验放出体由放出标识颗粒的原始坐标描绘得出，数值试验放出体是所有放出颗粒原始坐标分组得出。全漏斗隔离层放矿条件下两种试验手段放出体形态对比，如图 5-5 所示。

由图 5-5 可知，数值模拟与物理模拟结果高度吻合，在相邻放出体之间无相互交错前，各漏斗放出体依然保持着近似椭球的性质，在各相邻放出体之间产生相互交错后，放出体出现不同程度的缺失。边壁漏斗放出体因边壁效应的存在略向模型中部偏斜，使放出体竖直边界的分界线也略向模型中部靠近，具备部分端部放矿的特征。各漏斗放出的矿石基本来自两漏斗中心线间的矿石。

虽然两种试验手段下放出体吻合程度较高，但还是存在细微的差异，明显可见数值试验放出体的宽度远大于物理试验结果，进而导致数值试验放出体互相交错提前。

5.2.2 放出量与放出高度的关系比较

两种试验条件下每个漏斗放出的矿石虽然都基本来自两漏斗中心线隶属的矿石，但由于放矿过程中误差的存在，7 个漏斗放出体向外扩展并不完全同步，也即各漏斗放出体高度不统一，给放出量与放出高度关系描述带来困难。

4 号漏斗位于模型中部，在流动场中对称性最强，用于阐释放出量与放出高度关系具备较强的说服力。两种试验条件下选取 4 号放出体高度作为计量基准，两种试验条件下放出量与放出高度关系对比，如图 5-6 所示。

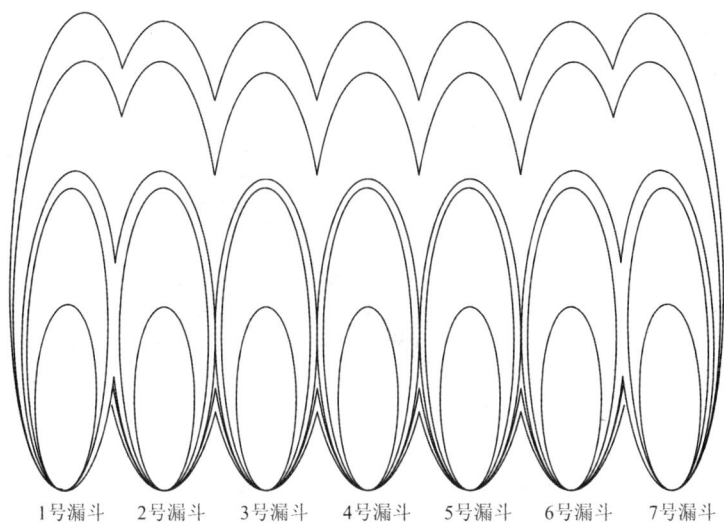

1号漏斗　2号漏斗　3号漏斗　4号漏斗　5号漏斗　6号漏斗　7号漏斗

（a）物理试验结果

（b）数值试验结果

图 5-5　放出体形态对比图

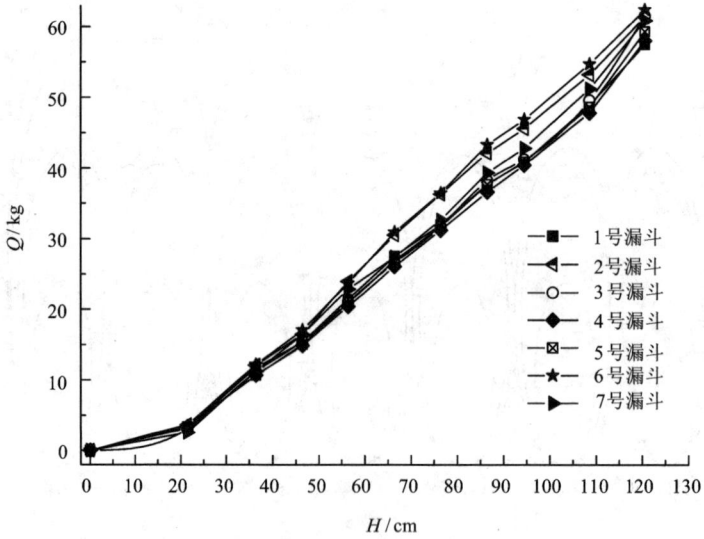

(a)物理试验结果

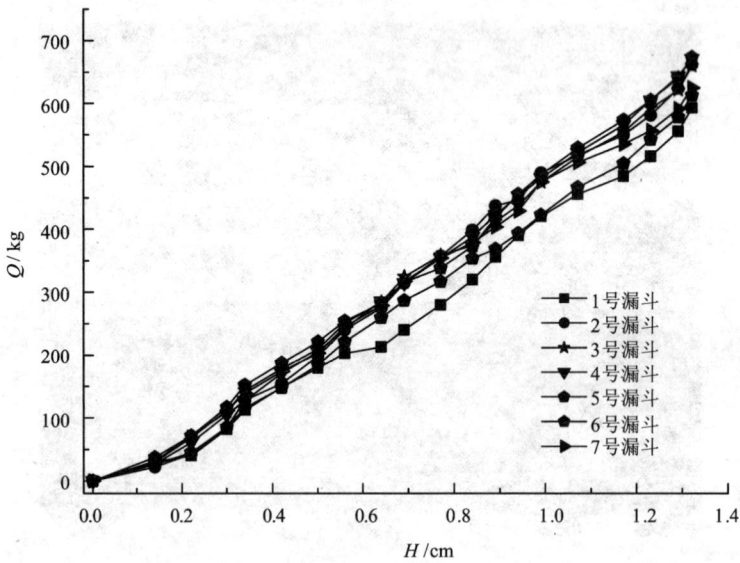

(b)数值试验结果

图5-6　放出量与放出体高度关系对比图

由图 5 - 6 可知：两种试验条件下各漏矿口的放出量与放出体高度均先呈指数缓慢增长后呈线性稳定增长，并伴有卡漏的现象。

两种试验条件下各漏斗放出量与放出体高度关系曲线基本重合，相差不大，与前人研究得出的"在单位时间内从一定直径的漏孔中放出的散体体积量为一常数"的结论基本一致[5]。数值试验中，边壁漏斗总放出量明显比中部漏斗少，造成中部矿石颗粒层面下降快，边壁下降慢，致使后期隔离层呈凹圆弧形下移。

5.2.3　隔离层界面形态演化规律比较

隔离层界面形态演化规律是建立在矿石面产生移动后并在上覆充填废石的重力和自身拉力共同作用下隔离层与矿石面存在接触或脱离的一种客观规律。

在实施大量放矿同步充填工艺试验过程中，每放出一定量的矿石散体介质后并及时回填废石，隔离层在回填废石的覆压下逐渐下沉。物理试验中，隔离层界面信息采用高速相机记录，并用描点方式输出；数值试验中，隔离层界面信息利用 FISH 循环语言记录，并用 file. write 输出。全漏斗隔离层下物理与数值试验隔离层界面形态的演化规律对比，如图 5 - 7 所示。

由图 5 - 7 可知，两种试验手段下的隔离层界面仅在初始阶段具有吻合性，呈水平直线形态，并保持平缓下移；当下降到某一特定深度后，物理试验中隔离层呈中间高，两边低的凹凸曲线，并伴随着矿石的放出而下移；数值试验中隔离层呈凹圆弧形随矿石颗粒面下移，但两种试验条件下的隔离层都具有谐波的性质，放矿终了均以波浪形悬浮于各漏斗上。

产生两种试验手段中后期隔离层形态不匹配的主要原因：物理试验中为人为控制漏斗底部的木板。在放矿作业时，通过上下振动木板，每次木板停滞的时间足够满足各漏斗充分放矿，使放出的各矿石散体堆高度到达漏斗口后阻碍模型内部矿石的继续放出；在下一步抬起木板后，因放矿高度与矿石自然安息角一致，给各放出散体堆外形相近提供了空间条件，使各漏斗放出重量基本一致，弱化了边壁漏斗放矿速率的不统一，达到了理论上的同步放矿。但这不能消除边壁效应对放出体偏向的影响，使 2、6 号漏斗上方矿石提前放出，使隔离层在 2、6 号漏斗上方部位以凹陷显现；数值试验中，漏斗的打开方式是删除底墙，在自重下放矿，因边墙摩擦力的存在，使边壁漏斗放出速率略微小于其他放矿漏斗，且每次放矿量差异的累计，使数值模型中部矿石颗粒下降最快，给隔离层呈凹圆弧形下移创造了条件。

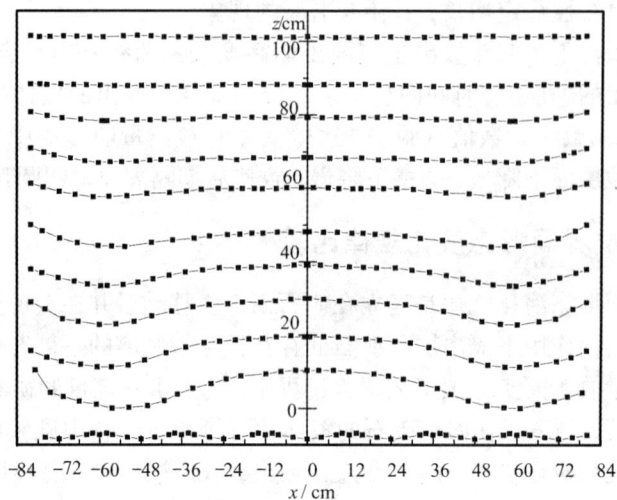

(a) 物理试验结果

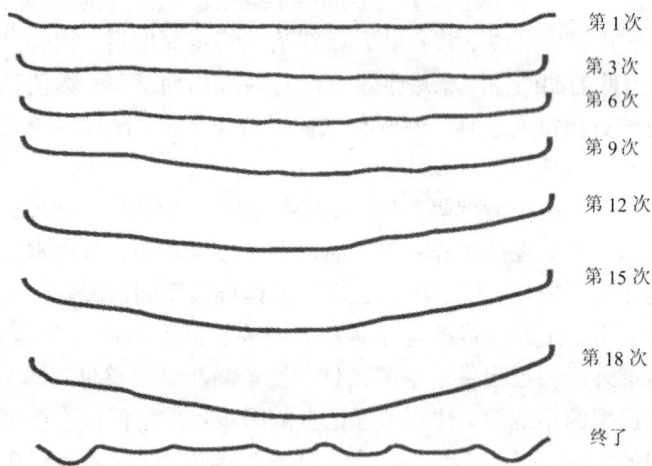

(b) 数值试验结果

图 5-7　隔离层界面形态的演化规律对比图

参考文献

[1] 强晟，李桂荣，陈胜宏. 复合单元法的物理和数值试验验证[J]. 岩土力学，2008，29 (S1)：60 – 62.

[2] 夏红春，李永松，周国庆. 砂－结构接触面直接剪切的物理试验与数值模拟[J]. 中国矿业 大学学报，2015，44(5)：808 – 816.

[3] 朱雷，王小群. 大型岩质滑坡地震变形破坏过程物理试验与数值模拟研究[J]. 工程地质 学报，2013，21 (2)：228 – 235.

[4] 朱斌，冯凌云，柴能斌. 软土地基上海堤变形与失稳的离心模型试验与数值分析[J]. 岩土 力学，2016，37(11)：3317 – 3323.

[5] Γ. M. 马拉霍夫. 崩落矿块的放矿[M]. 北京：冶金工业出版社，1958.

第6章 物理试验隔离层界面受力特性

弄清工程中力的问题，有助于探索自然界规律的本质原因。通常人们通过求解系统的受力状态及其内部应力分布特征，来解释系统运动或变形的机理[1, 2]。

6.1 单漏斗物理试验隔离层界面受力特性

6.1.1 隔离层全曲面各区段微元段力学体系

（1）单漏斗隔离层力系区段划分

对于复杂力系问题，可根据复杂－简单－复杂的顺序探讨各种力系的简化和平衡问题，将同种或类似力系合并、不同种力系拆分[3-5]。

单漏斗物理放矿试验中，放矿前，隔离层呈直线型水平状态；放矿时，隔离层在上覆载荷及散体流动场的共同作用下，不断弯曲下沉；当下沉深度达到48 cm时，隔离层底部出现明显空腔，且空腔体积不断扩大，剖面上，隔离层界面整体呈现出高斯曲线形态；随着矿石的继续放出，底部隔离层与矿石逐渐分离，且底部隔离层在上覆载荷与两侧隔离层拉力的作用下呈现出类抛物线形；尤其是在放矿后期，底部隔离层类抛物线形愈加显著。

整个变化过程，在上覆废石、空腔及其自身形态的影响下，隔离层不仅受到充填废石的压应力作用和矿石介质的支持力作用，而且还受到来自充填废石和矿石介质的摩擦力作用。

在对隔离层进行受力分析时，需作两点假设：

①假设隔离层断面只存在拉应力，不存在剪应力；

②由隔离层拉伸而引起的断面厚度变化忽略不计，即隔离层在各处断面厚度相等。

隔离层在各点的受力状况不尽相同，隔离层的受力状态及力系组成在不同区段呈现出差异性，其主要差别在于隔离层在下滑过程中各区域部位摩擦力大小及方向不同。

在隔离层界面所受力系中，界面摩擦受力最为复杂。根据隔离层界面所受摩擦力状况的不同，以隔离层对称中线的右侧段为例，将隔离层上表面斜率小于充填废石外摩擦角的区域定义为 A 区段、空腔界点至"隔离层上表面斜率等于充填废石外摩擦角"对应点所在区域定义为 B 区段、底部空腔所在区域定义为 C 区段,各区段所受摩擦力状况如图 6 - 1 所示。

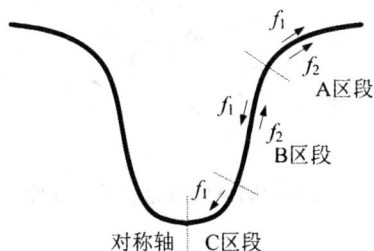

图 6 - 1　单漏斗物理试验中隔离层区段划分与所受摩擦力状况示意图

A 区段,因上表面矿石在隔离层界面上不会引起主动下滑,隔离层上表面所受摩擦力 f_1 与隔离层下表面所受摩擦力 f_2 方向一致(均阻碍隔离层下移)。

B 区段,因隔离层界面倾角大于外摩擦角,隔离层上表面矿石具备在自重时下滑的条件,上覆废石对隔离层界面产生主动的摩擦力,而隔离层下表面的矿石在隔离层运动作用下,将产生被动的摩擦力,隔离层下表面被动摩擦力 f_2 方向与上表面主动摩擦力 f_1 方向相反。

C 区段,隔离层下表面不与矿石接触,不受摩擦力作用;而隔离层上表面矿石因存在阻碍隔离层拉伸的趋势,在隔离层上表面将产生摩擦力,该摩擦力方向与隔离层拉伸方向相反。

(2)单漏斗隔离层各区段微元段力系特征

①A 区段。

该区段隔离层受到下部矿岩所产生的支持力和斜向上的摩擦力,同时受到上部充填废石所产生的压应力。此外,隔离层任一点所在直线倾角小于充填废石的外摩擦角,隔离层上表面还受到斜向上的摩擦力作用。

沿拉伸方向取 A 区段内一微元段,其受力分析示意图如图 6 - 2 所示。

②B 区段。

该区段隔离层受到上部充填废石所产生的压力及其对隔离层产生的斜向下的摩擦力,同时受到下部矿岩所产生的支持力和斜向上的摩擦力。

沿拉伸方向取 B 区段内一微元段,其受力分析示意图如图 6 - 3 所示。

③C 区段。

该区段由于空腔的产生,矿岩对隔离层不存在作用力,隔离层只受到来自上部充填废石的压力以及其所产生的摩擦力作用。

沿拉伸方向取 C 区段内一微元段,其受力分析示意图如图 6 - 4 所示。

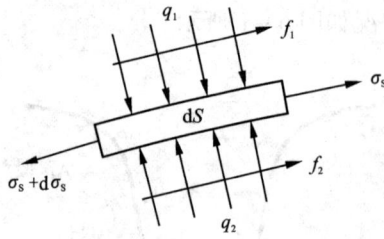

图 6-2 A 区段隔离层微元段受力分析示意图

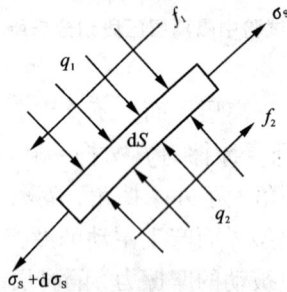

图 6-3 B 区段隔离层微元段受力分析示意图

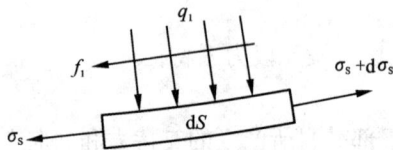

图 6-4 底部隔离层微元段受力分析示意图

6.1.2 隔离层拉应力特性

隔离层内部拉应力是隔离层在下沉的过程中因受到来自充填废石和待放出矿岩的摩擦力作用产生的，其大小和隔离层的弹性变形量有关。从隔离层的弹性变形量出发，分别在隔离层预先布置好的测点上放置应变片，通过应变仪测定应变片的变形量求得隔离层的拉伸形变量，根据应力应变关系计算得出各个测点拉应力的大小。

单漏斗物理试验测量的原始数据如表 6-1 所示。

表 6 - 1　物理试验中应变片原始数据表

放矿次数	通道号	通道 1	通道 2	通道 3	通道 4	通道 5	通道 6	通道 7	通道 8	通道 9	通道 10	通道 11
	量纲类型	应变 ε	应变 ε	应变 ε	应变 ε	应变 ε	应变 ε	应变 ε	应变 ε	应变 ε	应变 ε	应变 ε
初	第 1 遍	−553	−917	78	−14	−313	−6764	−14	23	27	76	79
1	第 2 遍	−559	−925	74	−19	−318	−6769	−18	20	29	76	81
	第 3 遍	−561	−929	73	−19	−319	−6769	−19	20	29	76	82
2	第 4 遍	−623	−997	77	−11	−240	−6664	−3	56	164	206	284
	第 5 遍	−618	−1014	78	−3	−245	−6670	−9	48	150	186	274
3	第 6 遍	−773	−1217	98	35	−272	−6713	43	58	51	99	116
	第 7 遍	−778	−1221	94	32	−277	−6720	34	47	44	92	128
4	第 8 遍	−899	−1393	90	55	−44	−6512	563	464	267	452	445
	第 9 遍	−880	−1390	86	50	−38	−6524	555	454	219	416	394
5	第 10 遍	−1051	−1581	175	127	−251	−6677	954	583	超限	824	956
	第 11 遍	−1029	−1572	175	125	−248	−6675	946	572	395	792	1057
6	第 12 遍	−951	−1449	105	67	−185	−6579	1165	731	681	962	1316
	第 13 遍	−951	−1449	105	67	−185	−6579	1165	731	681	962	1316
7	第 14 遍	−704	−1114	25	−43	453	−5989	1805	1093	1125	1134	1488
	第 15 遍	−690	−1108	−19	−147	458	−6010	1735	1034	1132	1146	1521
8	第 16 遍	−546	−809	−37	−84	608	−5486	2156	1260	1292	1243	1597
	第 17 遍	−526	−798	−44	−90	680	−5389	2240	1327	1363	1384	1664
9	第 18 遍	−599	−1020	213	288	1016	−4551	2262	1265	1670	1665	1770
	第 19 遍	−996	−1530	−10	12	986	−4595	2214	1243	1644	1658	1759
10	第 20 遍	−754	−1272	792	1249	1509	−3884	2282	1370	1713	1775	1826
	第 21 遍	−728	−1269	762	1250	1420	−4010	2198	1355	1760	1815	1851
11	第 22 遍	−416	−676	1607	2670	1666	−3650	2213	985	1776	1845	1952
	第 23 遍	−490	−838	1570	2709	1582	−3750	2074	928	1761	1817	1961
12	第 24 遍	−11	−312	2333	3726	1819	−3883	1816	772	1939	2090	2073
	第 25 遍	−7	−337	2268	3656	1726	−3993	1774	757	1909	2081	2077
13	第 26 遍	35	−634	2385	4239	1643	−4337	1608	698	1616	2104	2251
	第 27 遍	21	−669	2373	4225	1615	−4351	1604	700	1579	2119	2244
14	第 28 遍	764	996	2730	5177	1444	−4657	1572	723	1514	2142	2523
	第 29 遍	748	983	2601	5020	1415	−4663	1591	727	1538	2156	2493
15	第 30 遍	893	578	1567	3015	638	−5605	1091	503	1527	2259	2404

续表 6-1

放矿次数	通道号 量纲类型	通道12 应变 ε	通道13 应变 ε	通道14 应变 ε	通道15 应变 ε	通道16 应变 ε	通道17 应变 ε	通道18 应变 ε	通道19 应变 ε	通道20 应变 ε	通道21 应变 ε	通道22 应变 ε
初	第1遍	28	-77	-22	-53	-42	90	143	0	24	-751	-666
1	第2遍	29	-76	-20	-51	-29	92	146	1	25	-748	-663
	第3遍	30	-76	-20	-51	-41	91	148	2	25	-746	-662
2	第4遍	151	156	40	-234	-299	147	223	23	38	-752	-668
	第5遍	148	143	32	-237	-291	146	221	22	38	-753	-669
3	第6遍	40	-35	155	-268	-256	167	343	28	44	-879	-785
	第7遍	52	-39	159	-270	-209	158	357	25	38	-1098	-976
4	第8遍	225	368	328	123	192	346	447	43	69	-1326	-1163
	第9遍	204	504	481	176	500	385	571	57	87	-1376	-1191
5	第10遍	388	1069	750	997	1152	330	464	5	108	-1354	-1120
	第11遍	450	1124	828	1245	1392	382	533	-12	87	-1379	-1129
6	第12遍	486	1474	1057	1202	1333	241	353	69	167	-1330	-1134
	第13遍	486	1474	1057	1202	1333	241	353	69	167	-1330	-1134
7	第14遍	541	2562	1143	1469	1852	259	524	97	153	-1159	-1092
	第15遍	563	2093	1192	1485	2040	651	1037	230	120	-1005	-976
8	第16遍	577	2307	1162	998	1873	1054	1539	-48	65	-502	-517
	第17遍	603	2513	1433	1038	2038	1649	2110	106	247	-288	-300
9	第18遍	607	2725	862	760	1894	2318	2175	-81	394	0	6
	第19遍	600	2712	822	743	1901	2491	2274	250	682	248	285
10	第20遍	621	1772	723	600	1909	3644	3015	523	648	350	342
	第21遍	629	1764	694	608	1845	3418	2886	727	836	330	272
11	第22遍	651	1795	664	480	1464	4130	2769	1821	474	-107	9
	第23遍	656	1743	646	466	1408	4026	2665	1716	481	-114	-16
12	第24遍	699	1626	703	511	1396	4899	1216	344	291	61	399
	第25遍	698	1607	692	505	1371	4836	1188	312	282	74	317
13	第26遍	766	1346	663	419	1106	5101	1199	400	100	156	537
	第27遍	764	1323	653	415	1095	5077	1189	402	99	174	567
14	第28遍	1002	1322	633	371	936	4620	1101	74	34	552	664
	第29遍	1002	1336	645	356	900	4500	1068	82	61	735	843
15	第30遍	930	984	506	287	711	3285	795	40	52	857	1129

注：初表示初始读数，1，2，3，…，n，…，15 表示第 n 次放矿后的读数。

在实际数据处理中发现，隔离层的弹性模量相比应变片的弹性模量要小得多。因弹簧叠加效应的存在，导致粘贴应变片部位隔离层弹性模量远远大于之前的弹性模量，使粘贴应变片部位隔离层的变形远小于未粘贴应变片部位隔离层。如继续直接利用如表 6-1 所示的处理后的应变数据与隔离层弹性模量相乘，计算得到的隔离层测点的拉应力值将远小于实际应力值，将为后续数据处理带来较大的误差。

为获取更为准确的试验数据，可借助于 WDW-50 万能拉力机间接测量得出拉应力值，具体步骤是：①取一小段与试验中同材质的隔离层，并在隔离层表面粘贴实验中用的应变片；②连接好应变仪，然后在拉力机上进行拉伸实验，读取与放矿试验中与应变相对应的隔离层拉应力值，即为放矿试验中隔离层测点的拉应力值。

单漏斗物理试验隔离层右侧测点（含中线上的点）分布如图 6-5 所示。

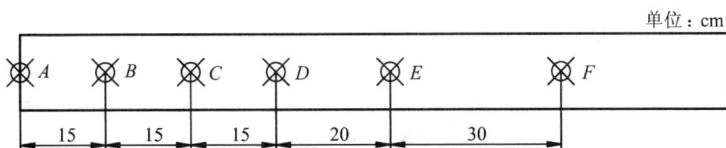

单位：cm

图 6-5　单漏斗物理试验隔离层右侧测点分布图

下降过程中隔离层的变形与受力条件均以竖直中线为对称轴，各下降深度每个测点按前述间接法测得拉应力值，如表 6-2 所示。

表 6-2　隔离层右侧各测点按间接法测得的拉应力数据

h/cm	A/MPa	B/MPa	C/MPa	D/MPa	E/MPa	F/MPa
10	0.0500	0.1583	0.1750	0.0300	0	0
17	0.0917	0.1833	0.2000	0.0750	0	0
32	0.1417	0.2000	0.2167	0.1167	0	0
36	0.1750	0.2200	0.2333	0.1381	0	0
46	0.2250	0.2917	0.3121	0.2000	0	0
58	0.2888	0.3167	0.3250	0.2167	0	0
68	0.3026	0.3500	0.3583	0.2833	0.0167	0
76	0.3250	0.3667	0.3750	0.3167	0.0833	0
88	0.3417	0.3667	0.3833	0.3333	0.2250	0
98	0.3500	0.3833	0.3917	0.3583	0.2750	0.0800
106	0.3520	0.3833	0.3917	0.3667	0.2917	0.1100
110	0.3667	0.3988	0.4083	0.3750	0.3250	0.1750

利用 Origin 软件对如表 6-2 所示的隔离层各下降深度的试验数据进行回归拟合，其中 Poly4 函数拟合效果最好，其通式如下：

$$\sigma_s = A_0 + A_1 s + A_2 s^2 + A_3 s^3 + A_4 s^4 \tag{6-1}$$

式中：σ_s 为隔离层各测点拉应力值，MPa；s 为隔离层横轴长，m；A_0，A_1，A_2，A_3，A_4 为函数拟合参数。

式(6-1)给出了各下降深度隔离层的拉应力曲线函数的通式。

为便于观察隔离层拉应力函数的演化全过程，以隔离层的中心点为坐标原点，取隔离层右侧横向长 s 为横轴，拉应力 σ_s 为纵轴，h 为隔离层下降深度，将具有代表性的下降深度分别为 10 cm、46 cm、76 cm、98 cm、110 cm 时对应隔离层拉应力函数曲线绘制于同一张图，得到单漏斗物理试验隔离层拉应力函数全过程演化规律，如图 6-6 所示。

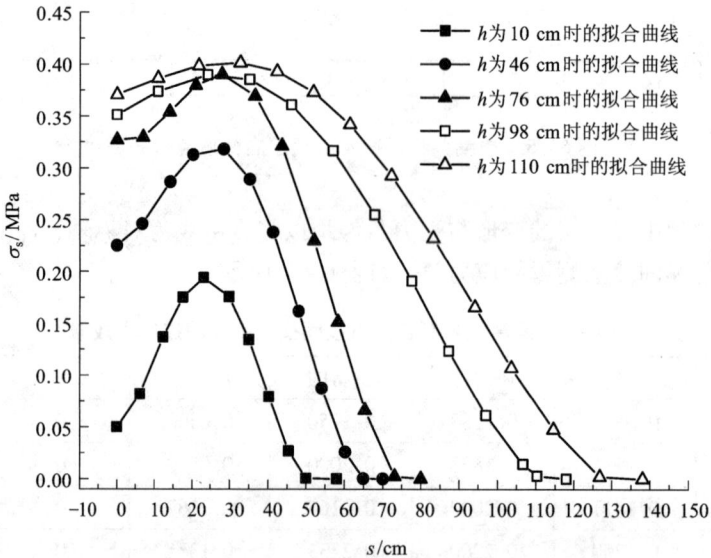

图 6-6　单漏斗物理试验隔离层拉应力函数全过程演化规律

由图 6-6 可知，同一下降深度时，拉应力随测点与中心点距离的增大呈先增后减的趋势；不同下降深度时，隔离层各测点的拉应力值随下降深度的增加而增大；各曲线拉应力最大值点不在隔离层最低点，而是处于最低点 20~35 cm 之间。

利用式(6-1)对各下降深度的实验数据进行拟合，得到隔离层在不同下降深度的具体拉应力函数。

各下降深度隔离层拉应力函数式中的拟合参数，如表 6-3 所示。

表 6 – 3　隔离层拉应力函数拟合参数

h/cm	A_0	A_1	A_2	A_3	A_4
10	0.05	9.22×10^{-4}	9.04×10^{-4}	-3.81×10^{-5}	3.84×10^{-7}
17	0.09172	0.00252	5.42×10^{-4}	-2.36×10^{-5}	2.24×10^{-7}
32	0.14176	3.54×10^{-4}	4.64×10^{-4}	-1.76×10^{-5}	1.53×10^{-7}
36	0.17518	-0.00102	4.90×10^{-4}	-1.73×10^{-5}	1.44×10^{-7}
46	0.2252	5.45×10^{-4}	4.97×10^{-4}	-1.84×10^{-5}	1.51×10^{-7}
58	0.28923	-0.00388	6.39×10^{-4}	-2.03×10^{-5}	1.58×10^{-7}
68	0.30425	-0.00314	6.37×10^{-4}	-1.95×10^{-5}	1.45×10^{-7}
76	0.32685	-0.00245	5.02×10^{-4}	-1.48×10^{-5}	1.04×10^{-7}
88	0.34251	5.40×10^{-4}	1.21×10^{-4}	-4.03×10^{-6}	2.41×10^{-8}
98	0.35119	0.00218	7.28×10^{-6}	-1.50×10^{-6}	9.02×10^{-9}
106	0.35302	0.00209	2.62×10^{-6}	-1.22×10^{-6}	7.03×10^{-9}
110	0.37066	0.00142	1.44×10^{-5}	-1.07×10^{-6}	5.41×10^{-9}

基于表 6 – 3 中函数拟合参数，对各下降深度的拉应力函数进行拟合，得到各参数与下降深度的关系。

(1)A_0 参数

以隔离层下降深度为横坐标，A_0 参数为纵坐标，建立直角坐标系，并用 Origin 软件进行回归拟合，拟合曲线如图 6 – 7 所示。

由图 6 – 7 中的拟合曲线可知，系数 A_0 随着隔离层下降深度的增加而逐渐增大，且增长速率呈先增后减最后趋于稳定的变化趋势；其拟合函数为：

$$A_0 = -0.0038h + 6.943 \times 10^{-5}h^2 - 1.186 \times 10^{-6}h^3 + 4.685 \times 10^{-9}h^4 \quad (6-2)$$

(2)A_1 参数

以隔离层下降深度为横坐标，A_1 参数为纵坐标，建立直角坐标系，并用 Origin 软件进行回归拟合，拟合曲线如图 6 – 8 所示。

由图 6 – 8 中的拟合曲线可知，系数 A_1 随着隔离层下降深度的增加呈增—减—增—减的变化趋势；其拟合函数为：

$$A_1 = -3.535 \times 10^{-5} + 1.4 \times 10^{-4}h - 2.216 \times 10^{-6}h^2 - 1.576 \times 10^{-7}h^3 + 3.306$$
$$\times 10^{-9}h^4 - 1.624 \times 10^{-11}h^5 \quad (6-3)$$

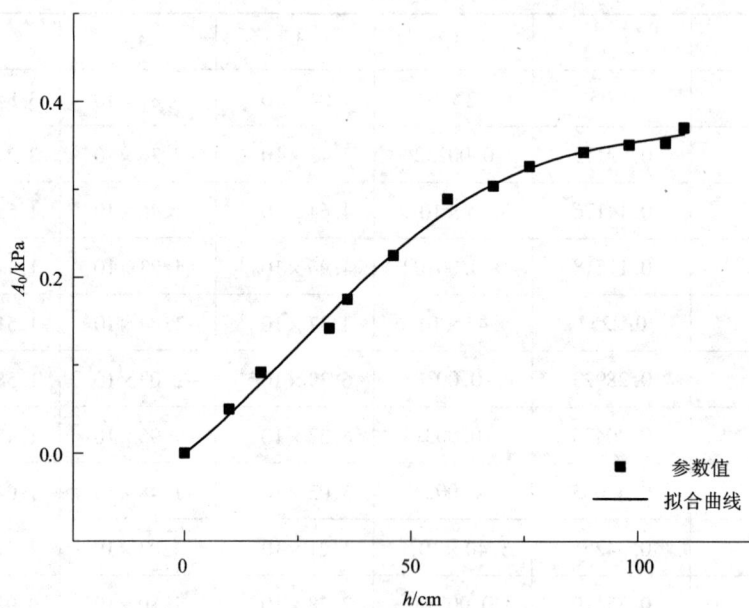

图 6-7 系数 A_0 拟合曲线图

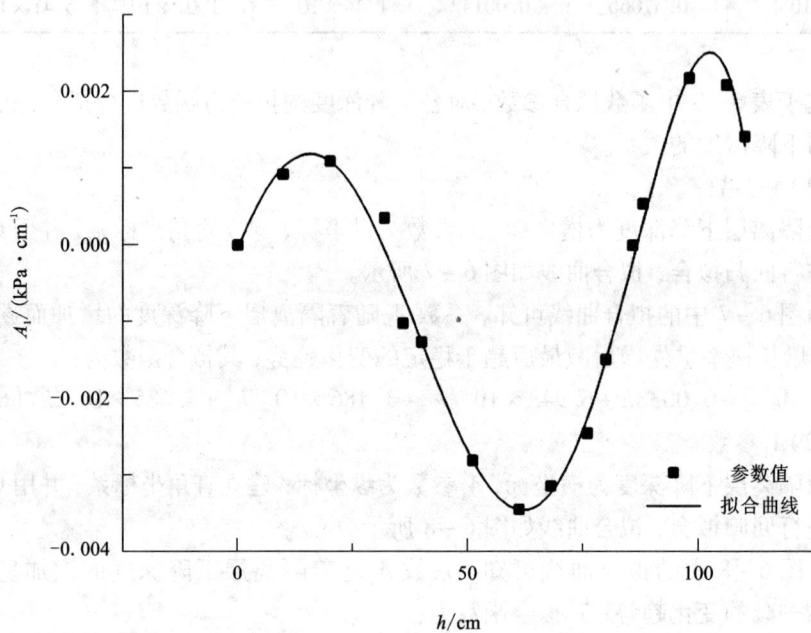

图 6-8 系数 A_1 拟合曲线图

（3）A_2 参数

以隔离层下降深度为横坐标，A_2 参数为纵坐标，建立直角坐标系，并用 Origin 软件进行回归拟合，拟合曲线如图 6-9 所示。

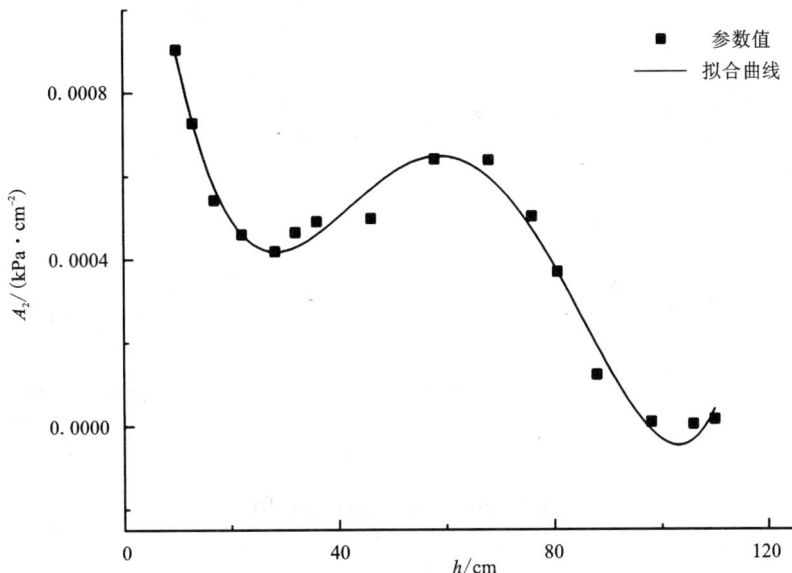

图 6-9　系数 A_2 拟合曲线图

由图 6-9 中的拟合曲线可知，参数 A_2 随着隔离层下降深度的增加呈减—增—减—增的变化趋势；其拟合函数为：

$$A_2 = 0.002 - 1.237 \times 10^{-4} h + 3.637 \times 10^{-6} h^2 - 3.754 \times 10^{-8} h^3$$
$$+ 7.157 \times 10^{-11} h^4 + 4.548 \times 10^{-13} h^5 \tag{6-4}$$

（4）A_3 参数

以隔离层下降深度为横坐标，A_3 参数为纵坐标，建立直角坐标系，并用 Origin 软件进行回归拟合，拟合曲线如图 6-10 所示。

由图 6-10 中的拟合曲线可知，参数 A_3 随着隔离层下降深度的增加呈增—减—增—减的变化趋势；其拟合函数为：

$$A_3 = -7.821 + 5.581 \times 10^{-6} h - 1.780 \times 10^{-7} h^2 + 2.384 \times 10^{-9} h^3$$
$$- 1.293 \times 10^{-11} h^4 + 2.087 \times 10^{-14} h^5 \tag{6-5}$$

（5）A_4 参数

以隔离层下降深度为横坐标，A_4 参数为纵坐标，建立直角坐标系，并用 Origin 软件进行回归拟合，拟合曲线如图 6-11 所示。

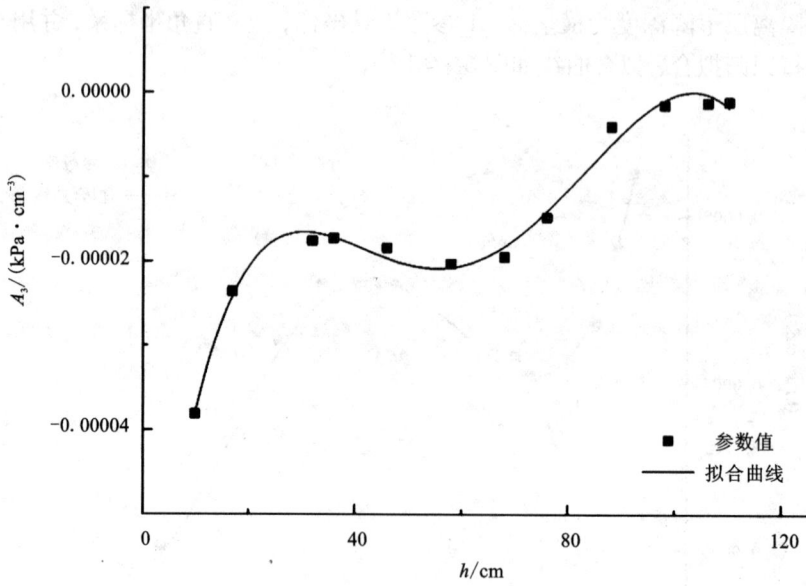

图 6 - 10   系数 A_3 拟合曲线图

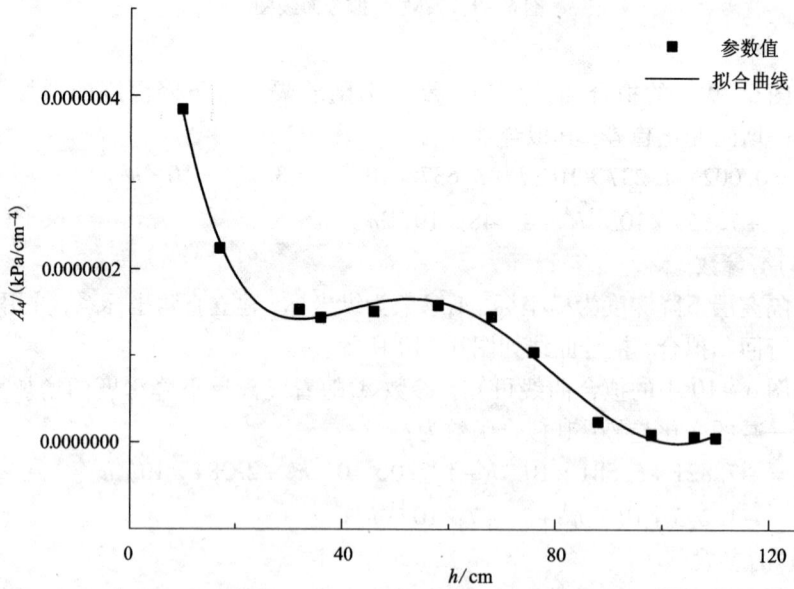

图 6 - 11   系数 A_4 拟合曲线图

由图 6-11 中的拟合曲线可知，参数 A_4 随着隔离层下降深度的增加呈减—增—减—增的变化趋势；其拟合函数为：

$$A_4 = 8.313 \times 10^{-7} - 6.297 \times 10^{-8} h + 2.092 \times 10^{-9} h^2 - 3.090 \times 10^{-11} h^3$$
$$+ 2.018 \times 10^{-13} h^4 - 4.742 \times 10^{-16} h^5 \tag{6-6}$$

将式(6-2)~式(6-6)代入式(6-1)中，即可得到单漏斗放矿隔离层的全过程拉应力函数与下降深度之间的关系表达式：

$$\sigma_s = 4.685 \times 10^{-9} h^4 - 1.186 \times 10^{-6} h^3 + 6.943 \times 10^{-5} h^2 - 0.0038 h$$
$$+ (-1.624 \times 10^{-11} h^5 + 3.306 \times 10^{-9} h^4 - 1.576 \times 10^{-7} h^3$$
$$- 2.216 \times 10^{-6} h^2 + 1.4 \times 10^{-6} h - 3.535 \times 10^{-5}) s + (4.548 \times 10^{-13} h^5$$
$$+ 7.157 \times 10^{-11} h^4 - 3.754 \times 10^{-8} h^3 + 3.637 \times 10^{-6} h^2 - 1.237 \times 10^{-4} h$$
$$+ 0.002) s^2 + (2.087 \times 10^{-14} h^5 - 1.293 \times 10^{-11} h^4 + 2.384 \times 10^{-9} h^3$$
$$- 1.780 \times 10^{-7} h^2 + 5.581 \times 10^{-6} h - 7.821) s^3 + (-4.742 \times 10^{-16} h^5$$
$$+ 2.018 \times 10^{-13} h^4 - 3.090 \times 10^{-11} h^3 + 2.092 \times 10^{-9} h^2 - 6.297 \times 10^{-8} h$$
$$+ 8.313 \times 10^{-7}) s^4 \tag{6-7}$$

6.1.3　隔离层压应力特性

大量放矿过程中，隔离层受到上覆载荷作用，内部产生压应力。

每个测点布置一个压力盒，压力盒固定在隔离层测点正上方，感应面朝上。大量放矿前，用 YJZ-32A 型智能数字应变仪配套的控制软件，读取并记录应变片的初始应变；大量放矿时，每放出一定量矿石，在矿房内矿石静止 1~2 min 后再读取示数。

压力盒测量数据如表 6-4 所示。

表 6-4　物理试验中压力盒原始数据表

放矿次数	通道号	通道 1	通道 2	通道 3	通道 4	通道 5	通道 6	通道 7	通道 8	通道 9	通道 10	通道 11
	量纲类型	应变 ε	应变 ε	应变 ε	应变 ε	应变 ε	应变 ε	应变 ε	应变 ε	应变 ε	应变 ε	应变 ε
初	第 1 遍	-164	-9	15	7	6	-12	-17	10	14	-11	7
	第 2 遍	-166	-9	15	7	6	-13	-17	10	14	-12	7
1	第 3 遍	-158	-13	21	7	3	-6	-26	22	22	-10	6
	第 4 遍	-162	-13	21	7	4	-6	-25	22	22	-10	7
2	第 5 遍	-160	-15	22	10	13	-22	-37	50	24	-13	7
	第 6 遍	-163	-15	24	14	10	-23	-31	41	24	-12	8

续表 6-4

放矿次数	通道号量纲类型	通道1 应变 ε	通道2 应变 ε	通道3 应变 ε	通道4 应变 ε	通道5 应变 ε	通道6 应变 ε	通道7 应变 ε	通道8 应变 ε	通道9 应变 ε	通道10 应变 ε	通道11 应变 ε
3	第7遍	-161	-15	24	16	22	-15	-44	43	30	-15	6
	第8遍	-160	-15	25	20	33	-49	-58	55	29	-13	5
4	第9遍	-163	-14	18	22	58	-49	-85	60	34	-22	7
5	第10遍	-171	-17	16	27	72	-85	-92	77	36	-22	6
6	第11遍	-167	-21	13	83	322	-133	-157	64	42	-16	8
	第12遍	-163	-16	16	185	267	-186	-180	118	56	-3	6
7	第13遍	-165	-34	37	156	371	-224	-131	153	75	-16	7
	第14遍	-167	-34	37	154	371	-223	-130	153	74	-16	9
8	第15遍	-164	-45	135	233	263	-247	-151	228	98	-12	7
	第16遍	-164	-46	83	209	292	-240	-157	182	89	-15	5
	第17遍	-165	-45	101	216	292	-241	-141	175	91	-20	7
9	第18遍	-142	-35	106	220	203	-261	-228	121	122	-17	10
10	第19遍	-125	-103	86	276	272	-273	-190	94	223	-34	12
11	第20遍	-109	-106	260	152	204	-317	-201	104	401	-35	-14
	第21遍	-109	-551	253	88	126	-296	-296	120	244	-118	-19
12	第22遍	-70	-723	258	156	154	-308	-224	102	339	-213	-20
13	第23遍	-64	-712	183	144	165	-309	-240	97	315	-197	-26
14	第24遍	-48	-912	97	108	124	-282	-186	284	104	-180	-26
	第25遍	-8	-750	26	46	110	-250	-179	70	106	-286	-38
	第26遍	39	-157	42	76	113	-230	-375	83	55	-66	-101
	第27遍	30	-175	47	85	112	-230	-449	88	62	-64	-100
	第28遍	31	-176	47	85	115	-231	-448	88	61	-65	-100
	第29遍	32	-176	46	84	114	-231	-447	88	61	-65	-99
15	第30遍	34	-175	46	84	114	-232	-446	88	61	-65	-99
	第31遍	35	-176	46	84	114	-232	-444	87	61	-65	-98
	第32遍	36	-175	45	84	113	-232	-443	87	61	-64	-98
	第33遍	37	-176	45	83	113	-232	-443	87	62	-65	-98
	第34遍	38	-176	45	82	112	-232	-441	87	62	-64	-98
	第35遍	39	-175	44	82	112	-233	-440	87	62	-64	-98
	第36遍	40	-176	44	82	111	-233	-439	87	62	-64	-98

注：初表示初始读数，1，2，3，…，n，…，15 表示第 n 次放矿后的读数。

对如表 6-4 所示的同一次放矿测得的多组数据求平均值，除去初始值，得到各测点相应的压力盒读数。

每个测点对应的两个通道数值在理论上相等，但实验操作过程中往往有一定的误差。为减少实验误差，把每个测点对应的两个通道的数值进行平均处理。

处理后的压力盒数据，如表 6-5 所示。

表 6-5 处理后的压力盒数据表

放矿次数	测点 1 应变 ε	测点 2 应变 ε	测点 3 应变 ε	测点 4 应变 ε	测点 5 应变 ε	测点 6 应变 ε	测点 7 应变 ε	测点 8 应变 ε	测点 9 应变 ε	测点 10 应变 ε	测点 11 应变 ε
0	0	0	0	0	0	0	0	0	0	0	0
1	5	-4	6	0	-2.5	6.5	-8.5	12	8	1.5	-0.5
2	3.5	-6	8	5	5.5	-10	-17	35.5	10	-1	0.5
3	4.5	-6	9.5	11	21.5	-19.5	-34	39	15.5	-2.5	-1.5
4	2	-5	3	15	52	-36.5	-68	50	20	-10.5	0
5	-6	-8	1	20	66	-72.5	-75	67	22	-10.5	-1
6	0	-9.5	-0.5	127	288.5	-147	151.5	81	35	2	0
7	0	-25	22	149	365	-211.5	-114	143	61	-4.5	0
8	0	-33.5	74	196	298.5	-225.25	-127.75	174.5	74	-4.25	0
9	23	-26	91	213	197	-248.5	-211	111	108	-5.5	3
10	40	-94	71	269	266	-260.5	-173	84	209	-22.5	5
11	56	-319.5	241.5	113	159	-294	-231.5	102	308.5	-65	-23.5
12	95	-714	243	149	148	-295.5	-207	92	325	-201.5	-27
13	101	-703	168	137	159	-296.5	-223	87	301	-185.5	-33
14	117	-903	82	101	118	-269.5	-169	274	90	-168.5	-33
15	200.55	-164.91	30.18	75.82	107.00	-219.14	-420.73	77.00	46.91	-53.14	-100.09

由于压力盒出厂设置的不同，其压力通过计算公式获取，给定的计算式为：
$$P = K\varepsilon \tag{6-8}$$
式中：P 为压力值，kPa；K 为率定系数，mm；ε 为应变量。

试验中购置的十一个微型土压力盒率定系数各不相同，其参数可由出厂设置给定，如表 6-6 所示。

表 6-6　微型土压力盒率定参数表

微型土压力盒编号	率定系数 K
501	0.045086
502	0.031989
503	0.035945
504	0.033968
505	0.093706
506	0.039683
507	0.043440
508	0.045005
509	0.044683
510	0.045872
511	0.039651

根据式(6-8)和表6-5、表6-6的参数,算出各测点在每次放矿后的压力值。

为减小压力盒读数不稳定带来的误差,使数据更加准确,将对应位置数据做平均处理。与拉应力处理方式一样,以隔离层右侧作为分析对象,获得隔离层下降高度 h 与对应的各测点压应力值 q_1,数据如表6-7所示。

表 6-7　隔离层各测点压应力值数据表

h/cm	A/kPa	B/kPa	C/kPa	D/kPa	E/kPa	F/kPa
5	0	0	0	0	0	0.655
10	0	0	0	0.204	0.739	1.032
17	0	0	0	0.34	2.216	1.706
24	0	0	0	0.509	2.52	3.135
32	0	0	0.751	4.144	5.843	6.091
36	0	0	0.755	4.891	4.214	8.651
46	0	0.011	2.624	6.488	4.811	9.197
58	0	0.046	3.235	7.065	8.428	10.119
68	0	0.826	4.516	8.967	6.777	10.595

续表 6 - 7

h/cm	A/kPa	B/kPa	C/kPa	D/kPa	E/kPa	F/kPa
76	0.072	2.776	6.345	5.668	9.318	11.925
88	0.248	9.037	7.699	4.891	8.254	11.984
98	0.275	8.303	6.003	4.484	8.949	12.024
106	0.348	7.523	2.911	3.261	6.603	12.083
110	0.724	2.231	1.049	2.405	5.538	12.142

　　利用 Origin 对表 6 - 7 中的试验数据进行回归拟合,其中 Poly4 函数模型拟合效果最好;其通式如下:

$$q_1 = B_0 + B_1 s + B_2 s^2 + B_3 s^3 + B_4 s^4 \tag{6-9}$$

式中:s 为隔离层横轴长,m;B_0,B_1,B_2,B_3,B_4 为函数拟合参数。

　　以隔离层的中心点为坐标原点,以隔离层横向长 s 为横轴、压应力值 q_1 为纵轴,绘制出隔离层下降深度分别为 10 cm、46 cm、76 cm、98 cm、110 cm 时的各测点压应力值拟合曲线,如图 6 - 12 所示。

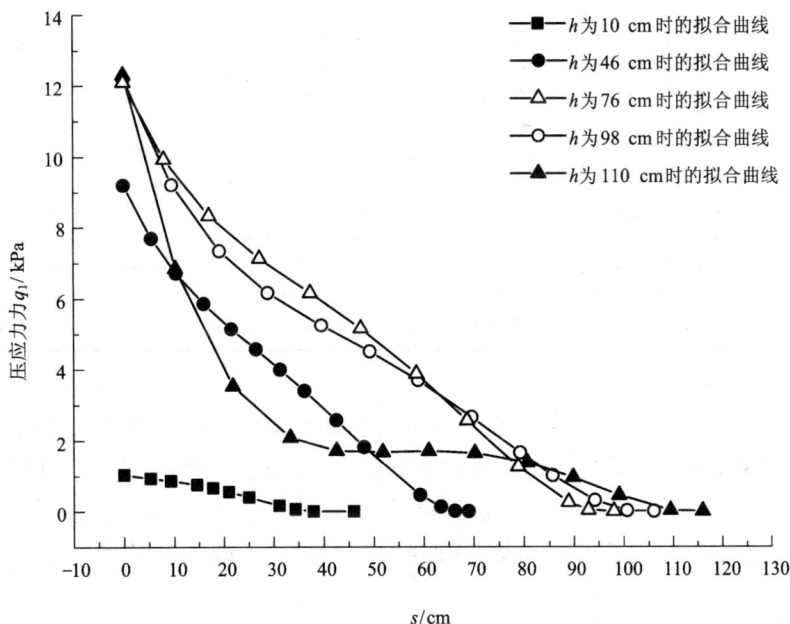

图 6 - 12　隔离层各测点压应力拟合曲线

由图 6-12 可知,同一下降深度时,在试验前期压应力值随测点与中心点距离的增大而减小,在试验后期压应力值随测点与中心点距离的增大呈先减后增再减的趋势;不同下降深度时,各测点的压应力值随着下降深度的增加,整体上呈增大趋势;大量放矿后期,隔离层形态不断演变,部分区域压应力值随隔离层下降深度的增加而减小。

利用式(6-9)对各下降深度数据进行拟合,可得到隔离层在不同下降深度的压应力具体函数及各下降深度隔离层压应力函数的拟合参数(见表6-8)。

表6-8 隔离层压应力函数拟合参数

h/cm	B_0	B_1	B_2	B_3	B_4
10	1.03175	0.00202	-0.00187	2.92×10^{-5}	0
17	1.72307	0.22032	-0.01598	2.37×10^{-4}	0
32	6.09084	0.11659	-0.00782	1.53×10^{-5}	9.41×10^{-7}
36	8.65113	-1.02842	0.07528	-2.02×10^{-3}	1.71×10^{-5}
58	10.11867	-0.28208	0.01875	-5.69×10^{-4}	4.80×10^{-6}
68	10.06035	-0.0646	-0.00136	-2.78×10^{-5}	4.51×10^{-7}
76	12.07144	-0.32481	0.008	-1.16×10^{-4}	5.60×10^{-7}
88	12.19113	-0.56905	0.02029	-2.93×10^{-4}	1.36×10^{-6}
98	12.21655	-0.38777	0.00888	-1.07×10^{-4}	4.50×10^{-7}
106	12.17213	-0.55267	0.01233	-1.24×10^{-4}	4.42×10^{-7}
110	12.25913	-0.65977	0.01477	-1.39×10^{-4}	4.58×10^{-7}

表6-8 中数据是在不同下降深度时隔离层压应力函数各项系数的拟合参数,但各下降深度压应力值的函数式无法表示整个放矿过程中压应力的变化规律。

基于表6-8 中函数拟合参数,对各下降深度的压应力函数进行整合,即利用Origin 软件对各下降深度相应参数值分别进行拟合,得到各参数与下降深度的关系。

(1)B_0参数

以隔离层下降深度为横坐标,B_0参数为纵坐标,建立直角坐标系,并用Origin 软件进行回归拟合;其拟合曲线如图6-13 所示。

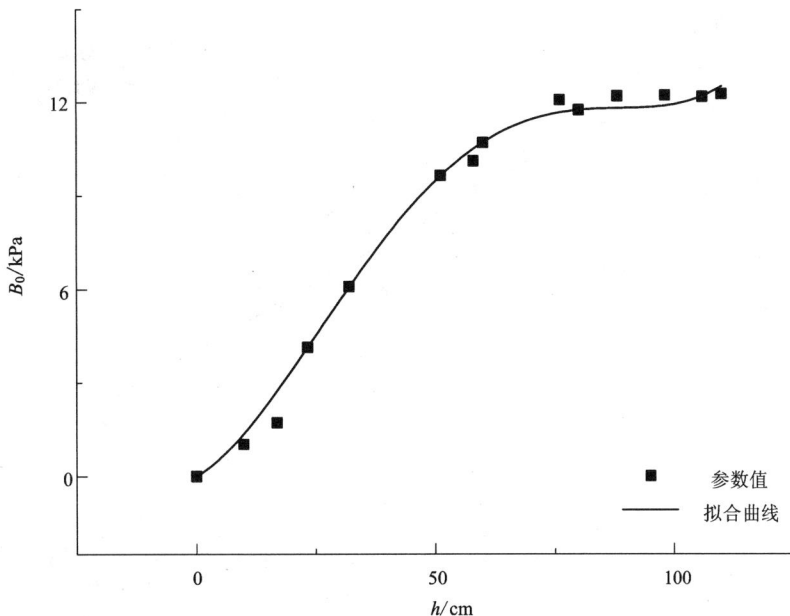

图 6 – 13 系数 B_0 拟合曲线图

由图 6 – 13 中的拟合曲线可知,参数 B_0 随着下降深度的增加而逐渐增大,增长速度逐渐变小并在放矿高度为 110 cm 时达到最大值;其拟合函数为:

$$B_0 = 0.087h + 0.006h^2 - 1.008 \times 10^{-4} h^3 + 4.418 \times 10^{-7} h^4 \qquad (6-10)$$

(2)B_1 参数

以隔离层下降深度为横坐标,B_1 参数为纵坐标,建立直角坐标系,并用 Origin 软件进行回归拟合;其拟合结果如图 6 – 14 所示。

由图 6 – 14 的回归拟合结果可知,系数 B_1 随隔离层下降深度的增加而减少;其拟合函数为:

$$B_1 = 0.376 - 0.009h \qquad (6-11)$$

(3)B_2 参数

以隔离层下降深度为横坐标,B_2 参数为纵坐标,建立直角坐标系,并用 Origin 软件进行回归拟合;拟合曲线如图 6 – 15 所示。

由图 6 – 15 的拟合结果可知,系数 B_2 与下降深度呈线性关系,并且随其增加而逐渐增大;其拟合函数为:

$$B_2 = -0.020 + 3.045 \times 10^{-4} h \qquad (6-12)$$

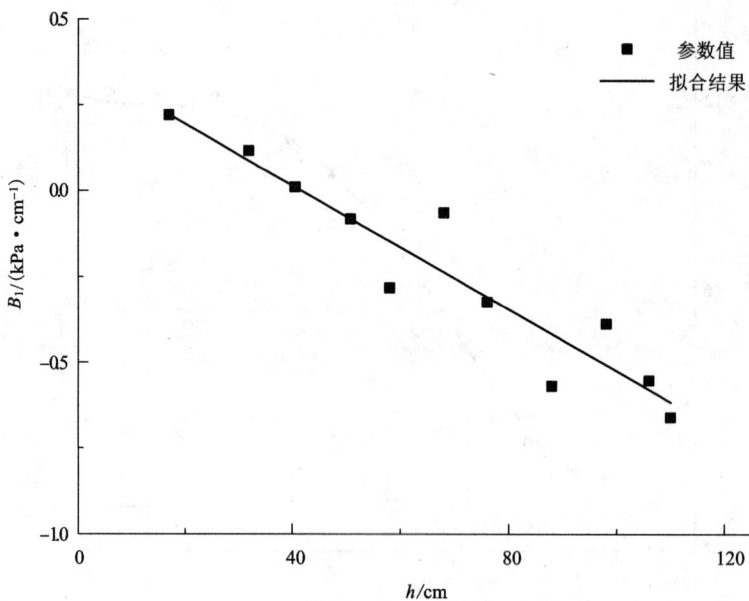

图 6-14　系数 B_1 的回归拟合结果图

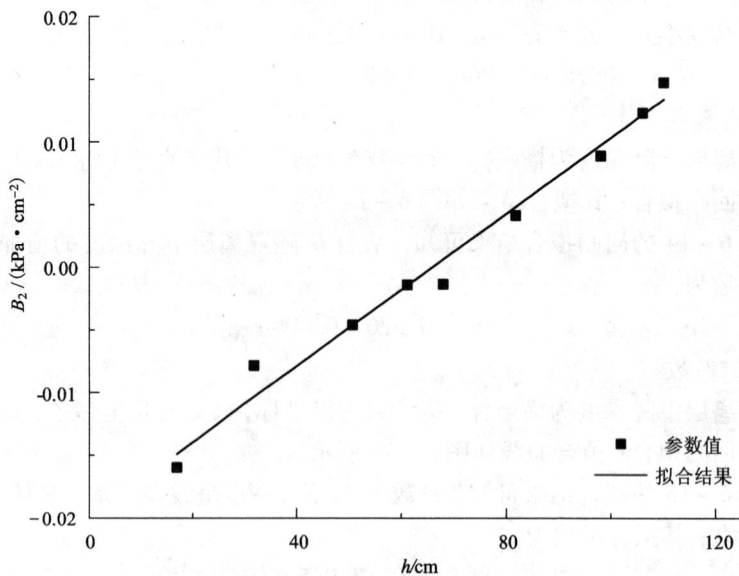

图 6-15　系数 B_2 的回归拟合结果图

（4）B_3 参数

以隔离层下降深度为横坐标，B_3 参数为纵坐标，建立直角坐标系，并用 Origin 软件进行回归拟合；其拟合结果如图 6 - 16 所示。

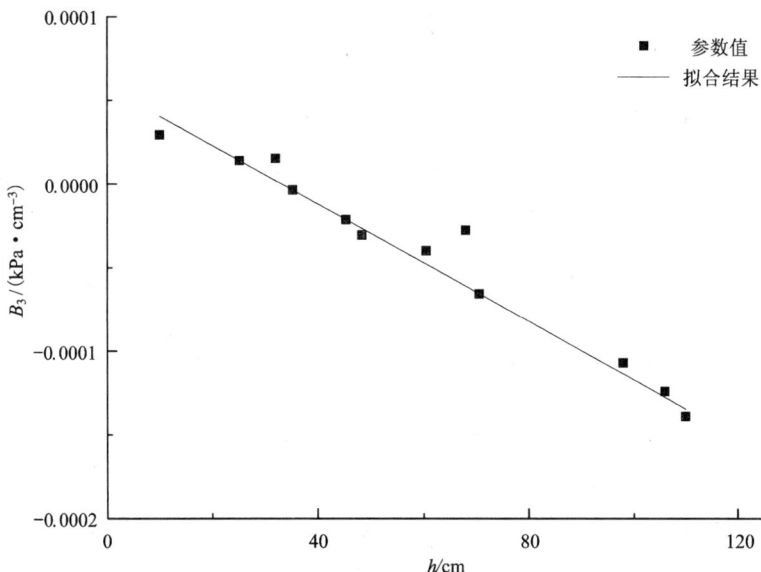

图 6 - 16　系数 B_3 的回归拟合结果图

由图 6 - 16 的拟合曲线可知，系数 B_3 与下降深度呈线性关系，且随下降深度的增加而减小；其拟合函数为：

$$B_3 = 5.805 \times 10^{-5} - 1.751 \times 10^{-6}h \tag{6-13}$$

（5）B_4 参数

以隔离层下降深度为横坐标，B_4 参数为纵坐标，建立直角坐标系，并用 Origin 软件进行回归拟合；其拟合曲线如图 6 - 17 所示。

由图 6 - 17 的拟合曲线可知，系数 B_4 的拟合曲线呈尖形波分布；其拟合函数为：

$$B_4 = 4.651 \times 10^{-7} + 7.235 \times 10^{-4} \times e^{-2 \times (\frac{h-46.163}{7.340})^2} \tag{6-14}$$

将式（6 - 10）～式（6 - 14）代入式（6 - 9）中，得到单漏斗放矿隔离层的全过程压应力函数的表达式：

$$q_1 = 0.087h + 0.006h^2 - 1.008 \times 10^{-4}h^3 + 4.418 \times 10^{-7}h^4 + (0.376 - 0.009h)s$$
$$+ (-0.020 + 3.045 \times 10^{-4}h)s^2 + (5.805 \times 10^{-5} - 1.751 \times 10^{-6}h)s^3 +$$
$$[4.651 \times 10^{-7} + 7.235 \times 10^{-4} \times e^{-2 \times (\frac{h-46.163}{7.340})^2}]s^4 \tag{6-15}$$

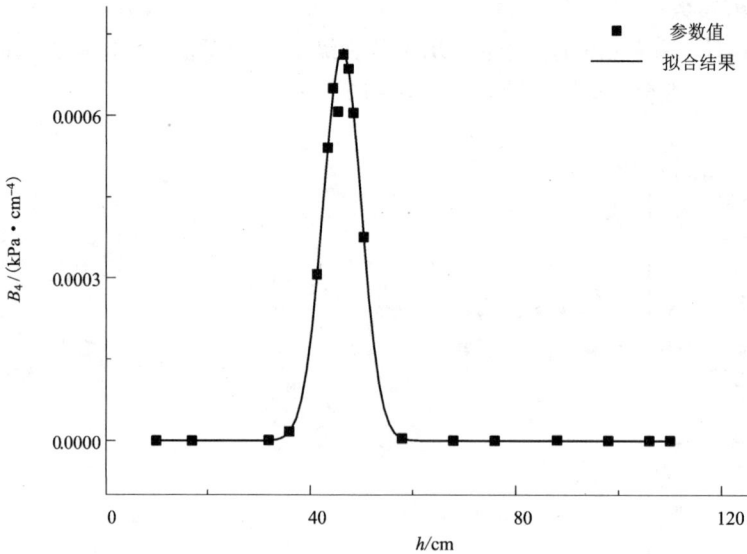

图 6-17　系数 B_4 的回归曲线分析图

　　由式(6-15)和图6-12可知,同一下降深度时,压应力值随测点与中心点距离的增大而减小;不同下降深度时,隔离层上各测点的压应力值随着下降深度的增加在整体上呈增大趋势;大量放矿后期,隔离层形态不断演变,部分区域压应力值随隔离层下降深度的增加而减小。

6.1.4　隔离层支持力特性

　　隔离层在随矿石流动一起下降的过程中,所受的支持力是来自于未放出矿石的支撑作用;随着矿石的放出,隔离层下部矿岩介质中出现了明显的空腔,且空腔体积不断扩大。空腔的存在致使底部隔离层并未受到未放出矿石的支持力作用。

　　隔离层的全程支持力函数表达,需分别对隔离层未受空腔影响部分和受空腔影响部分的支持力函数表达进行讨论。根据求解支持力函数表达的实际情况,先求解隔离层剖面形态函数式,再对隔离层放矿全程支持力函数进行分析。

　　(1)隔离层剖面形态函数式

　　隔离层界面变形演化过程中剖面上整体呈现出高斯曲线形态,但底部因空腔出现呈现出类似抛物线形状,且曲线形状不断演化至放矿终了,隔离层形态曲线方程为:

$$\begin{cases} y = H - \lambda h e^{-2\left(\frac{x}{\sigma}\right)^2}, & |x| > x_1 \\ \dfrac{N}{\rho g}(y+H-h) - \dfrac{hk_c}{2}(y+H-h)2 + \dfrac{k_c}{6}(y+H-h) = \dfrac{h}{2}x^2, & |x| \leq x_1 \end{cases} \quad (6-16)$$

式中：H 为隔离层初始纵坐标，cm；h 为隔离层下降深度，cm；σ 为标准差；$\lambda =$ 1.1204；N 为隔离层最低点张力，N；ρ 为散体密度，kg/m³；k_c 为侧压力系数；x_1 为空腔界点的横坐标值，cm。

（2）支持力函数

①对于空腔界点下部（$|x| \leqslant x_1$）隔离层上的一微元段 ds，由于空腔的存在，隔离层下表面不与底部矿岩接触，未受到底部矿岩的支持力作用。

②对于空腔界点上部（$|x| \geqslant x_1$）隔离层上的一微元段 ds，隔离层下表面与底部矿石存在接触，受到底部矿岩集度为 q_2 的支持力载荷作用，$d_s = \sqrt{1 + y^2}dx$。

由微元体法向受力平衡，可得：

$$(\sigma_s + d\sigma_s)\sin(\frac{1}{2}\theta)Bt + \sigma_s\sin(\frac{1}{2}\theta)Bt = B(q_1 - q_2)ds \qquad (6-17)$$

式中：θ 为拉应力方向与隔离层微元段切向方向之间的夹角，（°）；B 为隔离层宽度，m；t 为隔离层厚度，mm。

拉应力方向与隔离层微元段切向方向之间的夹角表达式为：

$$\theta = \frac{ds}{\rho} \qquad (6-18)$$

$$\rho = \frac{(1 + y'^2)3/2}{|y''|} \qquad (6-19)$$

式中：ρ 表示隔离层界面形态曲线的曲率半径，m；y' 为纵坐标 y 的一阶导数；y'' 为 y 的二阶导数。

整理式（6-17）~式（6-19）得：

$$q_2 = q_1 - \frac{t\sigma_s}{\rho} - \frac{tds}{2\rho} \times \frac{d\sigma_s}{ds} \qquad (6-20)$$

省去高阶无穷小 $\frac{tds}{2\rho} \times \frac{d\sigma_s}{ds}$，再结合式（6-7）、式（6-15），可得支持力载荷集度的函数表达式：

$$q_2 = \frac{t \times \sigma_s \times |y''|}{(1 + y'^2)^{3/2}} + 0.087h + 0.006h^2 - 1.008 \times 10^{-4}h^3 + 4.418 \times 10^{-7}h^4$$
$$+ (0.376 - 0.009h)s + (-0.020 + 3.045 \times 10^{-4}h)s^2 + (5.805 \times 10^{-5}$$
$$- 1.751 \times 10^{-6}h)s^3 + [4.651 \times 10^{-7} + 7.235 \times 10^{-4} \times e^{-2 \times (\frac{h - 46.163}{7.340})^2}]s^4$$
$$(6-21)$$

故，放矿全过程隔离层所受支持力的函数表达式为：

$$q_2 = 0, \quad |x| \leqslant x_1$$

$$q_2 = \frac{t \times \sigma_s \times |y''|}{(1 + y'^2)^{3/2}} + 0.087h + 0.006h^2 - 1.008 \times 10^{-4}h^3 + 4.418 \times 10^{-7}h^4$$

$$+ (0.376 - 0.009h)s + (-0.020 + 3.045 \times 10^{-4}h)s^2 + (5.805 \times 10^{-5}$$
$$-1.751 \times 10^{-6}h)s^3 + [4.651 \times 10^{-7} + 7.235 \times 10^{-4} \times e^{-2 \times (\frac{h - 46.163}{7.340})^2}]s^4,$$
$$|x| > x_1 \tag{6-22}$$

由式(6-22)可知,空腔区段的隔离层,未受到底部矿石的支持力载荷作用;在非空腔区段,支持力载荷集度与压应力变化规律有关,在临近空腔处支持力较小。

6.1.5 隔离层摩擦力特性

单漏斗物理试验隔离层在下降过程中,上下表面与充填废石和矿岩接触的隔离层区段均受到摩擦力的作用。隔离层上表面的摩擦力方向,在隔离层剖面曲线斜率大于充填废石外摩擦角的区段是斜向下的;在隔离层剖面曲线斜率小于充填废石外摩擦角的区段斜向上;空腔区段的隔离层下表面不受摩擦力作用,空腔界点以上区段的隔离层所受摩擦力的方向为斜向上;因测试技术手段的限制,当前无法对上下表面受到的摩擦力进行单独的测量,但可以通过隔离层的拉应力特性间接对隔离层摩擦力进行分析。针对隔离层复杂的受力情况,将放矿过程中隔离层所受摩擦力的合力作为隔离层所受的摩擦力,并用f表示摩擦力集度。

在隔离层上任取一微元段 ds 进行受力分析,由于微元段切向受力平衡,可得:

$$[(\sigma_s + d\sigma_s) - \sigma_s]Bt = f \times B \times ds \tag{6-23}$$

式中:各参数同前。

整理得:

$$f = t\frac{d\sigma_s}{ds} \tag{6-24}$$

故,放矿全过程隔离层所受摩擦力集度的函数表达式为:

$$\sigma_s = t[(-1.624 \times 10^{-11}h^5 + 3.306 \times 10^{-9}h^4 - 1.576 \times 10^{-7}h^3 - 2.216 \times 10^{-6}h^2$$
$$+ 1.4 \times 10^{-6}h - 3.535 \times 10^{-5}) + 2(4.548 \times 10^{-13}h^5 + 7.157 \times 10^{-11}h^4$$
$$- 3.754 \times 10^{-8}h^3 + 3.637 \times 10^{-6}h^2 - 1.237 \times 10^{-4}h + 0.002)s$$
$$+ (2.087 \times 10^{-14}h^5 - 1.293 \times 10^{-11}h^4 + 2.384 \times 10^{-9}h^3 - 1.780 \times 10^{-7}h^2$$
$$+ 5.581 \times 10^{-6}h - 7.821)s^2 + (-4.742 \times 10^{-16}h^5 + 2.018 \times 10^{-13}h^4$$
$$- 3.090 \times 10^{-11}h^3 + 2.092 \times 10^{-9}h^2 - 6.297 \times 10^{-8}h + 8.313 \times 10^{-7})s^3]$$
$$\tag{6-25}$$

由式(6-25)可知,同一下降深度时,随测点远离中心点,隔离层所受摩擦力值呈先减后增再减的变化趋势;不同下降深度时,隔离层所受的摩擦力值随着下降高度的增加呈先增后减的变化趋势。

6.1.6　隔离层失效点

隔离层强度是实现顺利放矿的关键因素之一。如果放矿过程中隔离层失效，将导致矿石与废石直接接触，增加矿石损失与贫化，失去同步充填的技术意义。

材料在试验中承受的应力主要有拉应力和压应力，其中，拉应力是由于矿岩放出和上覆废石的充填，隔离层逐渐下降且受到充填废石和矿岩的摩擦作用产生的；压应力是由上覆废石的自重直接作用于隔离层表面产生的。

隔离层的失效主要是由于作用在其上的最大拉应力大于隔离层的抗拉强度。整个放矿过程中隔离层上各点的拉应力随隔离层下降深度的增大而增大。因此，大量放矿过程中，隔离层的强度对保持隔离层条件下放矿工艺正常实施具有重要意义。隔离层破坏后，将导致矿石与废石直接接触，增加放矿过程中矿石的损失与贫化，影响同步充填放矿规律。

对各下降深度下拉应力的拟合曲线进行分析处理，找取各下降深度隔离层内部拉应力值最大点，并对隔离层拉应力值最大点距中心点距离 s_0 与下降深度 h 的关系进行回归分析，结果如图 6-18 所示。

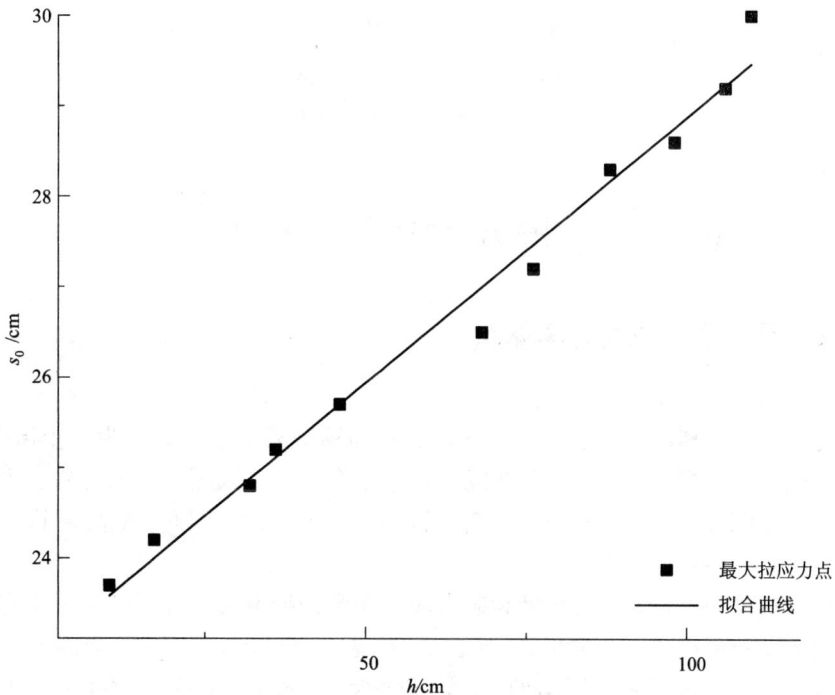

图 6-18　s_0 与下降深度的关系图

由图 6-18 可知，s_0 与下降深度 h 两者呈线性关系，随下降深度的增加，s_0 呈线性增长；其关系式为：

$$s_0 = 0.06h + 23.0 \qquad (6-26)$$

终了状态 $h = 110$ cm，则有 $s_0 = 29.6$ cm，即隔离层所受的拉应力在距隔离层中心点 29.6 cm 处最大，最易拉伸断裂，如图 6-19 所示。

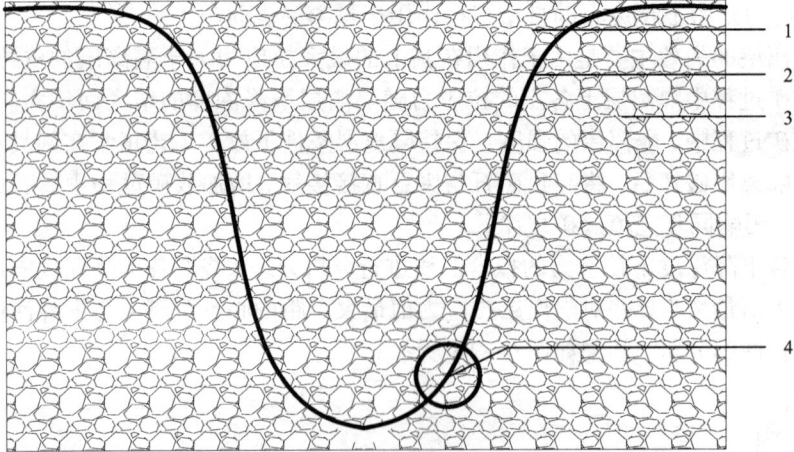

图 6-19　隔离层失效点分析图
1—充填废石；2—柔性隔离层；3—矿石；4—隔离层失效点

6.2　全漏斗物理试验隔离层界面受力特性

6.2.1　隔离层全曲面力学体系

（1）全漏斗隔离层力系时段划分

全漏斗无隔离层放矿条件下最高矿石层面移动后的形态近似为一个谐振波，靠近边壁的波的幅度较大；全漏斗隔离层放矿条件下，因隔离层的存在，弱化了最高矿石层面波的振幅，但并不改变矿石层面波的特性。因此，最高矿石层面形态与隔离层存在直接关系。

大量放矿初期，隔离层与最高矿石面始终紧密接触并一起保持平缓下移，隔离层的形态与最高矿石面的形态一致，均为波形；伴随着矿石的不断放出，隔离层这种波形越来越明显；当隔离层下降深度达 87 cm 时，在某些空间部位出现了隔离层与矿石面脱离的现象。

隔离层的受力状态及力系组成在不同放矿高度下有所差异，其主要差异表现在隔离层界面摩擦力上：在隔离层与矿石未脱离前，隔离层界面上处处受摩擦力作用，且隔离层摩擦力方向与拉伸方向相反，整体上较为复杂；在隔离层与矿石脱离后，隔离层底部出现空腔，不与矿石接触，底部隔离层下表面不受摩擦力。

力具有静力学效应，同时还具有动力学效应，即与时间相关。单漏斗物理试验隔离层界面区段划分，是建立在某个下降瞬间的静力学效应划分；但如果继续利用静力学中单漏斗物理试验隔离层界面区段方法对全漏斗物理试验隔离层界面进行划分，很难将隔离层界面受力阐释清楚。其主要原因是全漏斗隔离层界面呈波形，隔离层的拉伸方向很难从受力的角度确定，无法从直观上确定摩擦力方向；但结合隔离层的下降特点，可知在大量放矿后期隔离层底部出现了空腔，且在空腔处隔离层下表面不受摩擦力，在时空关系上具有明显的差异。

对于此类复杂力系问题可将放矿条件下的隔离层做时段划分处理。从整个下降过程考虑，将与矿石面始终紧密接触设为 T_1 时段，与矿石面紧密不接触的部位设为 T_2 时段，且出现 T_2 时段的时空位置在隔离层下降深度为 87 cm 处。

（2）全漏斗隔离层各区段力系特征

① T_1 时段。

对于 T_1 时段下降的隔离层，隔离层随矿石的放出呈波形下降。隔离层主要受到上部充填废石的压应力、待放出矿石的支持力以及隔离层上、下表面分别与充填废石、待放出矿石之间的摩擦力。

此外，由于隔离层上、下表面分别和充填废石、待放出矿石之间存在摩擦力作用，隔离层内部还存在着拉应力。

在隔离层中取任一微元段 ds，其受力情况如图 6-20 所示。

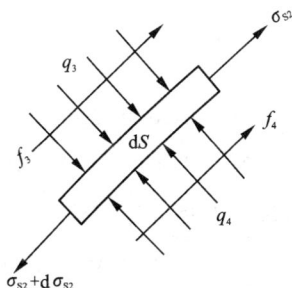

图 6-20　全漏斗物理试验 T_1 时段隔离层受力情况

② T_2 时段。

对于该时段的隔离层，由于部分空间隔离层与待放出矿石层面出现分离，形成空腔，该时段的隔离层受力情况有两种：未出现空腔部分的隔离层与全漏斗隔离层 T_1 时段的力系特征一致；而对于出现空腔区域的隔离层，主要受到上部充填废石的压应力作用及隔离层上表面与充填废石之间的摩擦力作用。

此外，由于隔离层上表面与充填废石之间存在摩擦力作用，隔离层内部还存在拉应力。在隔离层中取任一微元段 ds，其受力情况如图 6-21 所示。

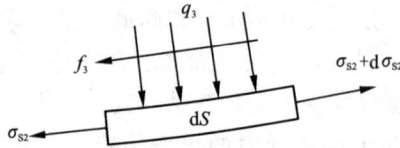

图 6-21 全漏斗物理试验 T_2 时段底部隔离层受力情况

6.2.2 隔离层拉应力特性

（1）隔离层全曲面拉应力特性。

全漏斗隔离层放矿条件下最高矿石层面呈谐振波形式，隔离层上各点存在一定的拉伸，即其内部有拉应力存在。从研究隔离层的弹性变形量出发，分别在隔离层预先布置好的测点上安装应变片，通过应变片的变形量来测量隔离层的拉伸形变，进而使用单漏斗试验中间接测量拉应力的方法测出各个测点的拉应力值（见表 6-9）。

表 6-9 全漏斗隔离层各个测点所受拉应力数据 单位：MPa

下降深度 /cm	横轴/cm								
	-80	-60	-40	-20	0	20	40	60	80
14	0.04188	0.0326	0.047	0.0421	0.03237	0.0421	0.04611	0.03283	0.04233
23	0.04899	0.03715	0.05315	0.04965	0.03693	0.05031	0.05228	0.03738	0.04943
34	0.08848	0.07234	0.10224	0.08908	0.07234	0.07546	0.10147	0.0713	0.08968
42	0.0966	0.08466	0.1097	0.09817	0.08546	0.09778	0.10914	0.08365	0.09797
54	0.10628	0.09286	0.11979	0.10685	0.09207	0.10704	0.11905	0.09226	0.108
63	0.11103	0.09621	0.12327	0.11159	0.09699	0.11084	0.12309	0.09601	0.11027
72	0.126	0.10302	0.14776	0.12727	0.10302	0.12636	0.14708	0.10224	0.12618
82	0.15633	0.13068	0.16932	0.15732	0.14159	0.15616	0.16868	0.1428	0.15781
92	0.17075	0.15633	0.18906	0.17186	0.15633	0.17343	0.18906	0.15633	0.17406
102	0.19233	0.17359	0.20913	0.19336	0.17672	0.19366	0.20885	0.17547	0.19439

放矿全程隔离层内拉应力的函数表达式求解思路：先以坐标网格的零点为原点，取 s 向右为水平正方向，取向上 σ_{s2} 轴为垂直正方向，建立坐标系；然后利用 Origin 软件对各下降深度下隔离层各测点的拉应力值进行回归拟合，得到各下降深度下隔离层的内部拉应力值函数表达式；进一步对各下降深度下隔离层的内部拉应力值的具体函数表达进行整合；最后得到放矿全程隔离层的函数表达式。

通过拟合，得到各下降深度下隔离层内拉应力的函数模型表达式：

$$\sigma_{s2} = \sigma_0 + C\sin(\pi\frac{s - s_0}{\omega}),\ C > 0 \tag{6-27}$$

式中：σ_{s2} 为内核应力，MPa；σ_0 为相应的初始内拉应力，MPa；C 为振幅，cm；s_0 为初始相位，cm；s 为隔离层 x 方向长度，cm；ω 为频率，s^{-1} 或 Hz。

式（6-27）给出了各下降深度下隔离层的拉应力曲线函数通式，为便于观察隔离层拉应力函数的演化全过程，将各下降深度下隔离层拉应力函数曲线绘制于同一张图，即全漏斗物理试验中隔离层所受内拉应力回归分析图（见图6-22）。

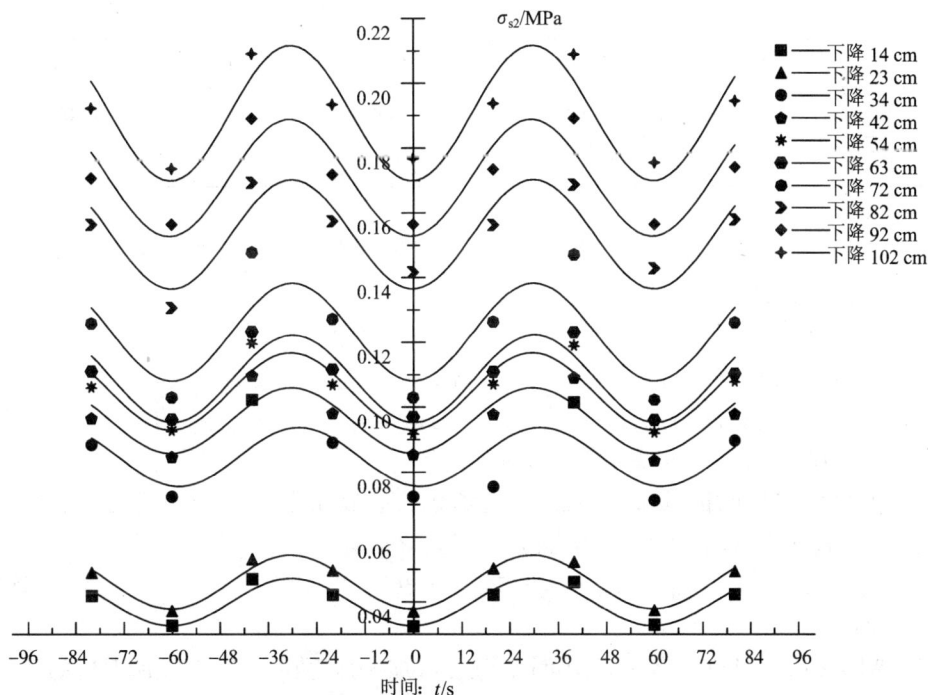

图6-22　全漏斗物理试验中隔离层所受内拉应力回归分析图

由图6-22可知，任一下降深度对应的隔离层的内拉应力值呈减—增—减—增—减—增趋势变化，且变化趋势与正弦函数一致。此外，因模型边壁效应的影响，隔离层两端的拉应力值并不为零。

由式(6-27)拟合得到的各下降深度下隔离层内拉应力函数的相关参数，如表6-10所示。

表6-10 全漏斗物理试验中各下降深度下隔离层内拉应力函数的相关参数

h/cm	σ_0/MPa	C/MPa	s_0	w	R^2
14	0.0399	0.0073	14.6654	30	0.89
23	0.0461	0.0083	14.5967	30	0.95
34	0.0847	0.0091	16.6670	30	0.5
42	0.0959	0.0101	14.7490	30	0.71
54	0.1049	0.0119	14.6120	30	0.74
63	0.1088	0.0135	15.1970	30	0.74
72	0.1232	0.0151	15.0036	30	0.67
82	0.1534	0.0169	14.8820	30	0.74
92	0.1708	0.0181	14.3805	30	0.63
102	0.1908	0.0209	14.6890	30	0.63

根据表6-10的数据，利用Origin软件分别对各下降深度下隔离层内拉应力函数的相关参数进行回归拟合，结果如下：

①σ_0参数。

利用Origin软件对各下降深度下隔离层内拉应力函数的参数σ_0及所对应的下降深度数据进行回归拟合，并建立以h为横坐标，σ_0为纵坐标的坐标系，拟合曲线如图6-23所示(相关系数为0.965)。

由图6-23可知，隔离层内拉应力函数的参数σ_0随着下降深度的增加而增大，且增长速率逐渐变大；其拟合函数式为：

$$\sigma_0 = -0.343 + 0.367e^{0.004h} \tag{6-28}$$

②C参数。

利用Origin软件对各下降深度隔离层内拉应力函数的参数C及所对应的下降深度数据进行回归拟合，并建立以h为横坐标，C为纵坐标的坐标系，拟合曲线如图6-24所示(相关系数为0.996)。

由图6-24可知，隔离层内拉应力函数参数C随着下降深度的增加而增大，且增长速率逐渐变大；其拟合函数为：

$$C = -0.003 + 0.009e^{0.010h} \tag{6-29}$$

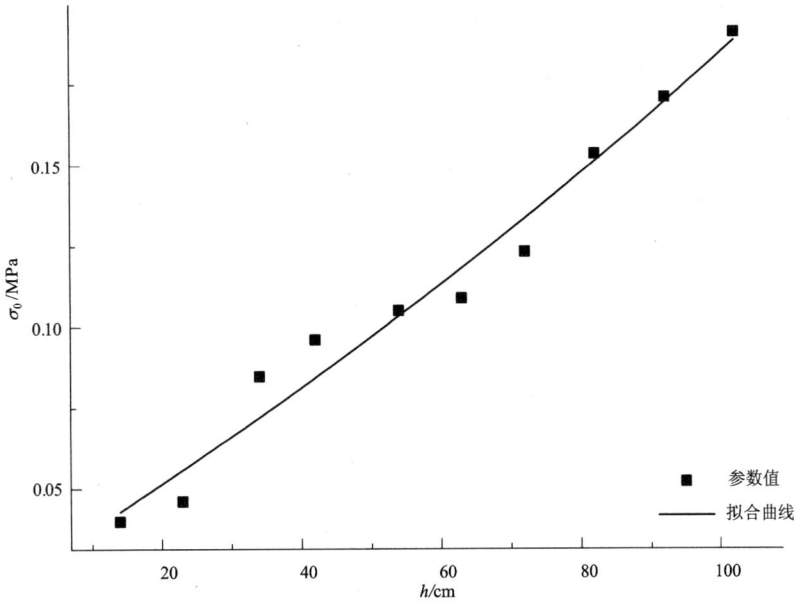

图 6 – 23　全漏斗物理试验中各下降深度下 σ_0 的拟合曲线

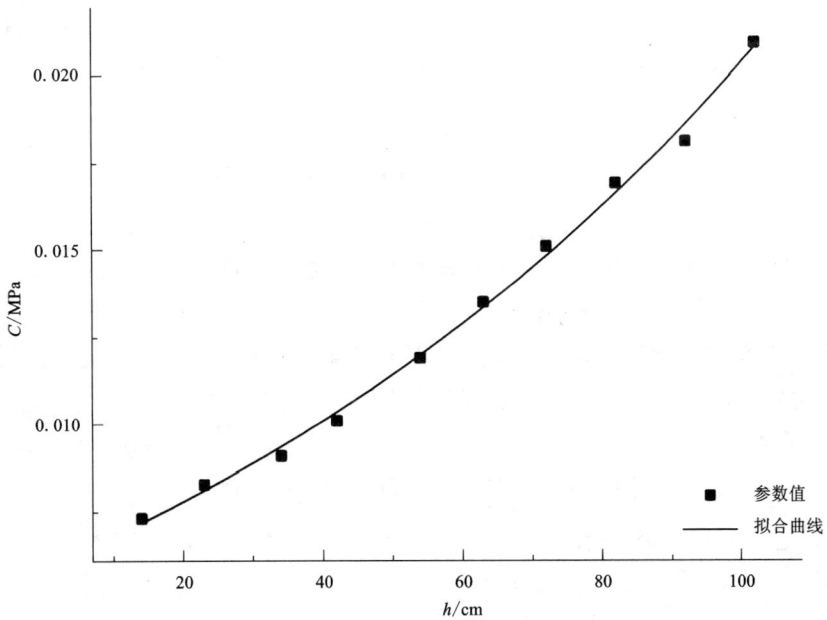

图 6 – 24　全漏斗物理试验中各下降深度下 h 的拟合曲线

③s_0参数。

利用 Origin 软件对各下降深度下隔离层内拉应力函数的参数 s_0 及所对应的下降深度数据进行回归拟合,并建立以 h 为横坐标,s_0 为纵坐标的坐标系,拟合曲线如图 6 - 25 所示(相关系数为 0. 976)。

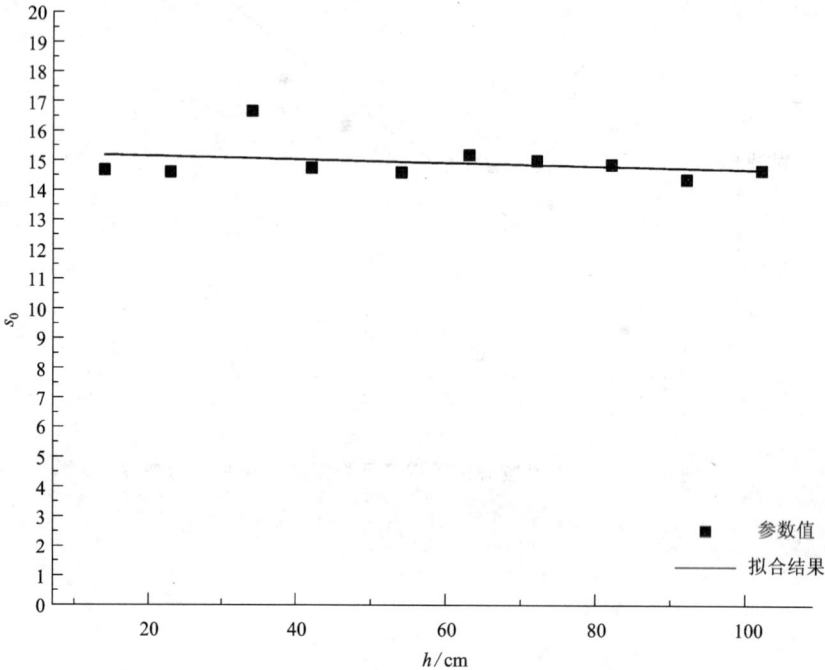

图 6 - 25   全漏斗物理试验中各下降深度下参数 s_0 的回归拟合结果图

由图 6 - 25 可知,隔离层内拉应力函数的参数 s_0 随着下降深度的增加而基本保持不变,对参数 s_0 求取平均值,可得:$s_0 = 15. 253$。

通过对全漏斗物理试验中各下降深度下隔离层内拉应力函数相关参数的回归拟合,得到式(6 - 27)中的各参数与隔离层下降深度的互相关系。因隔离层在任一下降深度时满足函数模型表达式(6 - 27),将参数拟合得到的 σ_0、C、s_0 值代入式(6 - 27)即可得到整个放矿过程中隔离层的内拉应力函数:

$$\sigma_{s2} = -0.343 + 0.367e^{0.004h} + (-0.003 + 0.009e^{0.010h})\sin(\pi\frac{s - 15.253}{3})$$

$$(6 - 30)$$

由式(6 - 30)和图 6 - 22 可知,同一下降深度时,随测点与隔离层中心点距离的增大,隔离层内拉应力值的变化趋势与正弦函数一致;下降深度变化时,隔离层内拉应力值随下降深度的增加而增大。

（2）隔离层全曲面平均拉应力特性

全漏斗物理试验中隔离层所受平均拉应力值反应了隔离层的整体拉伸形变，各下降深度下隔离层的平均拉应力值 σ_p 如表 6-11 所示。

表 6-11　全漏斗物理试验中隔离层平均拉应力值

h/cm	8	16	26	36	46	56
σ_p/MPa	0.025	0.041	0.0417	0.065	0.075	0.075
h/cm	66	74	84	94	106	
σ_p/MPa	0.083	0.1	0.108	0.133	0.168	

对表 6-11 中的数据，进行回归分析（相关系数为 0.967），结果如图 6-26 所示。

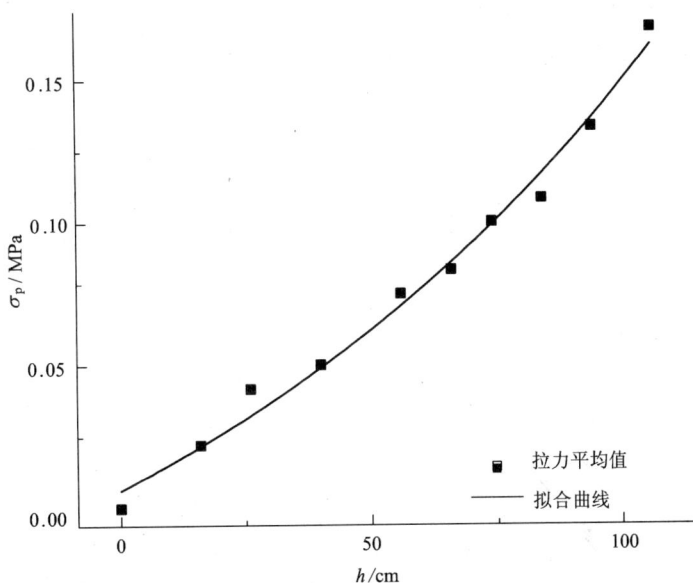

图 6-26　隔离层平均拉应力拟合图

由图 6-26 可知，隔离层平均拉应力与下降深度变化趋势与隔离层波幅变化趋势一致，均呈指数形式增长；其拟合式为：

$$\sigma_p = -0.10 + 0.10e^{0.009h} \qquad (6-31)$$

式中：σ_p 为平均拉应力值，MPa；h 为隔离层下降深度，cm。

6.2.3　隔离层压应力特性

随着物理模型中矿石介质的不断放出，隔离层受到充填废石的压应力作用。压应力值 q_{12} 在试验过程中是可测的，且压应力与其他力系共同作用于隔离层。

为求解全漏斗放矿隔离层的全程压应力函数表达式，先求解隔离层下降深度与最高矿石层面压应力值 P 之间的函数表达式；然后根据测量的数据，得到隔离层不同下降深度下最高矿石面的压应力值，如表 6 – 12 所示。

表 6 – 12　各下降深度下最高矿石层面的压应力数值表

h/cm	0	2	8	16	26	36	46	56	66	74	84	94	106
P/kPa	0	0.160	1.120	1.631	2.847	3.647	4.894	5.694	5.854	6.270	6.846	6.974	7.549

根据表 6 – 12 的数据，结合德国工程师 Janssen 运用连续介质模型对粮仓效应的解释[6]，对隔离层下降高度与最高矿石面的压应力值之间的关系进行了回归拟合，拟合曲线如图 6 – 27 所示（相关系数为 0.995）。

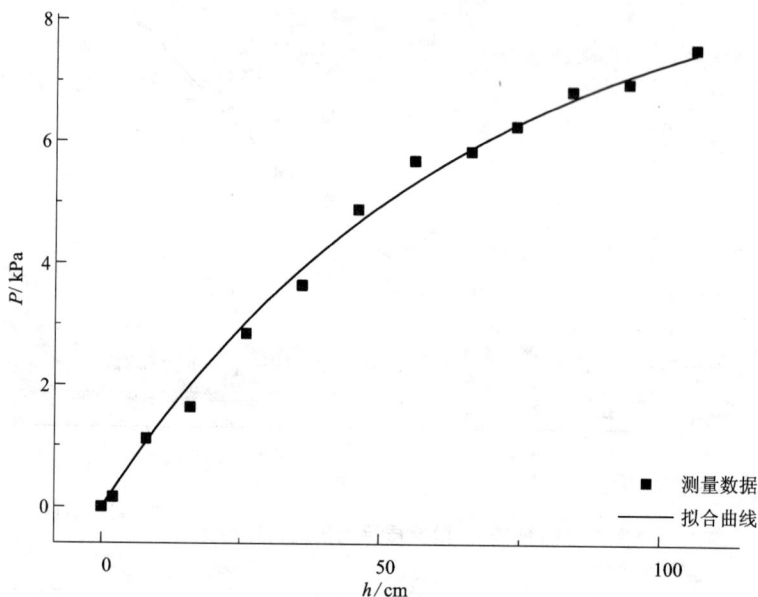

图 6 – 27　隔离层下降深度与最高矿石面压应力值关系拟合曲线图

由图 6 – 27 可知，最高矿石面的压应力值随隔离层下降深度的增加而增加，但增长速率逐渐变缓；其拟合函数为：

$$p = 9.350 - 9.350e^{-0.015h} \tag{6-32}$$

由于隔离层在下降过程中呈谐振波，作用在隔离层上的压应力与作用在最高矿石层面上的压应力存在一定的角度关系。因此，可得隔离层的压应力函数为：

$$q_{12} = \left[9.350 - 9.350e^{-0.015(h+C-Z)} \right] \left| \cos\sqrt{\frac{1}{1+z'^2}} \right| \tag{6-33}$$

式中：q_{12} 为全漏斗放矿时的压应力，kPa；z 为隔离层曲线函数的纵坐标，cm；z' 为隔离层曲线斜率。

结合隔离层形态曲线方程以及式(6-33)可知，全漏斗放矿试验中隔离层接触漏斗底部结构前其所受压应力随测点与隔离层中心点距离的增大呈先增后减的变化趋势；放矿终了时，随测点与隔离层中心点距离的增大，隔离层所受压应力值的变化趋势与正弦函数相近。

6.2.4　隔离层支持力特性

全漏斗放矿条件下隔离层在随矿石流动一起下降的过程中所受支持力来自于未放出矿石的支撑作用。随着矿岩的放出，某些空间部位出现隔离层与矿石面脱离的现象(空腔)。空腔的存在，使该空间范围内的隔离层没有受到未放出矿石的支持力作用。

在分析研究隔离层所受支持力时须分情况讨论，即需要分别对隔离层未受空腔影响部分和受空腔影响部分的支持力进行讨论。

此外，由于隔离层接触漏斗底部结构后受力的复杂性，为简化分析，只对隔离层接触漏斗底部结构前的支持力进行分析。

①在未产生空腔的隔离层区域，此时隔离层受到底部未放出矿石的支持力作用。在隔离层上任取一微元段 ds，根据微元段法向受力平衡，有：

$$(\sigma_{s2} + d\sigma_{s2}) \times \sin(\tfrac{1}{2}\theta_2) \times Bt + \sigma_{s2} \times \sin(\tfrac{1}{2}\theta_2) \times Bt = B \times (q_4 - q_3) \times ds$$

$$\tag{6-34}$$

式中：θ_2 为拉应力方向与隔离层微元段切向方向之间的夹角，(°)；B 为隔离层宽度，m；t 为隔离层厚度，m；q_3 为隔离层微元段上表面所受支持力，N；q_4 为隔离层微元段下表面所受支持力，N。

θ_2 的计算方法如下：

$$\theta_2 = \frac{ds}{\rho_2} \tag{6-35}$$

$$\rho_2 = \frac{(1+z'^2)3/2}{|z''|} \tag{6-36}$$

式中：ρ_2 表示隔离层界面形态曲线的曲率半径，m。

由式(6-30)、式(6-33)~式(6-36)联立可解得支持力的函数表达式：

$$q_4 = \left[9.350 - 9.350e^{-0.015(h+C-z)}\right] \times \left|\cos\sqrt{\frac{1}{1+z'^2}}\right| - \frac{|z''|}{t \times (1+z'^2)^{3/2}}$$

$$(-0.078 + 0.103e^{0.004h}) \tag{6-37}$$

②在产生空腔的隔离层区域,此区域隔离层未受到底部未放出矿石的支持力作用,因而对于这部分隔离层其支持力为零,如图6-28所示。

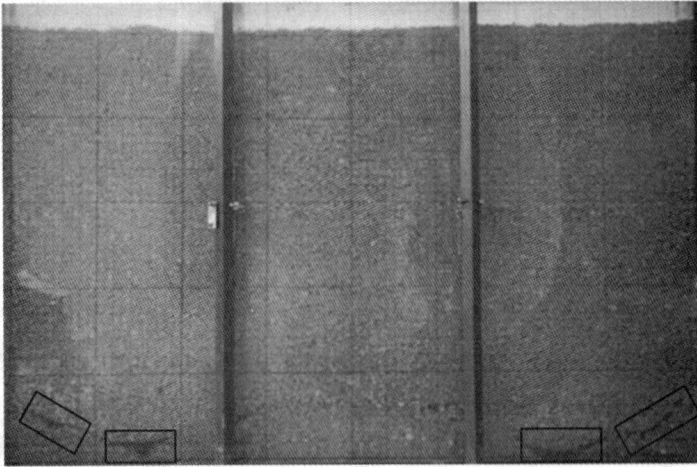

图6-28 全漏斗物理试验隔离层下空腔分布情况

由式(6-37)并结合图6-28可知,对应空腔部位的隔离层未受支持力作用,其余部位的隔离层所受支持力载荷的变化规律与压应力、拉应力及曲线斜率有关。

6.2.5 隔离层所受摩擦力特性

隔离层在下降过程中,上下表面与充填废石和矿岩接触的隔离层区段均受到摩擦力的作用。隔离层剖面曲线斜率大于充填废石外摩擦角的区段时,隔离层上表面的摩擦力方向是斜向下的;隔离层剖面曲线斜率小于充填废石外摩擦角的区段时,摩擦力是斜向上的。放矿后期出现的部分空腔区域的隔离层下表面不受摩擦力作用,空腔界点以外的隔离层界面受斜向上的摩擦力作用。

将放矿过程中隔离层所受摩擦力的合力作为隔离层所受的摩擦力,并用f_5表示摩擦力集度。

在隔离层上任取一微元段$\mathrm{d}s$进行受力分析,由微元段切向受力平衡可得:

$$\left[(\sigma_{s2} + \mathrm{d}\sigma_{s2}) - \sigma_{s2}\right] \times Bt = f_5 \times B \times \mathrm{d}s \tag{6-38}$$

整理得：

$$f_5 = t \frac{d\sigma_{s2}}{ds} \tag{6-39}$$

故隔离层所受摩擦力集度的函数表达式为：

$$f_5 = \frac{\pi}{3} t \times (-0.003 + 0.009 e^{0.010h}) \cos\left(\frac{s-15.253}{3}\pi\right) \tag{6-40}$$

由式(6-40)并结合图6-22可知，在隔离层接触漏斗底部结构前，隔离层所受摩擦力的变化趋势与余弦函数的变化趋势一致。

6.2.6　隔离层失效点

与全漏斗物理试验中隔离层失效分析类同，全漏斗物理试验中隔离层的失效也主要是由于作用在其上的最大拉应力大于隔离层的抗拉强度。

各下降深度下隔离层所受拉应力值呈正弦函数分布，整个放矿过程中隔离层内部所受拉应力最大点即失效点满足等式：

$$s = \pm 30.12 \text{ cm} \tag{6-41}$$

结合式(6-41)、式(6-27)，得各下降深度下的拉应力最大值，对其进行拟合，结果如图6-29所示。拟合系数为0.99，拟合方程式为：

$$\sigma_M = -0.32 + 0.32 e^{0.005h} \tag{6-42}$$

式中：σ_M 为各下降深度下拉应力的最大值，MPa，h 为隔离层下降深度，cm。

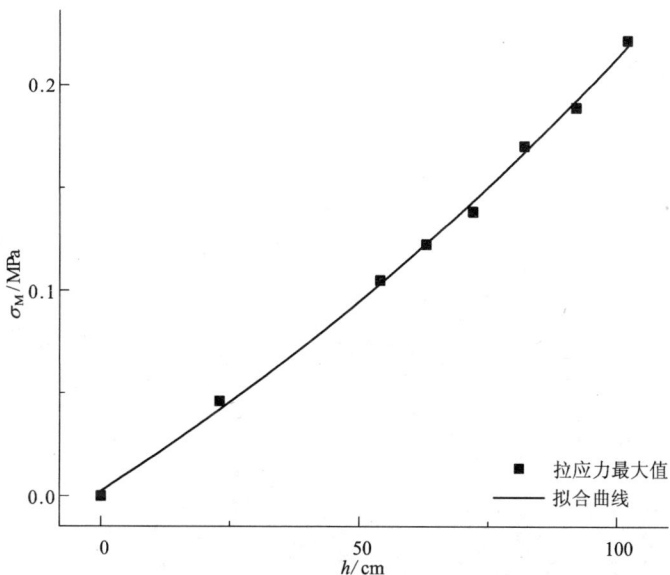

图 6-29　拉应力最大值与下降深度拟合曲线图

由图 6 - 29 和式(6 - 42)可知,在隔离层接触漏斗底部结构前,随着下降深度的逐渐增加,隔离层所受最大拉应力值呈指数形式增大。实际工程中,为防止隔离层失效,可根据拉应力最大值与下降深度的函数关系选择强度合适的柔性隔离层材料。

参考文献

[1] 韩忠英. 重复压裂力学机理研究及应用[D]. 青岛:中国石油大学,2012.

[2] 黄庆学,李璞,王建梅,等. 宏微观跨尺度下的锥套运行力学机理研究[J]. 机械工程学报,2016. 52(14):213 - 219

[3] 单辉祖,谢传雄. 工程力学[M]. 北京:高等教育出版社,2004.

[4] 朱照宣,周起钊,殷金生. 理论力学[M]. 北京:北京大学出版社,1982.

[5] 刘延柱,杨海兴. 理论力学[M]. 北京:高等教育出版社,1994.

[6] 孙其诚,厚美瑛,金峰,等. 颗粒物质物理与力学[M]. 北京:科学出版社,2011.

第 7 章　数值试验隔离层界面受力特性

7.1　单漏斗数值试验隔离层界面受力特性

7.1.1　隔离层拉力特性

在 PFC^{2D}建立的数值试验模型中,隔离层颗粒内部之间的接触力(即为隔离层颗粒间的拉力)可通过编译 FISH 语句直接输出,数值试验中拉力的输出减少了物理试验中需要贴应变片的繁琐程序,且试验输出的拉力数据全面,可以很好地反映隔离层颗粒内部的拉力特性。利用数值试验输出的拉力数据,对数据进行处理后,可求得全过程隔离层拉力的函数表达式。

运用 FISH 语句编译程序输出隔离层内部颗粒之间拉力与各下降深度下隔离层内部拉力的分布,如图 7 - 1 所示。

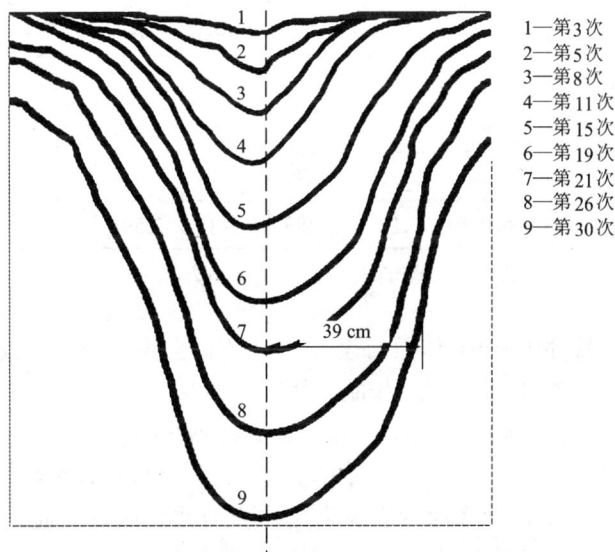

1—第3次
2—第5次
3—第8次
4—第11次
5—第15次
6—第19次
7—第21次
8—第26次
9—第30次

39 cm

图 7 - 1　单漏斗数值试验隔离层内部拉力分布图

由图7-1可知，各下降深度下隔离层内部拉力在中部较大，两侧较小，但最大值不在隔离层的中间部位，而是偏离模型中心线一定距离，最大偏离距离达到39 cm。

为获取全过程隔离层的拉力函数表达式，首先根据数值试验输出数据对隔离层各个下降深度下拉力数据(见表7-1)进行处理；然后再对处理后的数据利用统一数学模型进行回归拟合，求取各个下降深度隔离层的拉力函数表达式；最后再对各函数参数进行拟合，将拟合函数代入统一的数学模型中，即可求得单漏斗放矿数值试验中隔离层的全过程拉力函数。

表7-1 单漏斗数值试验隔离层拉力(F_1)数据表

h/cm	s/cm									
	0	15	30	45	65	70	80	90	100	110
12	0.069	0.065	0.014	0	0	0	0	0	0	0
24	0.134	0.163	0.062	0	0	0	0	0	0	0
40	0.142	0.296	0.156	0.062	0	0	0	0	0	0
50	0.607	1.052	0.861	0.600	0.281	0.136	0.063	0	0	0
60	1.149	1.406	1.257	1.170	0.84	0.406	0.264	0.072	0	0
74	1.489	1.548	1.644	1.380	0.949	0.818	0.531	0.208	0.157	0
84	2.051	2.312	2.469	2.085	1.799	1.463	1.005	0.741	0.287	0.100
93	2.952	3.130	3.452	3.184	2.47	1.822	1.267	0.942	0.368	0.118
102	3.209	3.701	4.442	4.324	3.46	3.067	2.699	2.036	1.304	0.539
109	3.953	4.124	4.82	4.731	3.579	3.314	2.484	1.834	0.84	0.283
115	4.557	4.758	5.046	4.91	3.883	3.484	2.598	1.515	1.061	0.189

注：s为隔离层横轴长；h为隔离层下降深度；F_1为隔离层拉力。

利用Origin软件中Poly4函数对表7-1各下降深度下的实验数据进行回归拟合，拟合参数如表7-2所示；拉力通式为：

$$F_1 = C_0 + C_1 \times s + C_2 \times s^2 + C_3 \times s^3 + C_4 \times s^4 \qquad (7-1)$$

式中：s为隔离层横轴长，m；C_0，C_1，C_2，C_3，C_4为函数拟合参数。

式(7-1)给出了各下降深度下隔离层拉应力曲线函数的通式。为便于观察隔离层拉应力函数的演化全过程，以隔离层的中心点为坐标原点，取隔离层横向长s为横轴，拉力F_1为纵轴，h为隔离层下降深度，将下降深度为12 cm、50 cm、74 cm、93 cm、115 cm时隔离层拉力函数曲线绘制于同一张图，得单漏斗数值试验隔离层拉力函数全过程演化规律，如图 7 - 2 所示。

表 7 - 2　单漏斗数值试验隔离层拉力函数拟合参数

h/cm	C_0	C_1	C_2	C_3	C_4
12	0.069	0.008	-6.87×10^{-4}	1.59×10^{-5}	-1.12×10^{-7}
24	0.134	0.012	-8.90×10^{-4}	1.64×10^{-5}	-8.84×10^{-8}
40	0.142	0.023	-1.13×10^{-3}	1.75×10^{-5}	-8.80×10^{-8}
50	0.607	0.047	-1.74×10^{-3}	1.86×10^{-5}	-6.54×10^{-8}
60	1.149	0.023	-5.27×10^{-4}	-1.11×10^{-6}	-5.82×10^{-8}
74	1.489	0.013	-1.78×10^{-4}	-4.28×10^{-6}	3.48×10^{-8}
84	2.051	0.027	-4.17×10^{-4}	-3.58×10^{-6}	3.31×10^{-8}
93	2.952	0.027	4.29×10^{-4}	-1.42×10^{-5}	8.90×10^{-8}
102	3.209	0.058	-3.70×10^{-4}	-9.82×10^{-6}	6.61×10^{-8}
109	3.953	0.032	7.09×10^{-4}	-2.67×10^{-5}	1.40×10^{-7}
115	4.557	0.012	9.29×10^{-4}	-2.86×10^{-5}	1.46×10^{-7}

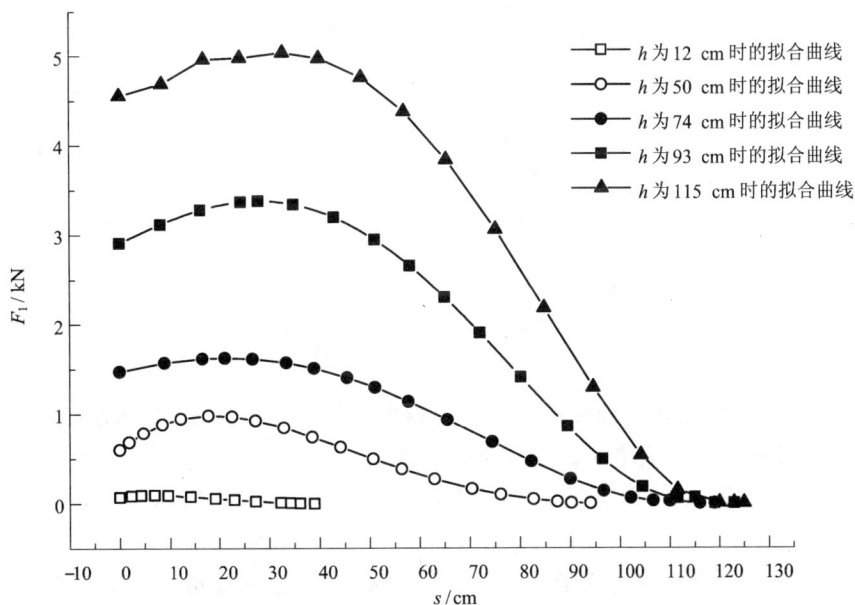

图 7 - 2　单漏斗数值试验隔离层拉力函数全过程演化规律

由图 7 - 2 可知,隔离层拉力随下降深度的增加而增加,各下降深度下隔离层拉力呈先增大后减小的趋势;与如图 7 - 1 所示的拉力分布图相吻合,间接说明式 (7 - 1) 能较好地表示隔离层内部拉力的变化规律。

基于表 7 - 2 中函数拟合参数,对各下降深度下拉应力函数进行整合,即利用 Origin 数据处理软件对各下降深度下相应参数值分别进行回归拟合,以获取各参数与下降深度的关系,结果如下:

①C_0 参数。

以隔离层下降深度为横坐标,C_0 参数为纵坐标,建立直角坐标系,并用 Origin 软件进行回归拟合;其拟合曲线如图 7 - 3 所示。

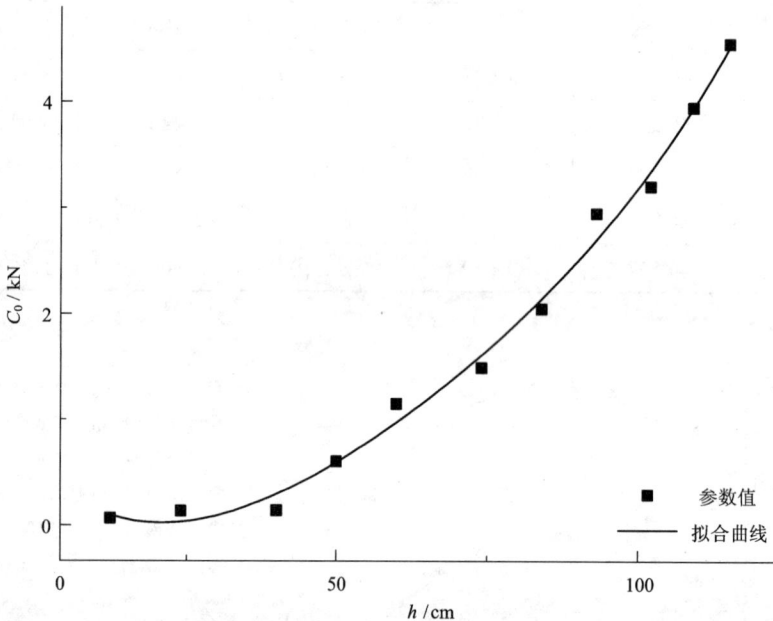

图 7 - 3 参数 C_0 拟合曲线图

由图 7 - 3 中的拟合曲线可知,参数 C_0 随着隔离层下降高度的增加而逐渐增大,且增长速率也逐渐增大;其拟合函数为:

$$C_0 = 0.611 - 0.050h + 0.002h^2 - 1.33 \times 10^{-5}h^3 + 5.22 \times 10^{-8}h^4 \qquad (7 - 2)$$

②C_1 参数。

以隔离层下降深度为横坐标,C_1 参数为纵坐标,建立直角坐标系,并用 Origin 软件进行回归拟合;其拟合曲线如图 7 - 4 所示。

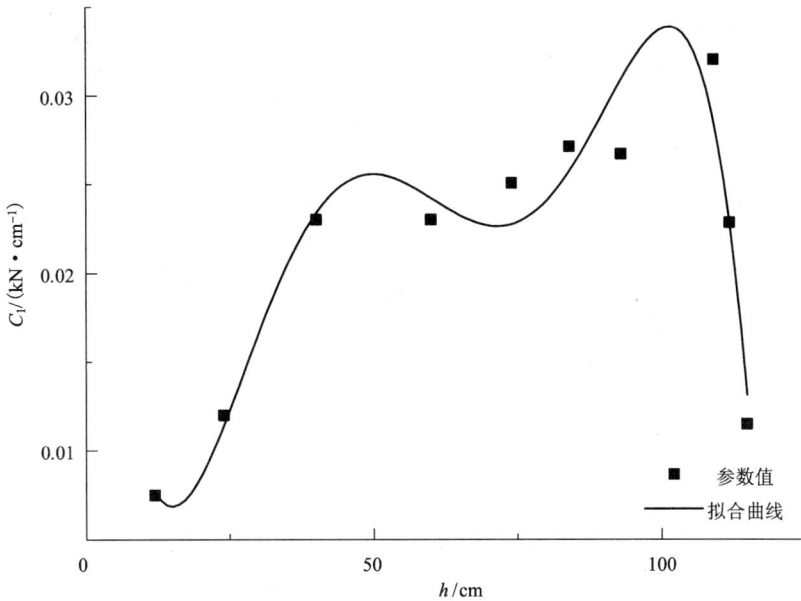

图 7 - 4　参数 C_1 拟合曲线图

由图 7 - 4 中的拟合曲线可知，参数 C_1 随着隔离层下降深度的增加呈增—减—增—减的变化趋势；其拟合函数为：

$$C_1 = 0.04 + 0.01h + 2.89 \times 10^{-4} h^2 - 6.17 \times 10^{-6} h^3$$
$$+ 5.72 \times 10^{-8} h^4 - 1.93 \times 10^{-10} h^5 \qquad (7 - 3)$$

③ C_2 参数。

以隔离层下降深度为横坐标，C_2 参数为纵坐标，建立直角坐标系，并用 Origin 软件进行回归拟合；其拟合曲线如图 7 - 5 所示。

由图 7 - 5 中的拟合曲线可知，参数 C_2 随着隔离层下降深度的增加呈先减后增的变化趋势；其拟合函数为：

$$C_2 = 0.0024 \times 10^{-4} - 1.13 \times 10^{-4} h + 2.48 \times 10^{-6} h^2$$
$$- 1.96 \times 10^{-8} h^3 + 6.00 \times 10^{-11} h^4 \qquad (7 - 4)$$

④ C_3 参数。

以隔离层下降深度为横坐标，C_3 参数为纵坐标，建立直角坐标系，并用 Origin 软件进行回归拟合；其拟合曲线如图 7 - 6 所示。

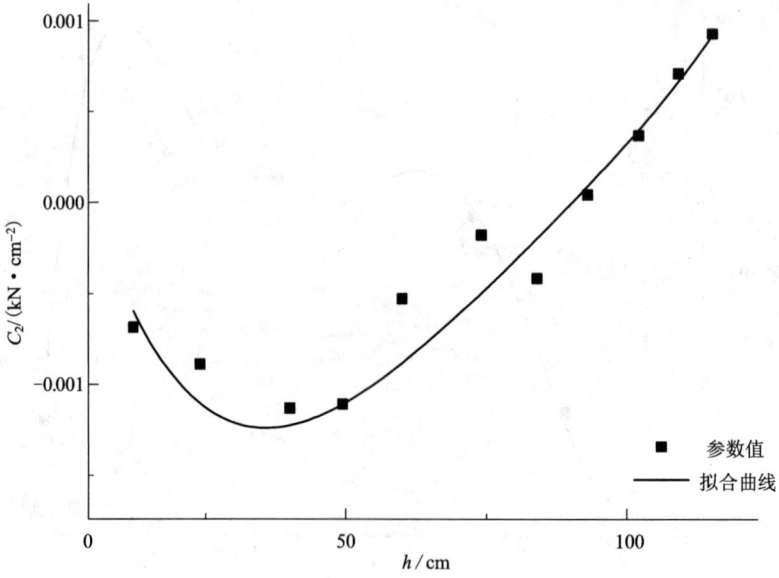

图 7 - 5　参数 C_2 拟合曲线图

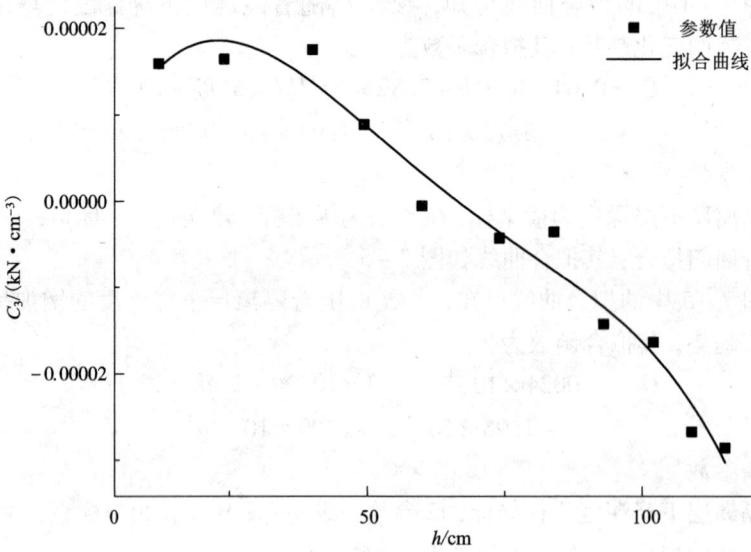

图 7 - 6　参数 C_3 拟合曲线图

由图 7 - 6 中的拟合曲线可知，参数 C_3 随着隔离层下降深度的增加呈先增后减的变化趋势；其拟合函数为：

$$C_3 = 1.42 \times 10^{-6} + 1.76 \times 10^{-6}h - 5.66 \times 10^{-8}h^2$$
$$+ 5.99 \times 10^{-10}h^3 - 2.27 \times 10^{-12}h^4 \qquad (7-5)$$

⑤C_4 参数。

以隔离层下降深度为横坐标，C_4 参数为纵坐标，建立直角坐标系，并用 Origin 软件进行回归拟合；其拟合曲线如图 7 - 7 所示。

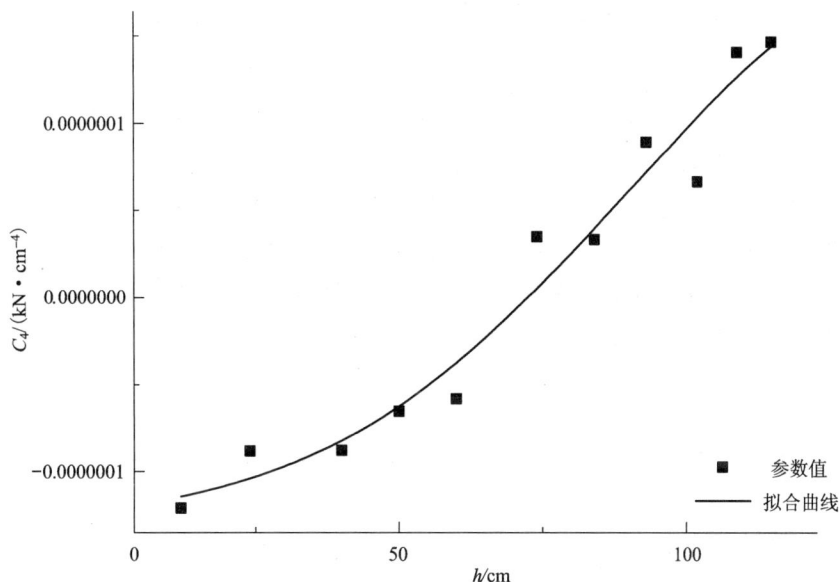

图 7 - 7　参数 C_4 拟合曲线图

由图 7 - 7 中的拟合曲线可知，参数 C_4 随着隔离层下降深度的增加而增大，且增长速率逐渐增大；其拟合函数为：

$$C_4 = -1.23 \times 10^{-7} + 7.25 \times 10^{-10}h - 7.43 \times 10^{-12}h^2 +$$
$$4.62 \times 10^{-13}h^3 - 2.41 \times 10^{-15}h^4 \qquad (7-6)$$

将式(7 - 2)～式(7 - 5)代入式(7 - 1)，可得单漏斗数值放矿试验中隔离层的全过程拉力函数式为：

$$F_1 = (0.611 - 0.050h + 0.002h^2 - 1.33 \times 10^{-5}h^3 + 5.22 \times 10^{-8}h^4) +$$
$$(0.04 + 0.01h + 2.89 \times 10^{-4}h^2 - 6.17 \times 10^{-6}h^3 + 5.72 \times 10^{-8}h^4 -$$
$$1.93 \times 10^{-10}h^5)s + (0.0024 \times 10^{-4} - 1.13 \times 10^{-4}h + 2.48 \times 10^{-6}h^2 -$$
$$1.96 \times 10^{-8}h^3 + 6.00 \times 10^{-11}h^4)s^2 + (1.42 \times 10^{-6} + 1.76 \times 10^{-6}h -$$

$$5.66 \times 10^{-8} h^2 + 5.99 \times 10^{-10} h^3 - 2.27 \times 10^{-12} h^4) s^3 + (-1.23 \times 10^{-7} + 7.25 \times 10^{-10} h - 7.43 \times 10^{-12} h^2 + 4.62 \times 10^{-13} h^3 - 2.41 \times 10^{-15} h^4) s^4$$

$$(7-7)$$

由图(7-2)和式(7-7)可知，在隔离层单漏斗放矿数值试验中，同一下降深度时，隔离层上各点拉力值与该点距隔离层中心点之间的距离 s 有关，随着 s 的增大，隔离层内部的拉力值呈先增后减的变化趋势；在不同下降深度，隔离层上任一点的拉力值随下降深度的增加而增大。

7.1.2　全过程隔离层上表面接触力

隔离层上表面接触力 F_2 是由隔离层下降过程中生成于隔离层上表面充填废石颗粒自重载荷作用而产生的。利用编译 FISH 语句输出 PFC^{2D} 放矿数值模型中隔离层颗粒与充填废石之间的接触力。

根据 PFC 数值模型输出数据，先对隔离层一定下降深度下上表面接触力数据进行处理；然后再对其进行回归拟合，求取各个下降深度下隔离层上表面接触力函数表达式；最后再对各函数参数进行拟合，将拟合函数代入统一的数学模型进而求得全过程隔离层上表面接触力的函数表达式。

单漏斗数值试验各下降深度下隔离层上表面接触力数值，如表7-3所示。

表 7-3　单漏斗数值试验隔离层上表面接触力 F_2 数值表

h/cm	s/cm									
	0	15	30	45	65	80	90	100	110	120
12	0.062	0.010	0	0	0	0	0	0	0	0
24	0.138	0.116	0.045	0	0	0	0	0	0	0
40	0.235	0.207	0.227	0.271	0	0	0	0	0	0
50	0.281	0.255	0.321	0.246	0.102	0	0	0	0	0
60	0.342	0.288	0.334	0.302	0.221	0.062	0	0	0	0
74	0.391	0.322	0.388	0.411	0.308	0.164	0.057	0	0	0
84	0.434	0.362	0.381	0.470	0.403	0.247	0.127	0.057	0	0
93	0.487	0.422	0.396	0.504	0.490	0.365	0.206	0.095	0.029	0
102	0.512	0.450	0.425	0.485	0.551	0.472	0.324	0.167	0.055	0
109	0.528	0.487	0.446	0.511	0.603	0.565	0.474	0.271	0.130	0.029
115	0.541	0.475	0.455	0.560	0.642	0.588	0.481	0.300	0.163	0.064

利用 Origin 软件 Poly4 函数对表 7 - 3 各下降深度的上表面接触力数值进行回归拟合，得接触力 F_2 的通式：

$$F_2 = D_0 + D_1 s + D_2 s^2 + D_3 s^3 + D_4 s^4 \qquad (7-8)$$

式中：s 为隔离层横轴长，m；D_0，D_1，D_2，D_3，D_4 为函数拟合参数。

式(7-8)给出了各下降深度下隔离层上表面接触力曲线函数的通式。以隔离层的中心点为坐标原点，取隔离层横轴长 s 为横轴，上表面接触力 F_2 为纵轴，h 为隔离层下降深度，将具有代表性的下降深度为 24 cm、50 cm、74 cm、93 cm、115 cm 时隔离层上表面接触力函数曲线绘制于同一坐标系，如图 7 - 8 所示。

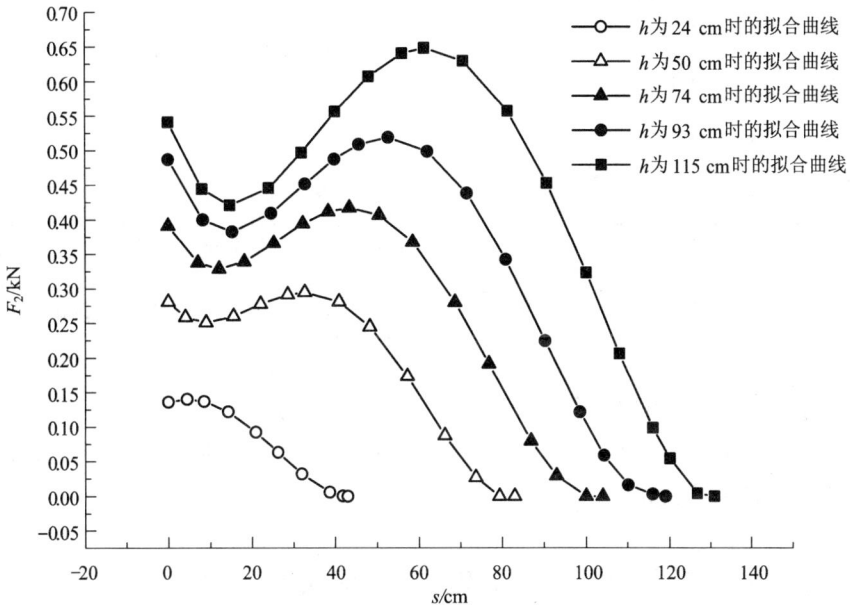

图 7 - 8　单漏斗数值试验隔离层上表面接触力演化图

由图 7 - 8 可知，横向上，试验前期 F_2 随 s 增加而减小，试验后期 F_2 随 s 呈先减后增再减的变化趋势；纵向上，F_2 随 h 增加而增大。

通过回归拟合，得各下降深度下隔离层上表面接触力函数表达式。单漏斗数值试验各下降深度下隔离层上表面接触力函数的拟合参数，如表 7 - 4 所示。

表 7 - 4　单漏斗数值试验隔离层上表面接触力拟合参数

h/cm	D_0	D_1	D_2	D_3	D_4
12	0.062	8.44×10^{-4}	-2.78×10^{-4}	-1.53×10^{-5}	9.77×10^{-7}
24	0.138	0.002	-2.07×10^{-4}	-2.78×10^{-7}	5.53×10^{-8}
40	0.235	-0.016	-4.03×10^{-5}	-4.03×10^{-5}	3.18×10^{-7}
50	0.281	-0.008	5.91×10^{-4}	-1.32×10^{-5}	8.02×10^{-8}
60	0.342	-0.010	6.01×10^{-4}	-1.13×10^{-5}	5.96×10^{-8}
74	0.391	-0.012	6.99×10^{-4}	-1.19×10^{-5}	5.76×10^{-8}
84	0.434	-0.014	7.18×10^{-4}	-1.10×10^{-5}	4.86×10^{-8}
93	0.487	-0.016	7.80×10^{-4}	-1.11×10^{-5}	4.56×10^{-8}
102	0.512	-0.017	7.72×10^{-4}	-1.03×10^{-5}	3.96×10^{-8}
109	0.528	-0.016	7.27×10^{-4}	-9.18×10^{-6}	3.31×10^{-8}
115	0.541	-0.018	8.01×10^{-4}	-1.01×10^{-5}	3.62×10^{-8}

　　基于表 7 - 4 中函数拟合参数，对各下降深度下上表面接触力函数进行整合，即利用 Origin 数据处理软件对各下降深度下相应参数值分别进行拟合，以获取各参数与下降深度的关系，结果如下：

　　① D_0 参数。

　　以隔离层下降深度为横坐标， D_0 参数为纵坐标，建立直角坐标系，并用 Origin 软件进行回归拟合；其拟合曲线如图 7 - 9 所示。

　　由图 7 - 9 中的拟合曲线可知，参数 D_0 随着隔离层下降高度的增加而逐渐增大，且增长速率也逐渐变小；其拟合函数为：

$$D_0 = -0.04 + 0.01h - 9.94h^2 + 9.87 \times 10^{-7}h^3 - 3.98 \times 10^{-9}h^4 \qquad (7-9)$$

　　② D_1 参数。

　　以隔离层下降深度为横坐标， D_1 参数为纵坐标，建立直角坐标系，并用 Origin 软件进行回归拟合；其拟合曲线如图 7 - 10 所示。

　　由图 7 - 10 中的拟合曲线可知，参数 D_1 随着隔离层下降深度的增加呈先增后减的变化趋势；其拟合函数为：

$$D_1 = -0.004 + 6.83 \times 10^{-4}h - 2.71 \times 10^{-5}h^2 + 2.96 \times 10^{-7}h^3 - 1.06 \times 10^{-9}h^4$$

$$(7-10)$$

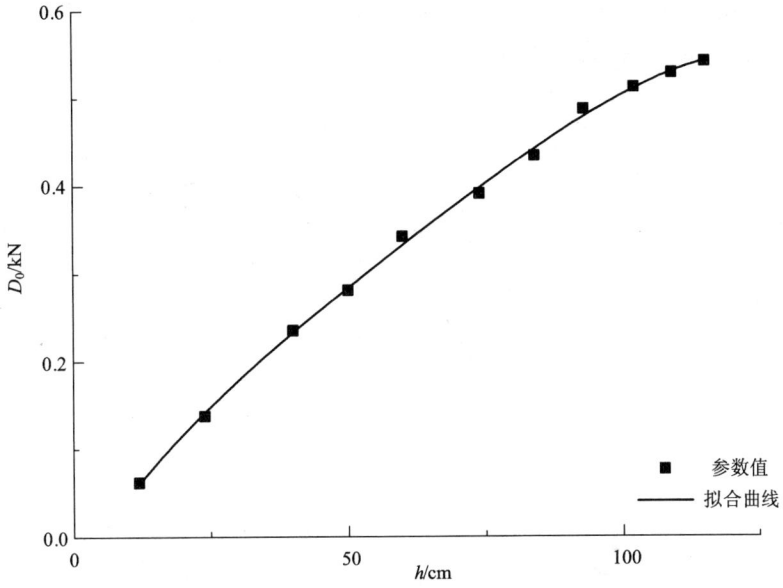

图 7 - 9　参数 D_0 拟合曲线图

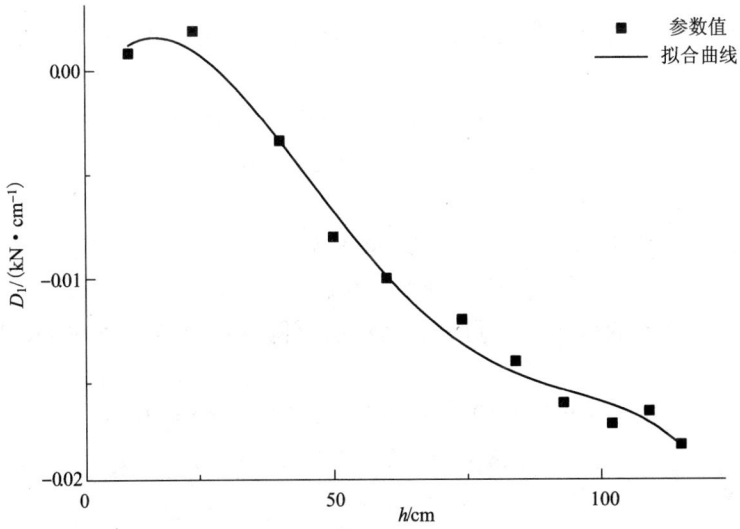

图 7 - 10　参数 D_1 拟合曲线图

③D_2参数。

以隔离层下降深度为横坐标，D_2参数为纵坐标，建立直角坐标系，并用 Origin 软件进行回归拟合；其拟合曲线如图7-11所示。

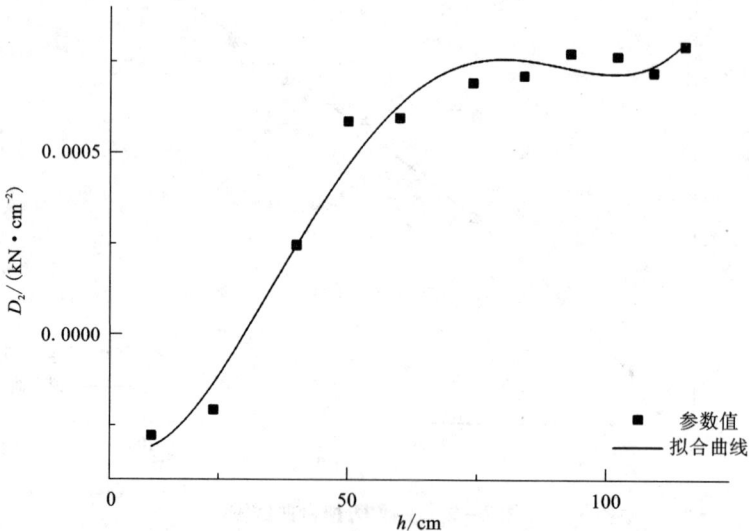

图7-11　参数D_2拟合曲线图

由图7-11中的拟合曲线可知，参数D_2随着隔离层下降深度的增加呈增-减-增的变化趋势；其拟合函数为：

$$D_2 = -2.27 \times 10^{-4} - 2.24 \times 10^{-5}h + 1.53 \times 10^{-6}h^2$$
$$- 2.00 \times 10^{-8}h^3 + 7.88 \times 10^{-11}h^4 \qquad (7-11)$$

④D_3参数。

以隔离层下降深度为横坐标，D_3参数为纵坐标，建立直角坐标系，并用 Origin 软件进行回归拟合；其拟合曲线如图7-12所示。

由图7-12中的拟合曲线可知，隔离层下降深度愈大，D_3愈大；其拟合函数为：

$$D_3 = -1.66 \times 10^{-5} + 1.17 \times 10^{-7}h - 5.66 \times 10^{-9}h^2$$
$$+ 7.43 \times 10^{-12}h^3 - 1.79 \times 10^{-14}h^4 \qquad (7-12)$$

⑤D_4参数。

以隔离层下降深度为横坐标，D_4参数为纵坐标，建立直角坐标系，并用 Origin 软件进行回归拟合；其拟合曲线如图7-13所示。

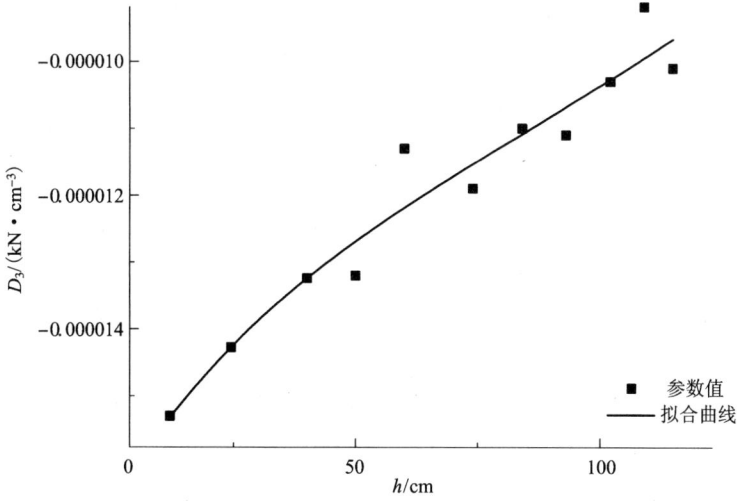

图 7 – 12　参数 D_3 拟合曲线图

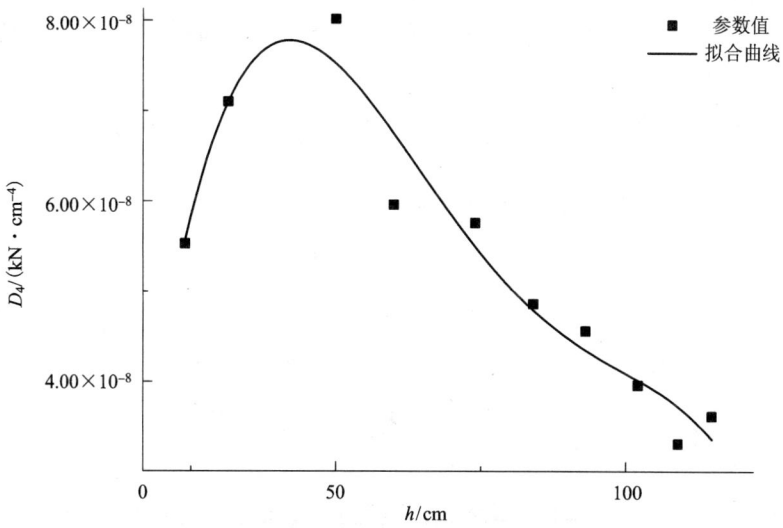

图 7 – 13　参数 D_4 拟合曲线图

由图 7 – 13 中的拟合曲线可知，参数 D_4 随着隔离层下降深度的增加呈先增后减的变化趋势；其拟合函数为：

$$D_4 = -1.01 \times 10^{-7} + 1.12 \times 10^{-8}h - 2.41 \times 10^{-10}h^2$$
$$+ 2.06 \times 10^{-12}h^3 - 6.28 \times 10^{-15}h^4 \tag{7-13}$$

将式(7 – 9)~式(7 – 13)代入式(7 – 8)，可得单漏斗数值试验全过程隔离层上表面接触力值的函数式为：

$$\begin{aligned}
F_2 &= (3.98 \times 10^{-9}h^4 + 9.87 \times 10^{-7}h^3 - 9.94h^2 + 0.01h - 0.04) + (-1.06 \\
&\quad \times 10^{-9}h^4 + 2.96 \times 10^{-7}h^3 - 2.71 \times 10^{-5}h^2 + 6.83 \times 10^{-4}h - 0.004)s \\
&\quad + (7.88 \times 10^{-11}h^4 - 2.00 \times 10^{-8}h^3 + 1.53 \times 10^{-6}h^2 - 2.24 \times 10^{-5}h - \\
&\quad 2.27 \times 10^{-4})s^2 + (-1.79 \times 10^{-14}h^4 + 7.43 \times 10^{-12}h^3 - 5.66 \times 10^{-9}h^2 \\
&\quad + 1.17 \times 10^{-7}h - 1.66 \times 10^{-5})s^3 + (-6.28 \times 10^{-15}h^4 + 2.06 \times 10^{-12}h^3 \\
&\quad - 2.41 \times 10^{-10}h^2 + 1.12 \times 10^{-8}h - 1.01 \times 10^{-7})s^4
\end{aligned}$$

$$\tag{7-14}$$

由图 7 – 8、式(7 – 14)可知，在单漏斗数值试验中，隔离层上表面接触力大小主要由 h 及 s 确定，即上表面接触力大小与隔离层在放矿过程中的空间位置有关。

当 h 一定时，随着 s 的增大，隔离层上表面接触力主要呈减 – 增 – 减的变化形态，且两侧的接触力大于中心点的接触力。产生此现象的原因是在矿石颗粒放出过程中，由于放矿模型中心线附近的矿石与其周边的矿石存在速度差（如图 7 – 14 所示），导致中心线附近的充填废石颗粒的运动速度大于其周边的废石，从而形成压力拱，使中心线附近的充填废石向侧向挤压，从而使中心线两侧隔离层的接触力增大；当 s 一定时，随着 h 的增大、充填废石量的增大，产生较大的覆压，使隔离层上表面任一点的接触力增大。

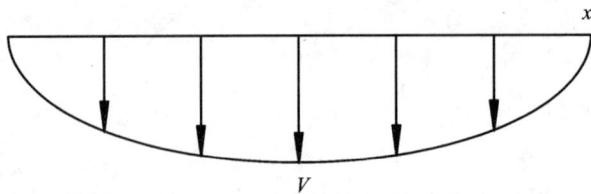

图 7 – 14   单漏斗数值试验矿石颗粒速度场图

7.1.3　全过程隔离层下表面接触力

隔离层在下降的过程中，其下表面受到未放出矿石颗粒的支撑作用，产生下表面接触力 F_3。利用编译 FISH 的语句输出 PFC^{2D} 放矿数值模型中隔离层颗粒与下覆接触矿石之间的接触力。基于输出数据，先对隔离层一定下降深度表面接触力数据进行处理；然后再对其进行回归拟合，求取各个下降深度下隔离层下表面接触力函数表达式；最后再对各函数参数进行拟合，将拟合函数反代入统一的数学模型，求得全过程隔离层下表面的接触力函数。

利用 Origin 软件 Poly4 函数对各下降深度的下表面接触力数值进行回归拟合，得各下降深度隔离层下表面接触力函数的拟合参数值，如表 7–5 所示。

表 7–5　单漏斗数值试验隔离层下表面接触力拟合参数

h/cm	E_0	E_1	E_2	E_3	E_4
12	0.062	6.18×10^{-4}	-2.26×10^{-4}	-1.53×10^{-5}	9.77×10^{-7}
24	0.13	0.003	-1.84×10^{-4}	-1.3×10^{-5}	2.74×10^{-8}
40	0.217	-0.011	-1.14×10^{-5}	-1.18×10^{-5}	3.18×10^{-7}
50	0.296	-0.007	4.31×10^{-4}	-1.16×10^{-5}	5.49×10^{-8}
60	0.394	-0.013	6.56×10^{-4}	-1.16×10^{-5}	5.89×10^{-8}
74	0.368	-0.008	6.09×10^{-4}	-1.14×10^{-5}	5.81×10^{-8}
84	0.465	-0.017	8.32×10^{-4}	-1.09×10^{-5}	5.31×10^{-8}
93	0.488	-0.016	7.41×10^{-4}	-1.05×10^{-5}	4.28×10^{-8}
102	0.486	-0.014	7.52×10^{-4}	-9.41×10^{-6}	3.64×10^{-8}
109	0.561	-0.019	8.07×10^{-4}	-1.00×10^{-5}	3.61×10^{-8}
115	0.586	-0.021	9.08×10^{-4}	-1.01×10^{-5}	4.03×10^{-8}

下表面接触力 F_3 的通式如下：

$$F_3 = E_0 + E_1 s + E_2 s^2 + E_3 s^3 + E_4 s^4 \qquad (7-15)$$

式中：s 为隔离层横轴长，m；E_0，E_1，E_2，E_3，E_4 为函数拟合参数。

以隔离层的中心点为坐标原点，取隔离层横轴长 s 为横轴，下表面接触力 F_3 为纵轴，将隔离层中心点具有代表性的下降深度 24 cm、50 cm、74 cm、93 cm、115 cm 时的隔离层下表面接触力函数曲线绘制于同一坐标系，如图 7–15 所示。

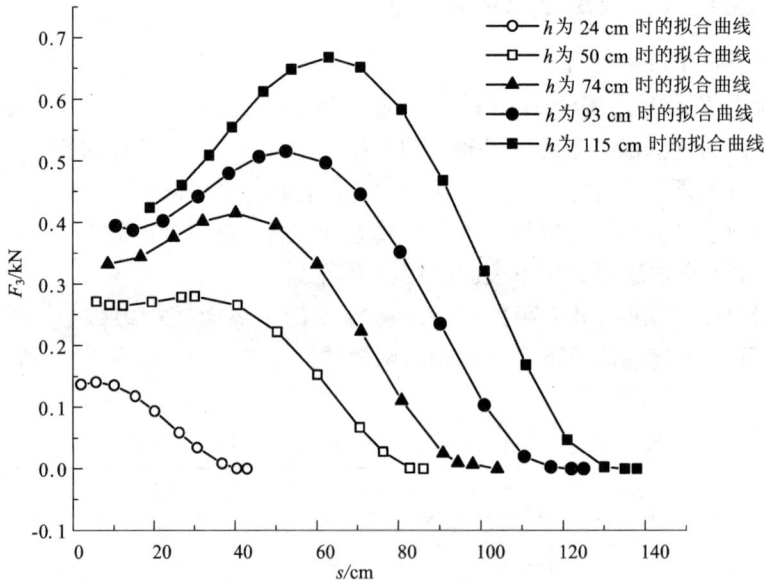

图 7 - 15   单漏斗数值试验隔离层下表面接触力值演化图

空腔处隔离层与下表面矿石脱离，接触力为零。

图 7 - 15 仅描绘了与隔离层紧密接触区域的受力特点。

由图 7 - 15 可知，隔离层下表面接触力随偏离中心位置的增大呈先增加后减小的趋势。

基于表 7 - 5 中的数据，对各个下降深度下表面接触力拟合参数进行整合，结果如下：

①E_0 参数。

以隔离层下降深度为横坐标，E_0 参数为纵坐标，建立直角坐标系，并用 Origin 软件进行回归拟合；其拟合曲线如图 7 - 16 所示。

由图 7 - 16 中的拟合曲线可知，参数 E_0 随着隔离层下降深度增大呈增长趋势；其拟合函数为：

$$E_0 = 0.014 + 2.48 \times 10^{-3} h + 1.39 \times 10^{-6} h^2 - 1.90 \times 10^{-6} h^3 + 7.65 \times 10^{-9} h^4$$

$$(7 - 16)$$

②E_1 参数。

以隔离层下降深度为横坐标，E_1 参数为纵坐标，建立直角坐标系，并用 Origin 软件进行回归拟合；其拟合曲线如图 7 - 17 所示。

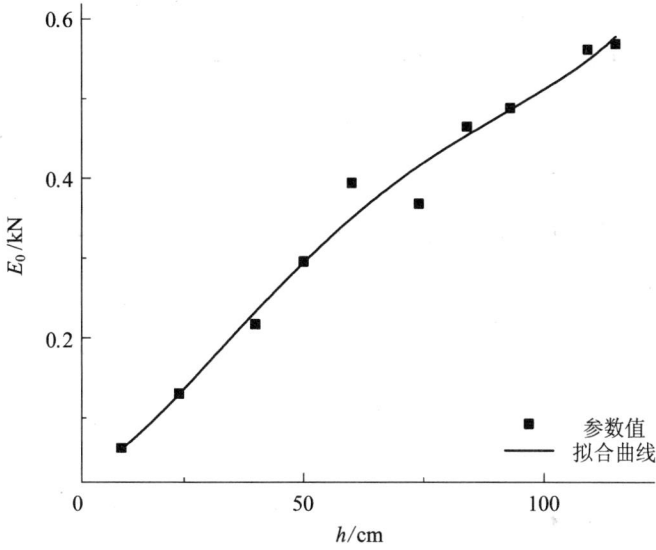

图 7 - 16　参数 E_0 拟合曲线图

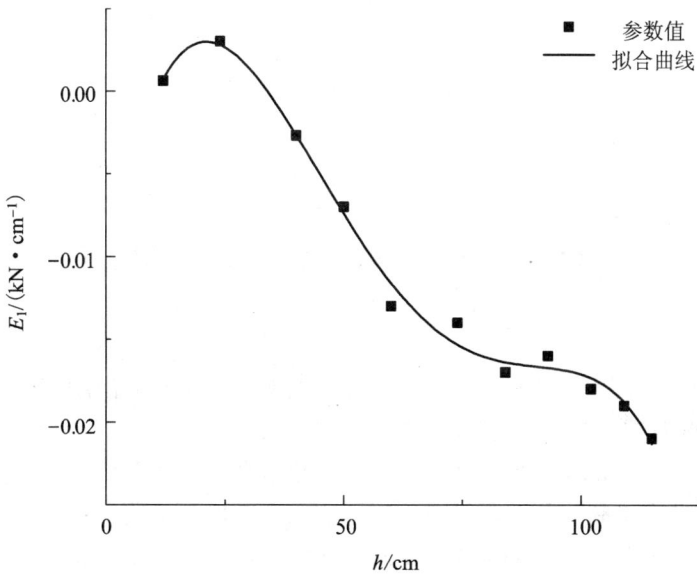

图 7 - 17　参数 E_1 拟合曲线图

由图 7-17 中的拟合曲线可知，参数 E_1 随着隔离层下降深度的增大总体呈减小的趋势；其拟合函数为：

$$E_1 = -0.012 + 0.002h - 5.69 \times 10^{-5}h^2 + 6.34 \times 10^{-7}h^3 - 2.34 \times 10^{-9}h^4$$

$$(7-17)$$

③E_2 参数。

以隔离层下降深度为横坐标，E_2 参数为纵坐标，建立直角坐标系，并用 Origin 软件进行回归拟合，其拟合曲线如图 7-18 所示。

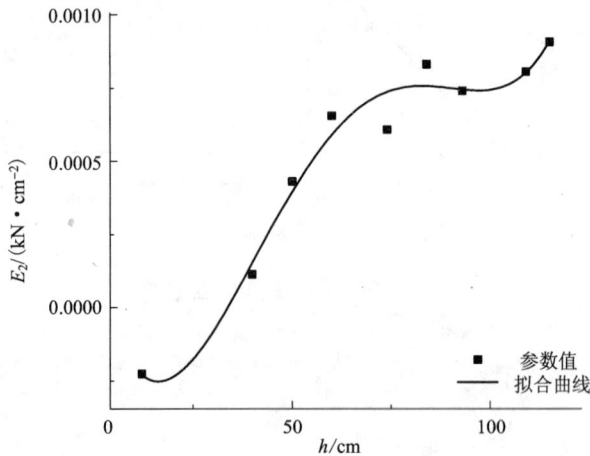

图 7-18　参数 E_2 拟合曲线图

由图 7-18 中的拟合曲线可知，参数 E_2 随着隔离层下降深度的增大总体呈增大的趋势；其拟合函数为：

$$E_2 = 1.53 \times 10^{-4} - 5.64 \times 10^{-5}h + 2.36 \times 10^{-5}h^2$$
$$- 2.82 \times 10^{-8}h^3 + 1.08 \times 10^{-10}h^4 \qquad (7-18)$$

④E_3 参数。

以隔离层下降深度为横坐标，E_3 参数为纵坐标，建立直角坐标系，并用 Origin 软件进行回归拟合，其拟合曲线如图 7-19 所示。

由图 7-19 中的拟合曲线可知，参数 E_3 随着隔离层下降深度的增大总体呈增大的趋势，并在中间部位存在一个平缓增加期。其拟合函数为：

$$E_3 = -2.05 \times 10^{-5} + 5.75 \times 10^{-7}h - 1.38 \times 10^{-8}h^2$$
$$+ 1.42 \times 10^{-10}h^3 - 5.06 \times 10^{-13}h^4 \qquad (7-19)$$

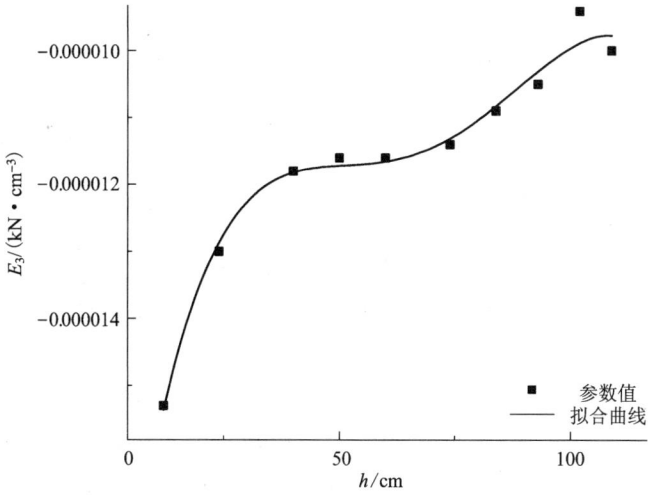

图 7 − 19　参数 E_3 拟合曲线图

⑤E_4 参数。

以隔离层下降深度为横坐标，E_4 参数为纵坐标，建立直角坐标系，并用 Origin 软件进行回归拟合，其拟合曲线如图 7 − 20 所示。

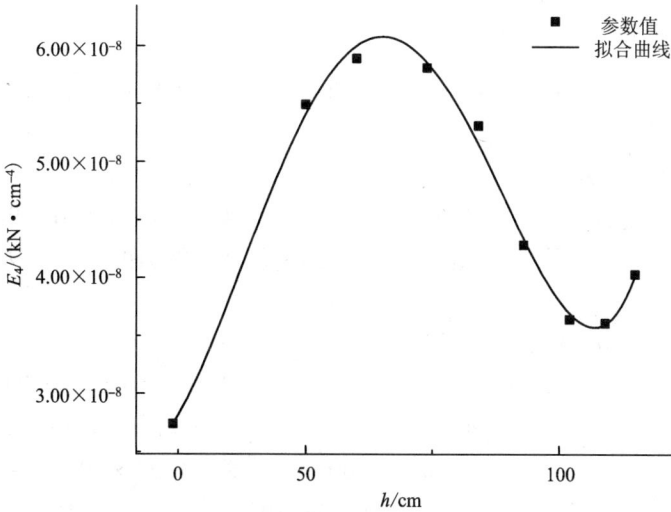

图 7 − 20　参数 E_4 拟合曲线图

由图 7-20 中的拟合曲线可知, 参数 E_4 随着隔离层下降深度的增大总体呈先增后减趋势; 其拟合函数为:

$$E_4 = 5.28 \times 10^{-8} - 3.67 \times 10^{-9}h + 1.50 \times 10^{-10}h^2$$
$$- 1.90 \times 10^{-12}h^3 + 7.54 \times 10^{-15}h^4 \qquad (7-20)$$

将式(7-16)~式(7-20)代入式(7-15), 可得隔离层下表面的接触力函数表达式如下:

$$F_3 = (0.014 + 2.48 \times 10^{-3}h + 1.39 \times 10^{-6}h^2 - 1.90 \times 10^{-6}h^3 + 7.65 \times$$
$$10^{-9}h^4) + (-0.012 + 0.002h - 5.69 \times 10^{-5}h^2 + 6.34 \times 10^{-7}h^3 -$$
$$2.34 \times 10^{-9}h^4)s + (1.53 \times 10^{-4} - 5.64 \times 10^{-5}h + 2.36 \times 10^{-5}h^2 -$$
$$2.82 \times 10^{-8}h^3 + 1.08 \times 10^{-10}h^4)s^2 + (-2.05 \times 10^{-5} + 5.75 \times 10^{-7}h$$
$$- 1.38 \times 10^{-8}h^2 + 1.42 \times 10^{-10}h^3 - 5.06 \times 10^{-13}h^4)s^3 + (5.28 \times 10^{-8}$$
$$- 3.67 \times 10^{-9}h + 1.50 \times 10^{-10}h^2 - 1.90 \times 10^{-12}h^3 + 7.54 \times 10^{-15}h^4)s^4$$
$$(7-21)$$

由图 7-15 和式(7-21)可知, h 一定时, 随着 s 的增大, 隔离层下表面接触力主要呈先增后减的变化形态, 且两侧的接触力大于中心点的接触力; 随着矿石不断放出, 充填废石量增大, 隔离层下表面任一点的接触力值随之增大; 隔离层为柔性材料, 上下表面接触力的受力特性基本一致, 但由于放矿过程中会形成空腔, 减少了隔离层下表面的接触面积。根据静力平衡原理, 可知在隔离层大部分区域下表面的接触力数值应是大于上表面的。

7.1.4 隔离层界面摩擦力

隔离层在矿石下降过程中, 同时受到上部充填废石颗粒和下部待放出矿石颗粒的摩擦作用。

(1)隔离层上表面摩擦力受力特性

隔离层上表面摩擦力 f_6 是由隔离层上部充填废石的压力作用及界面之间的相对滑移产生的。根据其产生原因, 得隔离层上表面摩擦力的函数表达式为:

$$f_6 = \mu F_2 \qquad (7-22)$$

式中, μ 表示隔离层表面的摩擦系数。

$$f_6 = \mu \times [(3.98 \times 10^{-9}h^4 + 9.87 \times 10^{-7}h^3 - 9.94h^2 + 0.01h - 0.04) + (-$$
$$1.06 \times 10^{-9}h^4 + 2.96 \times 10^{-7}h^3 - 2.71 \times 10^{-5}h^2 + 6.83 \times 10^{-4}h -$$
$$0.004)s + (7.88 \times 10^{-11}h^4 - 2.00 \times 10^{-8}h^3 + 1.53 \times 10^{-6}h^2 - 2.24 \times$$
$$10^{-5}h - 2.27 \times 10^{-4})s^2 + (-1.79 \times 10^{-14}h^4 + 7.43 \times 10^{-12}h^3 - 5.66$$
$$\times 10^{-9}h^2 + 1.17 \times 10^{-7}h - 1.66 \times 10^{-5})s^3 + (-6.28 \times 10^{-15}h^4 + 2.06$$
$$\times 10^{-12}h^3 - 2.41 \times 10^{-10}h^2 + 1.12 \times 10^{-8}h - 1.01 \times 10^{-7})s^4]$$
$$(7-23)$$

（2）隔离层下表面摩擦力受力特性

隔离层下表面摩擦力 f_7 是由隔离层下表面受到下部待放出矿石的支撑作用以及界面之间的相对滑移产生的。在数值试验中，由于在大量放矿后期隔离层底部会形成空腔，致使隔离层下表面空腔区域不存在摩擦力作用。通过对各下降深度隔离层底部空腔区域边界位置进行统计，可得各下降深度所对应的隔离层空腔区域范围，统计数据如表 7-6 所示。

表7-6 单漏斗数值试验空腔边界点数值表

h/cm	s_1/cm
12	3
24	4.1
40	5.6
50	8
60	8.5
74	8.7
84	9.2
93	10.3
102	12.4
109	16
115	18

运用 Origin 软件对表 7-6 中的数据进行拟合，其拟合曲线如图 7-21 所示。

对于空腔边界以外的隔离层，根据下表面摩擦力与下表面接触力关系，可得下表面摩擦力函数式为：

$$f_7 = \mu \times [(0.014 + 2.48 \times 10^{-3} h + 1.39 \times 10^{-6} h^2 - 1.90 \times 10^{-6} h^3 + 7.65 \times 10^{-9} h^4) + (-0.012 + 0.002h - 5.69 \times 10^{-5} h^2 + 6.34 \times 10^{-7} h^3 - 2.34 \times 10^{-9} h^4) s + (1.53 \times 10^{-4} - 5.64 \times 10^{-5} h + 2.36 \times 10^{-5} h^2 - 2.82 \times 10^{-8} h^3 + 1.08 \times 10^{-10} h^4) s^2 + (-2.05 \times 10^{-5} + 5.75 \times 10^{-7} h - 1.38 \times 10^{-8} h^2 + 1.42 \times 10^{-10} h^3 - 5.06 \times 10^{-13} h^4) s^3 + (5.28 \times 10^{-8} - 3.67 \times 10^{-9} h + 1.50 \times 10^{-10} h^2 - 1.90 \times 10^{-12} h^3 + 7.54 \times 10^{-15} h^4) s^4]$$

$$(7-24)$$

由式（7-23）和式（7-24）可知，隔离层全漏斗放矿数值试验中，隔离层上下表面的摩擦力分别和上表面、下表面接触力的变化趋势一致。

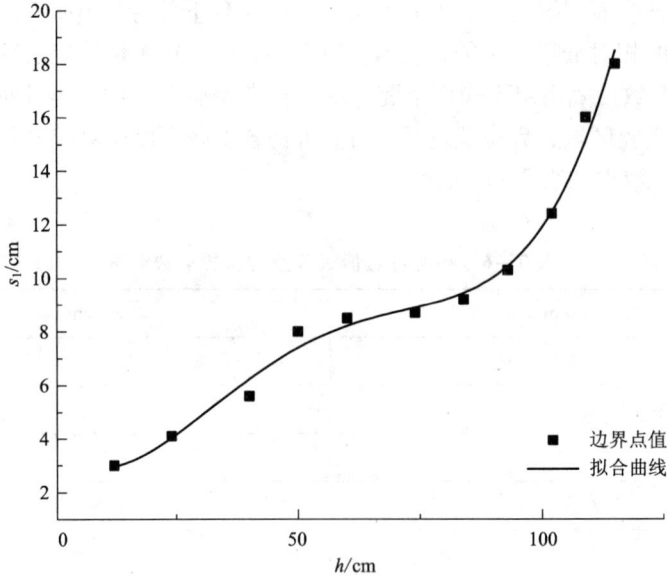

图 7 - 21　空腔边界点拟合曲线图

7.1.5　隔离层失效点

隔离层在放矿过程中主要受自身拉力、上表面接触力、下表面接触力、摩擦力的综合作用，但在实际应用中隔离层的破坏形式是拉伸破坏[1-3]。隔离层拉力值最大处是隔离层最易发生破坏而失效处。

结合隔离层内部拉力可知：其拉力最大点不在隔离层中心位置，而是处于距隔离层中心点一定距离的位置。各下降深度下隔离层拉力最大值 F_{1max} 及隔离层拉力值最大点距中心点距离 s_1 如表 7 - 7 和表 7 - 8 所示。

单漏斗数值试验隔离层拉力最大值 F_{1max} 及隔离层拉力值最大点距中心点距离 $s_1(R^2 = 0.989)$ 与下降深度 $h(R^2 = 0.973)$ 的关系图分别如图 7 - 22、图 7 - 23 所示。

由图 7 - 22 可知，F_{1max} 与下降深度两者呈指数函数关系；随着下降深度的增加，F_{1max} 呈指数函数增大，且增长速率越来越大，其关系式为：

$$F_{1max} = -0.56 + 0.42e^{0.02h} \qquad (7-25)$$

表 7 − 7　单漏斗数值试验各下降深度 h 与隔离层拉力最大值 F_{1max} 数值表

h/cm	F_{1max}/kN
0	0
12	0.069
24	0.134
40	0.142
50	0.607
60	1.149
74	1.489
84	2.051
93	2.952
102	3.209
109	3.953
115	4.557

表 7 − 8　单漏斗数值试验各下降深度 h 与 s_1 数值表

h/cm	s_1/cm
0	0
12	6.87
24	8.55
40	13.54
50	18.19
60	21.85
74	21.11
84	26.44
93	27.88
102	32.13
109	35.1
115	32.7

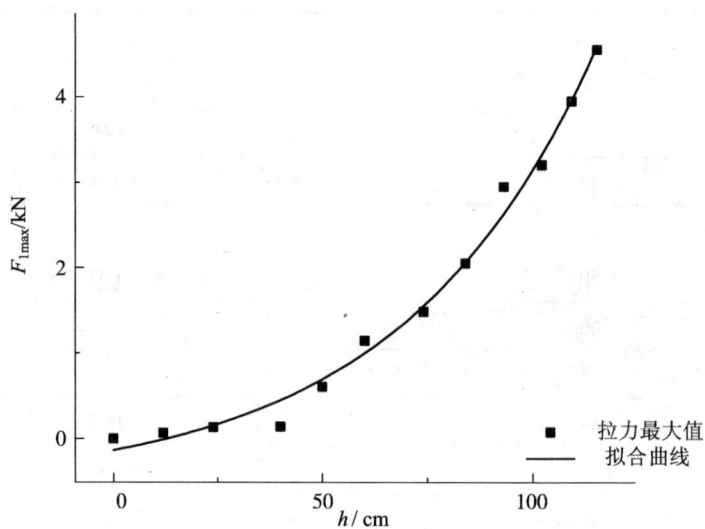

图 7 – 22　单漏斗数值试验隔离层拉力最大值与下降深度关系图

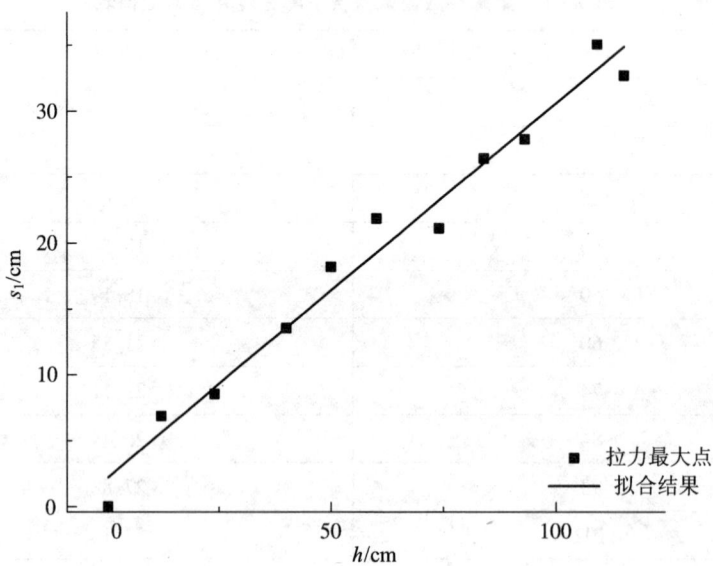

图 7 – 23　s_1 与 h 的关系图

由图 7 - 23 可知，s_1 与下降深度两者呈线性关系，随着下降深度的增加，s_1 呈线性增长，其关系式为：

$$s_1 = 0.29h + 2.22 \qquad (7 - 26)$$

7.2　全漏斗数值试验隔离层界面受力特性

7.2.1　隔离层拉力特性

全漏斗数值试验中，隔离层界面上主要存在隔离层上表面接触力、下表面接触力及摩擦力，因界面摩擦力的存在使隔离层内部颗粒之间还存在拉力作用。

1. 隔离层全曲面拉力特性

数值试验中，隔离层在充填废石颗粒与待放出矿石颗粒的摩擦力作用下产生拉伸应变，从而产生内部拉力。在 PFC^{2D} 软件中，隔离层颗粒内部之间的接触力可用 FISH 编译语句直接输出。先对数值试验输出的隔离层内部之间的接触力数据进行处理，求取全过程隔离层内部之间的接触力函数表达式，进而得出接触力的受力特性。

大量放矿后期，隔离层下表面与漏斗底部结构接触，隔离层形态明显改变，最终以波浪形悬浮于各漏斗上。这种形态的隔离层受拉力情况与隔离层未接触漏斗底部明显不同，分别对隔离层与漏斗底部结构接触之前和隔离层最终悬浮于各漏斗上时的拉力受力特性进行阐述。

（1）未接触漏斗底部结构时隔离层的拉力特性

运用 FISH 语句编译程序输出隔离层内部颗粒与颗粒之间的拉力与各下降深度隔离层内部拉力的分布，如图 7 - 24 所示。

对输出数据进行处理，然后再对处理后的数据利用统一数学模型进行回归拟合；最后再对求取的函数参数进行回归拟合，将参数拟合函数反代入统一的数学模型，即可求得全漏斗数值试验中的全过程拉力函数，进一步求得各下降深度下隔离层内部拉力值，如表 7 - 9 所示。

利用 Origin 数值处理软件对表 7 - 9 中各下降深度下隔离层拉力数值进行回归拟合，Poly4 函数拟合效果最好；其通式如下：

$$F_4 = G_0 + G_1 s + G_2 s^2 + G_3 s^3 + G_4 s^4 \qquad (7 - 27)$$

式中：F_4 为隔离层内部拉力值，kN；s 为隔离层横轴长，m；G_0，G_1，G_2，G_3，G_4 为函数拟合参数。

根据表 7 - 9 的数据，分别对各下降深度下隔离层的拉力值进行拟合，得到不同下降深度 h 下隔离层拉力函数的拟合参数。隔离层拉力函数拟合参数如表 7 - 10 所示。

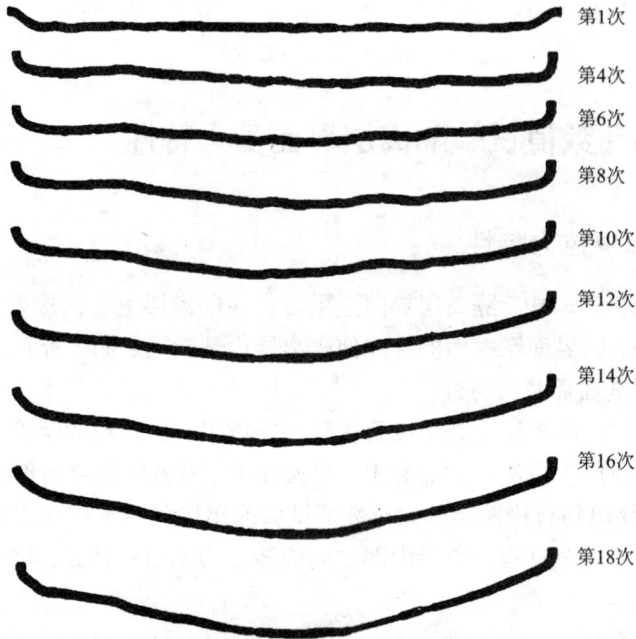

图 7-24   隔离层内部拉力分布图

表 7-9   各下降深度隔离层内部拉力值 F_4 单位：kN

h/cm	s/cm							
	0	15	30	45	60	70	80	87
19	0.22	0.116	0.025	0	0	0	0	0
31	0.307	0.225	0.091	0.001	0	0	0	0
46	0.453	0.390	0.272	0.104	0.003	0	0	0
59	0.672	0.579	0.449	0.259	0.081	0.012	0	0
71	0.741	0.656	0.531	0.271	0.085	0.016	0.005	0
90	1.625	1.490	1.271	1.099	0.541	0.267	0.008	0.004
105	2.866	2.665	2.339	1.997	1.249	0.738	0.171	0.058
119	3.585	3.450	3.166	2.917	2.075	0.969	0.454	0.129

表 7 – 10 隔离层拉力函数拟合参数表

h/cm	G_0	G_1	G_2	G_3	G_4
19	0.22	-0.002	-2.84×10^{-4}	-2.10×10^{-6}	2.32×10^{-7}
31	0.307	-0.003	-1.33×10^{-4}	-3.36×10^{-6}	9.72×10^{-8}
46	0.453	-0.004	1.03×10^{-4}	-7.61×10^{-6}	8.19×10^{-8}
59	0.672	-0.006	9.05×10^{-5}	-5.86×10^{-6}	5.52×10^{-8}
71	0.741	-0.007	2.32×10^{-4}	-1.25×10^{-5}	1.21×10^{-7}
90	1.625	-0.016	6.30×10^{-4}	-1.82×10^{-5}	1.23×10^{-7}
105	2.886	-0.027	0.001	-3.02×10^{-5}	1.88×10^{-7}
119	3.585	-0.042	0.003	-6.10×10^{-5}	3.61×10^{-7}

以隔离层的中心点为坐标原点,取隔离层横轴长 s 为横轴,拉力 F_4 为纵轴,将隔离层中心点位置下降深度为 46 cm、90 cm、105 cm、119 cm 时代表性强的隔离层拉力函数曲线绘制于同一坐标系。全漏斗数值试验隔离层拉力演化如图 7 – 25 所示。

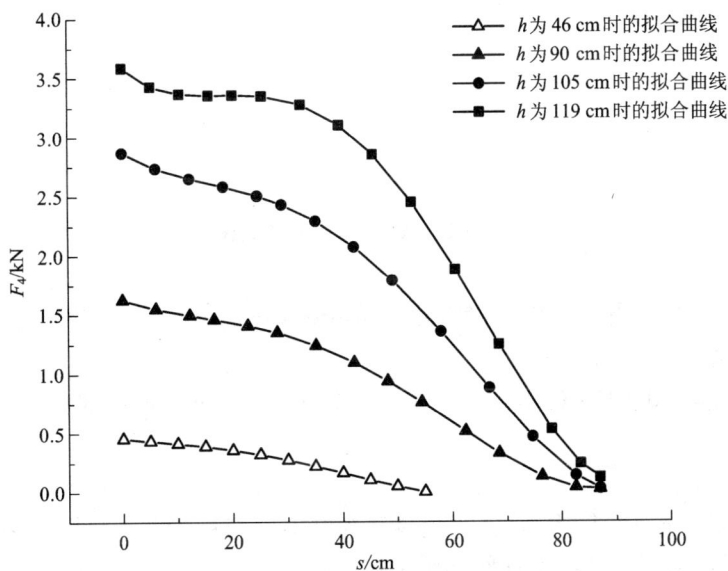

图 7 – 25 全漏斗数值试验隔离层拉力演化图

由图 7 - 25 可知，隔离层拉力随着下降深度的增加而增加，各下降深度处隔离层拉力整体呈减少的趋势；与如图 7 - 24 所示的拉力分布图相吻合，也间接说明了式(7 - 27)能较好地表示全漏斗放矿中隔离层内部拉力变化规律。

基于表 7 - 10 中函数拟合参数，对各下降深度下的隔离层拉力函数进行整合，即利用 Origin 数据处理软件对各下降深度下相应参数值分别进行拟合，获取各参数与下降深度的关系，结果如下：

①G_0参数。

以隔离层下降深度 h 为横坐标，G_0 参数为纵坐标，建立直角坐标系，并用 Origin 软件进行回归拟合；其拟合曲线如图 7 - 26 所示。

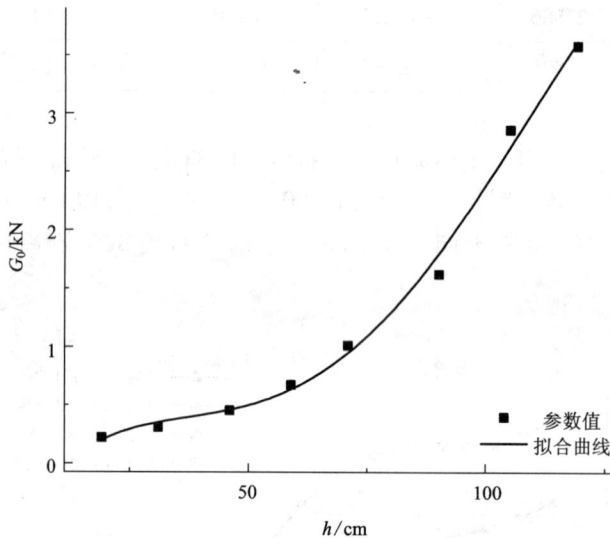

图 7 - 26　参数 G_0 拟合曲线图

由图 7 - 26 可知，参数 G_0 随着隔离层下降深度的增加而逐渐增大，且增长速率也逐渐增大；其拟合函数为：

$$G_0 = -0.596 + 0.071h - 0.002h^2 + 2.36 \times 10^{-5}h^3 - 8.09 \times 10^{-8}h^4$$

$$(7 - 28)$$

②G_1参数。

以隔离层下降深度为横坐标，G_1 参数为纵坐标，建立直角坐标系，并用 Origin 软件进行回归拟合；其拟合曲线如图 7 - 27 所示。

由图 7 - 27 可知，参数 G_1 随着隔离层下降深度的增加而快速减少；其拟合函数为：

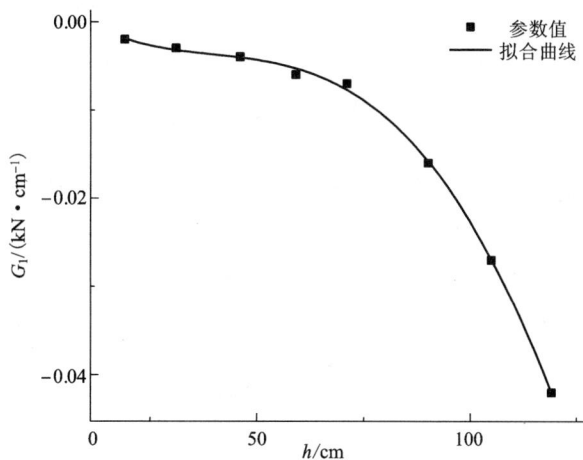

图 7 – 27 参数 G_1 拟合曲线图

$$G_1 = 0.004 - 4.88 \times 10^{-4} h + 1.17 \times 10^{-5} h^2 - 1.14 \times 10^{-7} h^3 + 1.94 \times 10^{-10} h^4$$

$$(7-29)$$

③G_2 参数。

以隔离层下降深度为横坐标，G_2 参数为纵坐标，建立直角坐标系，并用 Origin 软件进行回归拟合；其拟合曲线如图 7 – 28 所示。

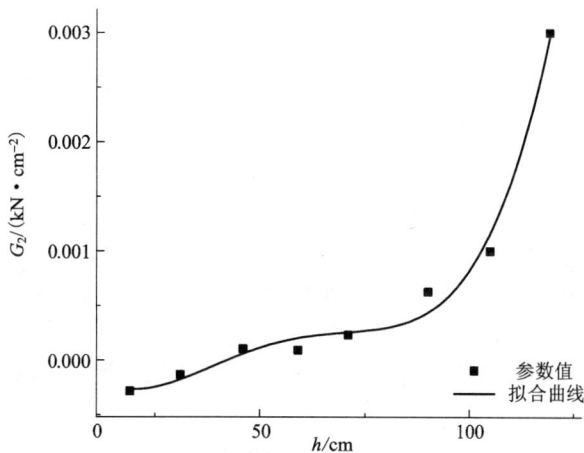

图 7 – 28 参数 G_2 拟合曲线图

由图 7-28 可知,参数 G_2 随着隔离层下降高度的增加呈增加的趋势;其拟合函数为:

$$G_2 = 4.50 \times 10^{-4} - 8.41 \times 10^{-5}h + 3.21 \times 10^{-6}h^2$$
$$- 4.31 \times 10^{-8}h^3 + 1.98 \times 10^{-10}h^4 \qquad (7-30)$$

④G_3 参数。

以隔离层下降深度为横坐标,G_3 参数为纵坐标,建立直角坐标系,并用 Origin 软件进行回归拟合;其拟合曲线如图 7-29 所示。

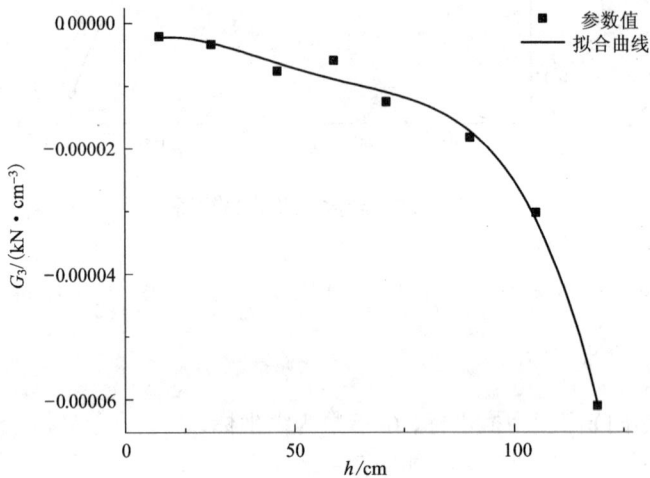

图 7-29 参数 G_3 拟合曲线图

由图 7-29 可知,参数 G_3 随着隔离层下降高度的增加呈减小的趋势;其拟合函数为:

$$G_3 = -1.22 \times 10^{-5} + 1.12 \times 10^{-6}h - 4.09 \times 10^{-8}h^2$$
$$+ 5.38 \times 10^{-10}h^3 - 2.54 \times 10^{-12}h^4 \qquad (7-31)$$

⑤G_4 参数。

以隔离层下降深度为横坐标,G_4 参数为纵坐标,建立直角坐标系,并用 Origin 软件进行回归拟合;其拟合曲线如图 7-30 所示。

由图 7-30 可知,参数 G_4 随着隔离层下降高度的增加呈先减后增趋势;其拟合函数为:

$$G_4 = 8.23 \times 10^{-7} - 4.89 \times 10^{-8}h + 1.13 \times 10^{-9}h^2$$
$$- 1.10 \times 10^{-11}h^3 + 3.97 \times 10^{-14}h^4 \qquad (7-32)$$

将式(7-28)~式(7-32)代入式(7-27),可得隔离层的内部拉力函数表达式如下:

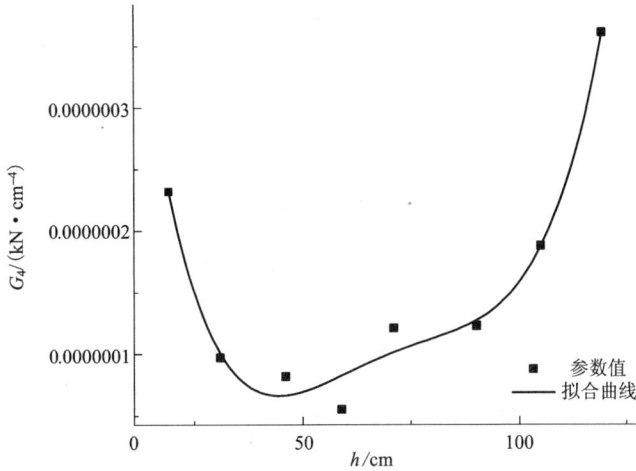

图 7 - 30　参数 G_3 拟合曲线图

$$F_4 = (-0.596 + 0.071h - 0.002h^2 + 2.36 \times 10^{-5}h^3 - 8.09 \times 10^{-8}h^4) +$$
$$(0.004 - 4.88 \times 10^{-4}h + 1.17 \times 10^{-5}h^2 - 1.14 \times 10^{-7}h^3 + 1.94 \times$$
$$10^{-10}h^4)s + (4.50 \times 10^{-4} - 8.41 \times 10^{-5}h + 3.21 \times 10^{-6}h^2 - 4.31 \times$$
$$10^{-8}h^3 + 1.98 \times 10^{-10}h^4)s^2 + (-1.22 \times 10^{-5} + 1.12 \times 10^{-6}h - 4.09$$
$$\times 10^{-8}h^2 + 5.38 \times 10^{-10}h^3 - 2.54 \times 10^{-12}h^4)s^3 + (8.23 \times 10^{-7} - 4.89$$
$$\times 10^{-8}h + 1.13 \times 10^{-9}h^2 - 1.10 \times 10^{-11}h^3 + 3.97 \times 10^{-14}h^4)s^4$$

$$(7 - 33)$$

由图 7 - 24、图 7 - 25 及式(7 - 33)可知，在隔离层全漏斗放矿数值试验中，隔离层未接触漏斗底部结构时，同一下降深度时隔离层中心位置的拉力大，两端的拉力小。由于边壁效应即边壁摩擦，使得边壁漏斗中矿石的放出速度小于其他漏斗，进而中部隔离层的放矿速度大于两侧，中部隔离层的拉伸程度大于两侧，即中部隔离层的拉力大于两侧；随着下降深度的增加，隔离层所负载的充填废石逐步增加，隔离层上任一点的拉力随 h 的增大而增大。

（2）终了状态时隔离层的拉力特性。

隔离层下降到接触漏斗底部结构后，隔离层形态发生了明显变化，最终以波浪形悬浮于各漏斗上。隔离层最终状态的拉力变化规律由于受底部结构影响也发生了明显变化。根据数值试验输出结果，将输出的所有拉力数据及其相应位置表示在一个图表中，如图 7 - 31 所示。

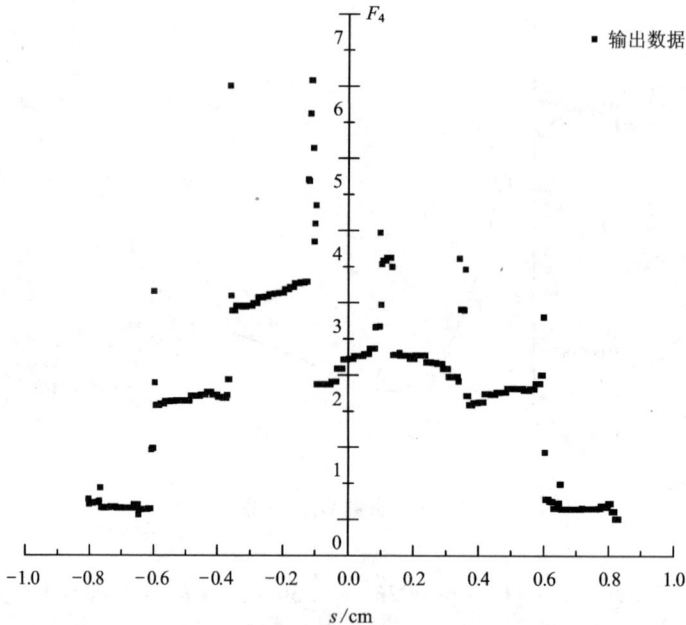

图7-31 全漏斗数值试验放矿终了隔离层拉力值分布图

由图7-31可知，由于边壁效应，模型中部漏斗放矿速度快，两端放矿速度相对较慢；在放矿终了时，受矿石摩擦作用的隔离层仍保持原来的形变，隔离层中部的拉力值仍大于两侧，模型两端漏斗上方相应区段的隔离层形态趋于水平直线段，两端漏斗上方相应隔离层段各接触点的拉力值基本相等。此外，由于桃形矿柱尖部存在应力集中现象，尖部区域隔离层的拉力值要明显大于相应的隔离层区段。

应力集中现象的存在，致使隔离层拉力值变化不连续。取一半隔离层，用平均拉力来表示该段隔离层各点拉力值。全漏斗数值试验放矿终了隔离层拉力值，如表7-11所示。

根据表7-11的数据，利用Origin软件对其进行回归拟合，拟合函数如图7-32所示；其拟合函数为：

$$F_4' = 2.649 - 0.029s + 0.001s^2 - 3.24 \times 10^{-5}s^3 + 2.18 \times 10^{-7}s^4 \quad (7-34)$$

式中，F_4'为放矿终了状态隔离层内部拉力值，kN。

表 7 – 11 全漏斗数值试验放矿终了隔离层拉力数值表

s/cm	F_4/kN
0	2.649
15	2.46
30	1.971
45	1.762
60	0.927
70	0.402
80	0.157
87	0.108

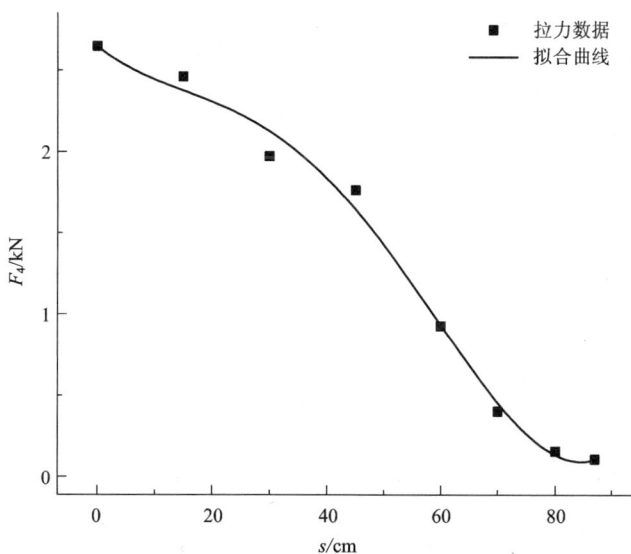

图 7 – 32 全漏斗数值试验放矿终了隔离层拉力拟合曲线图

由图 7 – 32 可知，全漏斗数值试验放矿终了时，隔离层内部拉力值随测点与隔离层中心点距离的增大而减小。

2. 隔离层平均拉力

隔离层平均拉力大小反应了隔离层整体的变形，各下降深度下隔离层的平均拉力值如表 7 – 12 所示。

表 7 - 12 全漏斗数值试验隔离层平均拉力值

h/cm	$F_{4\text{p}}/\text{kN}$
0	0
19	0.125
31	0.22
46	0.182
59	0.266
71	0.517
80	0.887
105	1.537
119	1.982

根据表 7 - 12 中的数据，利用 Origin 软件对其进行回归拟合，拟合结果如图 7 - 33 所示；其拟合函数为：

$$F_{4\text{p}} = -0.16 + 0.15\text{e}^{0.022h} \tag{7-35}$$

式中：$F_{4\text{p}}$ 为平均拉力值，kN；h 为隔离层下降深度，m。

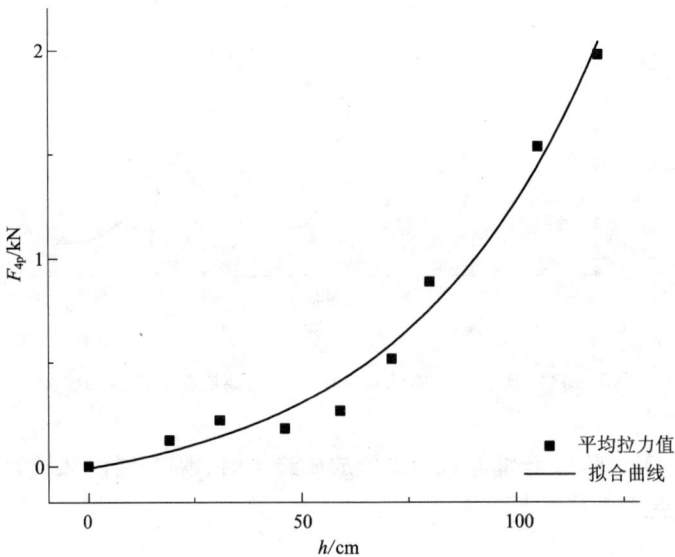

图 7 - 33 隔离层平均拉力拟合图

由图 7 - 33 可知,全漏斗数值模拟放矿试验中,隔离层所受平均拉力值 F_{4p} 随下降深度呈指数形式增大。此外,在下降深度 119 cm 之前隔离层是未接触漏斗底部结构的,但当隔离层接触到底部漏斗后,因漏斗的支撑作用,限制了隔离层的形变,使隔离层所受平均拉力值反而减小。

7.2.2　全过程隔离层上表面接触力

隔离层上表面接触力 F_s 是因隔离层上表面受到充填废石颗粒的自重载荷而产生的。在接触漏斗底部结构后,隔离层形态的变化和上表面所受接触力的变化十分复杂,同时隔离层接触漏斗底部结构后的受力状态基本处于放矿后期,因此,仅对未接触漏斗底部结构隔离层上表面接触力进行阐述。

先确定隔离层 4 号漏斗母线上表面接触力 T 与隔离层下降深度的关系,然后再根据隔离层的曲线与水平面夹角的关系得出隔离层上表面接触力的整体函数表达式。

在 PFC^{2D} 数值试验中,监测某点的应力状态是通过测量实现的。为获取 4 号漏斗母线统计意义上的接触力,将与 4 号漏斗母线隔离层颗粒相临近的五个隔离层颗粒作为测量范围,统计这五个颗粒上表面的接触力,并求取平均值,即可得 4 号漏斗母线上表面接触力 T;其与下降深度的关系如表 7 - 13 所示。

表 7 - 13　全漏斗数值试验各下降深度 4 号漏斗母线上的表面接触力

h/cm	T/kN
0	0
19	0.081
31	0.136
46	0.178
59	0.239
71	0.277
80	0.301
105	0.379
119	0.421

根据表 7 - 13 中的数据,利用 Origin 软件对其进行回归拟合,可得隔离层上表面平均接触力与下降深度的拟合曲线,如图 7 - 34 所示。拟合系数为 0.988,拟合方程式为:

$$T = 0.0037h \qquad (7 - 36)$$

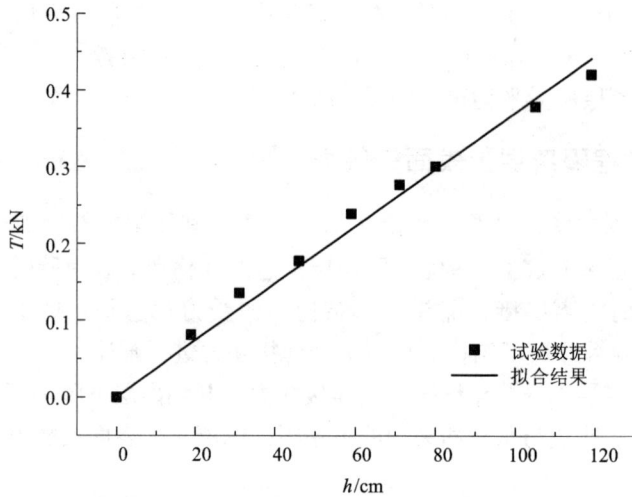

图 7 - 34　全漏斗数值试验隔离层上表面平均接触力回归拟合结果图

以放矿数值模型零点建立直角坐标系，其中 x 为坐标横轴，表示隔离层上表面任意点的水平位置，y 为坐标纵轴，表示隔离层上表面任意点的竖直高度。隔离层的形态曲线方程为：

$$y + h - 128 = \frac{4D}{(L-d)^2}x^2, \ y \geq h \qquad (7-37)$$

式中：D 为起伏高度，m；L 为模型长度，m；d 为一个漏斗间距，m。

由式(7 - 36)和式(7 - 37)可得，不同下降深度下隔离层上表面的接触力函数表达式为：

$$F_5 = 0.00371\left[h - \frac{4D}{(L-d)^2}x^2\right]\left|\cos\sqrt{\frac{1}{1+(y+h-128)^2}}\right| \qquad (7-38)$$

由图 7 - 34 和式(7 - 38)可知，在全漏斗放矿试验数值模拟中，h 为定值时，偏离隔离层中心点距离愈大，该点的接触力值愈小，但减小速率逐渐变缓；当 h 不为定值时，隔离层上任一点的接触力随 h 的增大呈线性增长。

7.2.3　全过程隔离层下表面接触力

隔离层下表面接触力 F_6 是数值试验中隔离层下表面受到底部未放出矿石的支撑作用而产生的。大量放矿后期，隔离层与漏斗底部结构接触后下表面接触力伴随矿石的逐渐放空，部分区域不存在隔离层与矿石颗粒的接触力，放矿终了时隔离层悬浮于桃形尖柱上，完全不存在与矿石颗粒的接触。全过程中，接触力变化复杂，且放矿时间占总体放矿时间比率小。因此，仅对与漏斗底部结构接触前隔离层下表面的接触力进行说明。

首先，在隔离层上任取一微元段 ds，并对其进行受力分析，如图 7-35 所示。

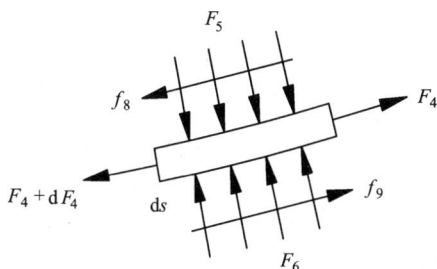

图 7-35　全漏斗数值试验隔离层下表面接触力微元段受力图

由微元段法向受力平衡，得：

$$(F_4 + \mathrm{d}F_4)\sin(\frac{1}{2}\beta) + F_4\sin(\frac{1}{2}\beta) = (F_5 - F_6)\mathrm{d}s \tag{7-39}$$

$$\beta = \frac{\mathrm{d}s}{\rho} \tag{7-40}$$

$$\rho = \frac{[1 + (y + h - 128)^2]^{3/2}}{|(y + h - 128)''|} \tag{7-41}$$

式中，β 为粒应力方向与隔离层微元段切向方向之间的夹角，(°)；ρ 为隔离层形态曲线的曲率半径，m。

结合式(7-39)~式(7-41)，并省去高阶无穷小 $-\frac{F_4}{\rho}\mathrm{d}s$，可得隔离层下表面接触力为：

$$F_6 = F_5 - \frac{|(y + h - 128)''|}{2[1 + (y + h - 128)^2]^{3/2}}F_4 \tag{7-42}$$

由式(7-42)可知，下降深度一定时，隔离层下表面接触力随 s 的增大而减少；下降深度变化时，隔离层下表面任意点所受的接触力随下降深度的增大而增大。

7.2.4　隔离层界面摩擦力

在隔离层全漏斗数值试验中，隔离层在矿石下降过程中同时受到上部充填废石颗粒和下部待放出矿石颗粒的摩擦作用。放矿后期，隔离层与漏斗底部结构接触后下表面接触力分布状态和隔离层形态变化比较复杂，仅对与漏斗底部结构接触前隔离层所受摩擦力状态进行说明。针对隔离层的复杂受力状况，将放矿过程中隔离层所受摩擦力的合力作为隔离层所受摩擦力，并用 f_{10} 表示摩擦力集度。

在隔离层上任取一微元段 $\mathrm{d}s$，其受力情况如图 7-35 所示。

由微元段切向受力平衡可得：

$$(F_4 + \mathrm{d}F_4) - F_4 = f_{10} \times \mathrm{d}s \qquad (7-43)$$

整理得：

$$f_{10} = \frac{\mathrm{d}F_4}{\mathrm{d}s} \qquad (7-44)$$

故，放矿全过程隔离层所受摩擦力集度的函数表达式为：

$$
\begin{aligned}
f_{10} = & (0.004 - 4.88 \times 10^{-4} h + 1.17 \times 10^{-5} h^2 - 1.14 \times 10^{-7} h^3 + 1.94 \times \\
& 10^{-10} h^4) + (9.00 \times 10^{-4} - 16.82 \times 10^{-5} h + 6.42 \times 10^{-6} h^2 - 8.62 \times \\
& 10^{-8} h^3 + 3.96 \times 10^{-10} h^4) s + (-3.66 \times 10^{-5} + 3.36 \times 10^{-6} h - 1.23 \times \\
& 10^{-7} h^2 + 1.61 \times 10^{-9} h^3 - 7.62 \times 10^{-12} h^4) s^2 + (3.29 \times 10^{-6} - 1.96 \times \\
& 10^{-7} h + 4.52 \times 10^{-9} h^2 - 4.40 \times 10^{-11} h^3 + 1.59 \times 10^{-13} h^4) s^3
\end{aligned}
$$

$$(7-45)$$

7.2.5　隔离层失效点

数值试验中，隔离层失效主要由拉伸引起。根据隔离层内部拉力值变化规律可知：隔离层在中心点最易产生拉伸破坏。隔离层拉力最大值 $F_{4\max}$ 与下降深度的关系如图 7-36 所示。

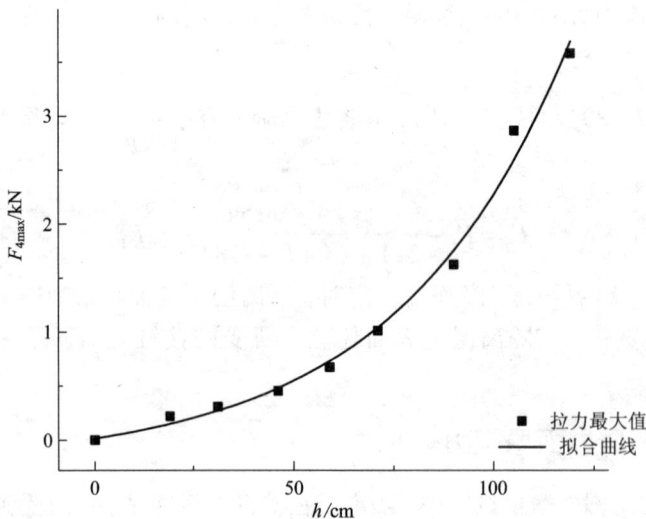

图 7-36　全漏斗数值试验拉力最大值与下降深度关系图

由图 7 – 36 可知,隔离层所受拉力最大值随下降深度的增加呈指数形式增大。拉力最大值与下降深度的函数表达为:

$$F_{4\max} = -0.22 + 0.24e^{0.024h} \tag{7-46}$$

参考文献

[1] 李建,唐朝生,王德银,等. 基于单根纤维拉拔试验的波形纤维加筋土界面强度研究[J]. 岩土工程学报,2014,36(9):1696 – 1704.

[2] 张诚成,朱鸿鹄,唐朝生,等. 纤维加筋土界面渐进性破坏模型[J]. 浙江大学学报(工学版),2015,49(10):1952 – 1959.

[3] 王晓宏. 碳纤维/树脂单丝复合体系界面力学行为的研究[D]. 哈尔滨:哈尔滨工业大学,2010.

第8章 物理与数值试验隔离层 界面受力特性比较

对单漏斗、全漏斗物理与数值试验过程中的隔离层界面受力特性进行比较[1,2],有利于全面认知相关规律。

8.1 单漏斗物理与数值试验隔离层界面受力特性比较

运用物理试验和数值试验手段,分别对单漏斗两种放矿试验条件下隔离层界面数据进行处理,得到两种试验条件下各力系的函数表达式,并得出其数值在横向和纵向上的变化规律。虽然两种试验条件下的结果吻合性较好,但通过对比发现,两种试验条件下同类力系的变化规律还是有所差异的。

对单漏斗两种试验条件下隔离层界面所受同类力系值的变化规律进行比较,如表8-1所示。

表8-1 两种试验条件下单漏斗放矿隔离层界面受力特性对比表

力系	物理放矿试验	数值放矿试验	相同点	不同点	异同点原因
拉应力(拉力)	横向,σ_s随s增大呈先增后减的趋势;纵向,h越大,σ_s越大	横向上,F_1随s增大呈先增后减的变化趋势;纵向上,h越大,F_1越大	横向上和纵向上拉应力值和拉力值的变化规律均一致		
压应力(上表面接触力)	横向上,在试验前期,q_1随s增大而减少,在试验后期,q_1随s增大呈先减后增再减的变化趋势;纵向上,q_1随h增加而增大	横向上,在试验前期,F_2随s增加而减少,在试验后期,F_2随s增大呈先减后增再减的变化趋势;纵向上,F_2随h增加而增大	纵向上,压应力值和上表面接触力值的变化规律一致	物理试验后期,最大值点在隔离层最底部,曲线增加的转折点在隔离层中部,而数值试验后期最大值点在隔离层中部,曲线增加的转折点在隔离层中下部	数值放矿试验中,拱形效应存在导致隔离层两侧的上表面接触力较大

续表 8 - 1

力系	物理放矿试验	数值放矿试验	相同点	不同点	异同点原因
支持力(下表面接触力)	支持力载荷集度与压应力变化规律有关,在临近空腔处支持力较小;纵向上,q_2随h增加而增大;空腔区域不受q_2作用	横向上,F_3随s增加呈先增加后减少趋势;纵向上,F_3随h增加而增大;空腔区域不受F_3作用	纵向上支持力和上表面接触力的变化规律一致,且空腔处不存在支持力(下表面接触力)的作用	因支持力(下表面接触力)与压应力(上表面接触力)相关程度较大,支持力(下表面接触力)差异主要是在隔离层界面支持力(下表面接触力)最大值位置的不同	数值放矿试验中,拱形效应的存在导致隔离层两侧的下表面接触力较大
摩擦力	横向,f随s增大呈先减后增再减趋势;纵向,f随h增大呈先增后减趋势	隔离层上下表面的摩擦力分别和上表面、下表面接触力的变化趋势大体一致			
失效工况	隔离层失效点位于空腔边界处;失效点与h呈线性关系	隔离层失效点位于空腔边界处;失效点与h呈线性关系	失效点均位于空腔边界处,且失效点位置与下降深度符合线性数学模型		

物理试验中因应变片输出的应力单位是 Pa,而数值试验中接触力的单位是 N,二者并不统一。但是在实际规律性比较上,重点比较的是数值规律的一致性,而不是数值的一致。因此,在对比物理试验与数值试验力学特性时,并不做单位的换算,物理试验仍采用 Pa 单位,数值试验继续使用 N 单位。

8.1.1　隔离层所受拉应力/拉力比较

在物理放矿试验中,横向上,隔离层拉应力 σ_s 随隔离层横轴长 s 的增大呈先增大后减小的变化趋势,其拐点位置为 20 ~ 35 cm;纵向上,下降深度 h 越大,拉应力 σ_s 越大。在数值放矿试验中,横向上,拉力 F_1 随隔离层横轴长 s 的增大呈先增大后减小的变化趋势,其拐点位置为 15 ~ 40 cm;纵向上,下降深度 h 越大,拉力 F_1 越大。

对比单漏斗物理试验与数值试验两种试验条件下隔离层拉应力/拉力试验结果可知:拉应力/拉力吻合性良好,均是随隔离层横轴长 s 的增大呈先增大后减小的变化趋势,随下降深度 h 的增大而增大;最大值点所处位置大概在同一区域,后期主要集中在 30 cm 左右。

8.1.2 隔离层所受压应力/上表面接触力比较

在物理放矿试验前期，横向上，压应力 q_1 随隔离层横轴长 s 的增大而减小，在试验后期，压应力 q_1 随隔离层横轴长 s 的增大呈先减小后增大再减小的趋势；纵向上，压应力 q_1 随下降深度 h 的增加而增大。在数值放矿试验前期，上表面接触力 F_2 随隔离层横轴长 s 的增大而减小；在试验后期，上表面接触力 F_2 随隔离层横轴长 s 呈先减小后增大再减小的变化趋势；纵向上，上表面接触力 F_2 随下降深度 h 的增加而增大。

对比单漏斗物理试验与数值试验两种试验条件下隔离层压应力/上表面接触力试验结果可知：横向上压应力/上表面接触力在单漏斗试验条件下吻合性较差。尤其在放矿后期，虽然两曲线具有一样的变化趋势，但两曲线在最大值点的位置却是不相同的；物理试验后期压应力最大值点在隔离层最底部，曲线增加的转折点在隔离层中部 60 cm 处，而数值试验后期上表面接触力最大值点在隔离层中部 60 cm 左右区域，曲线增加的转折点在隔离层中下部 20 cm 区域。呈现此差异的原因，主要是数值试验放矿后期。在矿石颗粒流动过程中，模型中部区域形成了较为明显的拱形效应，导致数值试验隔离层两侧的上表面接触力较大。

8.1.3 隔离层所受支持力/下表面接触力比较

在物理放矿试验中，横向上支持力 q_2 变化趋势较难描述，但其载荷集度与压应力变化规律大致有类似关系，且在临近空腔处支持力较小，空腔区域不受支持力 q_2 作用；纵向上，支持力 q_2 随下降深度 h 的增加而增大。在数值放矿试验中，横向上，下表面接触力 F_3 随隔离层横轴长 s 的增加而先增加后减少，空腔区域不受下表面接触力 F_3 作用；纵向上，下表面接触力 F_3 随下降深度 h 的增加而增大。

对比单漏斗物理试验与数值试验两种试验条件下，隔离层压应力/上表面接触力试验结果可知：两种试验条件下支持力（下表面接触力）在空腔区域均不受力的作用，但两种力在横向其他区域吻合性较差，尤其在放矿后期有较大差异。支持力和压应力变化规律相似，压应力的最大值点在隔离层最底部，但这并不意味着支持力的最大值点也在隔离层的最底部。隔离层最底部为空腔存在区域，无矿石的支撑，因此其支持力为零。

8.1.4 隔离层所受摩擦力比较

摩擦力的大小与界面法向力与界面摩擦系数有关，受力方向与相对形变方向一致。物理试验中，横向上总摩擦力 f 随 s 的增加呈先减小后增加再减小的变化趋势；数值试验中，上下表面界面摩擦分别与上表面、下表面接触力的变化趋势大体一致。

物理试验与数值试验两试验条件下隔离层总摩擦力 f 集度分布与拉应力/拉力的一次导数呈线性关系。由两试验条件下拉应力/拉力的关系可知，两试验条件下总摩擦力 f 集度分布吻合性较好。

8.1.5　隔离层失效工况比较

放矿过程中的隔离层失效过程符合拉伸破坏准则，即所受拉应力超过自身许用拉应力即破坏。物理放矿试验中，隔离层失效点位于空腔边界 29.6 cm 处，失效点与下降深度 h 的函数关系 $s_0 = 0.06h + 23.0$。数值放矿试验中，隔离层失效点位于空腔边界处 35.35 cm，失效点与下降深度 h 的函数关系 $s_1 = 0.29h + 2.77$。

对比两种试验条件下隔离层失效工况可知，两种条件下隔离层失效位置均在空腔边界处，且失效位置与下降深度 h 符合一次线性数学模型 $s = a \times h + b$。

8.2　全漏斗物理与数值试验隔离层界面受力特性比较

与单漏斗放矿试验一样，在全漏斗放矿试验中，运用物理试验和数值试验手段，分别对两种放矿试验条件下隔离层界面数据进行处理，得到两种试验条件下各个力系的函数表达式，并得出其数值在横向上和纵向上的变化规律。

全漏斗放矿试验结果和单漏斗放矿试验相比吻合程度较低，差异性较大。在全漏斗放矿过程中，隔离层接触漏斗底部结构后受力复杂，在当前条件下较难采集物理试验过程中隔离层接触漏斗底部结构后的数据，仅对隔离层接触漏斗底部结构前的受力特性进行比较，结果如表 8 - 2 所示。

8.2.1　隔离层所受拉应力/拉力比较

在物理放矿试验中，横向上拉应力 σ_{s_2} 与隔离层横向长 s 的变化趋势与正弦函数一致；纵向上拉应力 σ_{s_2} 随下降深度 h 的增加而增大。在数值放矿试验中，横向上拉力 F_4 随隔离层横向长 s 的增大而减小；纵向上拉力 F_4 随下降深度 h 的增加而增大。

物理试验与数值试验两种试验条件下，两者拉应力/拉力在纵向上的变化趋势一致，均是随下降深度 h 的增加而增大；但是在横向上，物理试验中随隔离层横向长 s 增大拉应力值呈正弦函数变化，数值试验中拉力随隔离层横向长 s 的增大而减小。两试验条件下拉应力/拉力差异的原因为：物理试验中，各个漏斗矿石放出速度相同，隔离层呈现波浪形；数值试验中，因边壁效应的存在，边壁漏斗矿石放出速度慢，隔离层呈凹圆弧形下移；两种试验条件下隔离层形态不一致，而隔离层受力与隔离层形态密切相关，因此两试验条件下拉应力/拉力在横向上呈现出较大差异。

表 8-2　两种试验条件下全漏斗放矿隔离层界面受力特性对比表

力系	物理放矿试验	数值放矿试验	相同点	不同点	异同点原因
拉应力(拉力)	横向上，随 s 增大，σ_{s2} 的变化趋势与正弦函数一致；纵向上，σ_{s2} 随 h 增加而增大	横向上，F_4 随 s 的增大而减小；纵向上，F_4 随 h 增加而增大	纵向上，两者的变化趋势一致	横向上，随 s 增大，拉应力值的变化趋势呈正弦函数，而拉力随 s 的增大而减小	物理试验各个漏斗矿石放出速度相同，而数值试验因边壁效应导致边壁漏斗矿石放出速度慢，进而导致两种试验条件下隔离层的形态不一致
压应力(上表面接触力)	横向上，q_{12} 随 s 呈先增后减趋势；纵向上，q_{12} 随 h 增加而增大	横向上，F_5 随 s 的增大而减小；纵向上，F_5 随 h 增加而增大	纵向上，两者的变化趋势一致	横向上，q_{12} 随 s 增加呈先增后减趋势，F_5 随 s 的增大而减小	
支持力(下表面接触力)	横向上，支持力载荷与压应力、拉应力及曲线斜率有关；纵向上，q_4 随 h 增加而增大。部分区域不受 q_4 作用	横向上，F_6 随 s 的增大而减小；纵向上，F_6 随 h 增加而增大	纵向上，对应空腔区域外的隔离层支持力值的变化趋势与下表面接触力一致	支持力(下表面接触力)与压应力、拉应力(拉力)及曲线斜率有关，数值试验中 F_6 随 s 的增大而减小	
摩擦力	横向上，随 s 增大，f_5 呈余弦函数形态变化。纵向上，f_5 随 h 增加而增大	横向上，f_{10} 随 s 增大呈先减后增再减的变化趋势；纵向上，f_{10} 随 h 增加而增大	纵向上，两者的变化趋势一致	横向上，f_5 呈余弦函数形态变化趋势，f_{10} 随 s 增大呈先减后增再减的变化趋势	摩擦力受压应力、支持力或上下表面接触力影响，而两种试验条件下压应力、支持力分别和上、下表面接触力变化规律不一致，进而导致摩擦力变化规律不同
失效工况	失效点位于隔离层 ±30.12 cm 处；拉应力最大值与 h 满足指数模型	隔离层失效点位于隔离层中心点位置；拉应力最大值与 h 满足指数模型	拉应力最大值和拉力最大值与 h 的函数关系均满足指数数学模型	失效点位置不具备对应性	隔离层失效与拉应力(拉力)函数有关，物理试验和数值试验中拉应力和拉力的变化规律不一致，进而导致失效点不具备对应性

8.2.2 隔离层所受压应力/上表面接触力比较

在物理放矿试验中，横向上，隔离层压应力 q_{12} 随隔离层横向长 s 呈先增大后减小趋势；纵向上，隔离层压应力 q_{12} 随下降深度 h 的增加而增大。在数值放矿试验中，横向上，上表面接触力 F_5 随隔离层横向长 s 的增大而减小；纵向上，F_5 随 h 的增加而增大。

物理试验与数值试验两试验条件下，纵向上，压应力/上表面接触力的变化趋势一致，均随下降深度 h 的增加而增大。但在横向上，物理试验条件下隔离层压应力 q_{12} 随隔离层横向长 s 的增加呈先增大后减小的变化趋势；数值试验条件下，上表面接触力 F_5 随隔离层横向长 s 的增大而减小。两试验条件下压应力/上表面接触力差异的原因与隔离层拉应力/拉力一致：物理试验中，各个漏斗矿石放出速度相同，隔离层呈现波浪形；数值试验中，因边壁效应的存在，边壁漏斗矿石放出速度慢，隔离层呈凹圆弧形下移；两种试验条件下隔离层形态不一致，而隔离层受力与隔离层形态密切相关；因此两试验条件下压应力/上表面接触力在横向上呈现较大差异。

8.2.3 隔离层所受支持力/下表面接触力比较

在物理放矿试验中，横向上，支持力 q_4 载荷与压应力、拉应力及曲线斜率有关；纵向上，支持力 q_4 随下降深度 h 的增加而增大，并且存在部分区域不受支持力 q_4 作用。在数值放矿试验中，横向上，下表面接触力 F_6 随隔离层横向长 s 的增大而减小；纵向上，下表面接触力 F_6 随下降深度 h 的增加而增大。

物理试验与数值试验两种试验条件下，纵向上，隔离层支持力值的变化趋势与下表面接触力一致，均随下降深度 h 的增加而增大。横向上，物理试验分析过程中虽然获得了支持力与压应力、拉应力及曲线斜率之间的函数关系，但其变化规律较难描述；数值试验中 F_6 随隔离层横向长 s 的增大而减小。从隔离层压应力/上表面接触力的变化规律可知物理试验与数值试验中支持力/下表面接触力之间是存在差异的。其存在差异的原因与压应力/上表面接触力一致：物理试验各个漏斗矿石放出速度相同，隔离层呈现波浪形；数值试验中，因边壁效应的存在，边壁漏斗矿石放出速度较慢，隔离层呈凹圆弧形下移；两种试验条件下隔离层形态不一致，而隔离层受力与隔离层形态密切相关；因此两试验条件下支持力/下表面接触力在横向上差异较大。

8.2.4 隔离层所受摩擦力比较

在物理放矿试验中，横向上，随着隔离层横向长 s 的增大，摩擦力 f_5 呈余弦函数形态变化；纵向上，摩擦力 f_5 随下降深度 h 的增加而增大。在数值放矿试验中，横向上，摩擦力 f_{10} 随隔离层横向长 s 的增大呈先减小后增大再减小的变化趋势；纵向上，摩擦力 f_{10} 随下降深度 h 的增加而增大。

物理试验与数值试验两种试验条件下，纵向上，两者的变化趋势一致，都是随下降深度 h 的增加而增大；横向上，物理试验中摩擦力 f_5 呈余弦函数形态变化，数值试验中摩擦力 f_{10} 随 s 的增大呈先减小后增大再减小的变化规律。摩擦力受压应力（上表面接触力）和支持力（下表面接触力）的影响，物理试验条件下的压应力与支持力的变化规律与数值试验条件下上表面接触力和下表面接触力的变化规律不一致，因此，摩擦力变化规律也不相同。

8.2.5 隔离层失效工况比较

放矿过程中隔离层失效符合拉伸破坏准则，当所受拉应力超过自身许用拉应力即产生失效。物理放矿试验中，失效点位于隔离层 ±30.12 cm 处；拉应力最大值与下降深度 h 的函数关系 $\sigma_{s_2} = -0.32 + 0.32e^{0.005h}$；数值放矿试验中，隔离层失效点位于隔离层中心点位置，拉力最大值与 h 的函数关系 $F_{4\max} = -0.22 + 0.24e^{0.024h}$。

物理试验与数值试验两种试验条件下，拉应力最大值和拉力最大值与下降深度 h 的函数关系均满足数学模型 $F_{\max} = a + be^c$，物理试验中失效点在 ±30.12 cm 处，数值试验中失效点位于隔离层中心点位置。导致失效点位置不一样的原因是：物理试验和数值试验中拉应力和拉力的变化规律不一致，最大点位置不一样，导致失效点不具备对应性。

参考文献

[1] 唐烈先，唐春安，唐世斌. 混凝土静态破碎的物理试验与数值试验[J]. 混凝土，2005，27(8)：3 - 5.

[2] 夏红春，李永松，周国庆. 砂 - 结构接触面直接剪切的物理试验与数值模拟[J]. 中国矿业大学学报，2015，44(5)：808 - 816.

第 9 章 隔离层下非同步放矿陀螺体现象再现规律

隔离层下单漏斗数值试验,大量放矿全过程放出体呈"椭球体-陀螺体"现象。仅从大量放矿后期来说,因隔离层受到横向摩擦作用,放出体呈现为"陀螺体"现象;但这种陀螺体现象在全漏斗数值试验全过程均未很明显地出现。

为了完整阐述放出体的"椭球体-陀螺体"理论知识体系,强化对隔离层下放出体出现"陀螺体"现象的认识,本章借助于数值试验手段,借鉴传统立面放矿的概念[1-3],详细阐述隔离层下非同步放矿陀螺体现象再现的基本规律。

9.1 数值试验方案

数值试验模型总共有 7 个漏斗,为去除边壁漏斗的影响,并考虑模型的对称性,在非同步放矿试验条件下,选取 2、6 号组合与 3、5 号组合的两组放矿组合方案。

每组试验方案进行三种不同工况下的数值试验;第一种采用两漏斗无优先顺序放矿;第二种采用其中某个漏斗优先放出 320 个矿石颗粒;第三种采用其中某个漏斗优先放出 640 个矿石颗粒,然后再实施同步放矿。数值试验中,优先放矿量间距按实际矿山两节 1.2 m³ 矿车的装载量计算得出。

制定的具体试验方案工况如表 9-1 所示,各工况细观力学参数参照单漏斗数值试验选取。

表 9-1 试验方案工况

试验方案	漏斗组合	优先顺序
工况 I	2 号、6 号	无优先顺序
工况 II	3 号、5 号	无优先顺序
工况 III	2 号、6 号	2 号优先放矿(超前 320 个矿石颗粒)
工况 IV	3 号、5 号	3 号优先放矿(超前 320 个矿石颗粒)
工况 V	2 号、6 号	2 号优先放矿(超前 640 个矿石颗粒)
工况 VI	3 号、5 号	3 号优先放矿(超前 640 个矿石颗粒)

9.2 各工况数值试验现象

非同步放矿数值试验中，漏斗的打开方式区别于单漏斗及全漏斗打开方式，其打开方式为非单一而有控制的打开，因而散体颗粒是在漏斗有序控制的条件下被放出的，散体颗粒逐渐放出连带使隔离层逐渐下降。在每放出一定矿石量后，利用颗粒信息循环函数记录放出标识颗粒编号及用 Save 命令保存各工况条件下模型的平面信息。

非同步放矿数值试验中矿石颗粒流动规律，如图 9 - 1 ~ 图 9 - 6 所示。

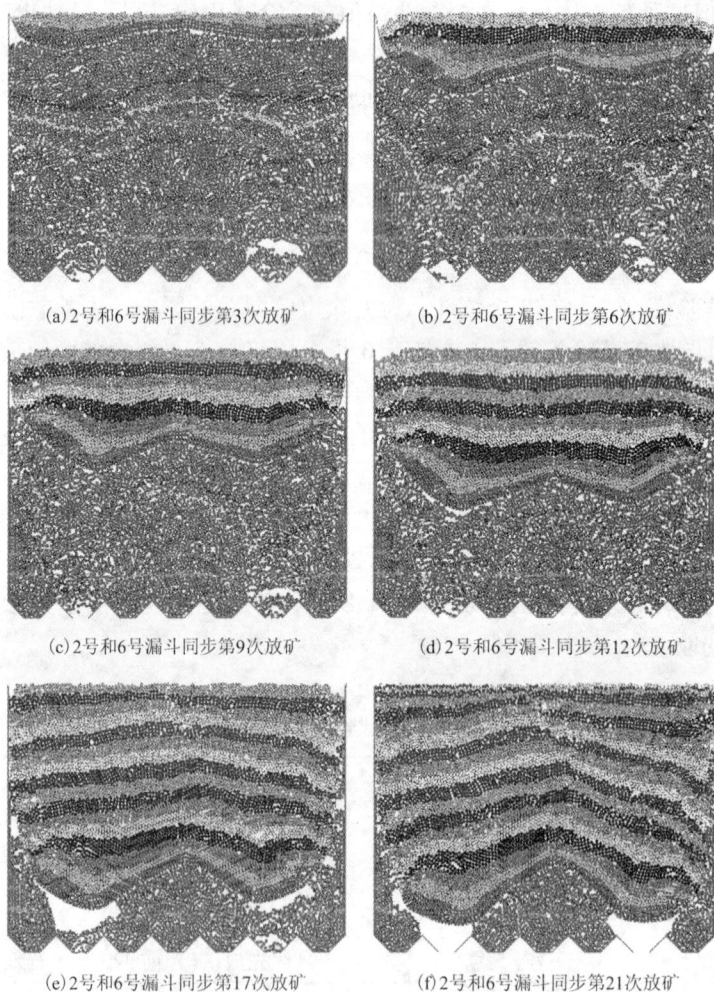

(a) 2号和6号漏斗同步第3次放矿

(b) 2号和6号漏斗同步第6次放矿

(c) 2号和6号漏斗同步第9次放矿

(d) 2号和6号漏斗同步第12次放矿

(e) 2号和6号漏斗同步第17次放矿

(f) 2号和6号漏斗同步第21次放矿

图 9 - 1 工况 I 试验现象

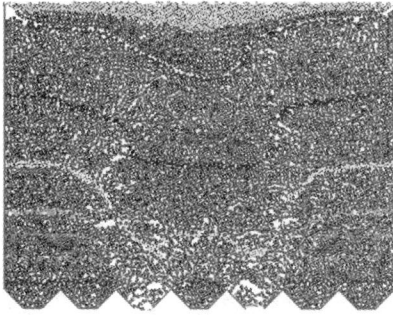

(a) 3号和5号漏斗同步第3次放矿

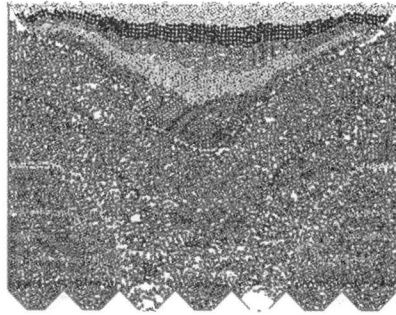

(b) 3号和5号漏斗同步第6次放矿

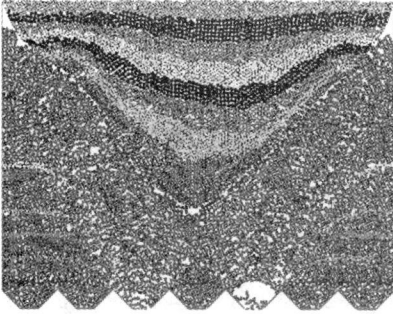

(c) 3号和5号漏斗同步第9次放矿

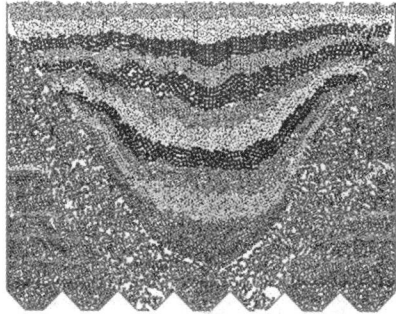

(d) 3号和5号漏斗同步第12次放矿

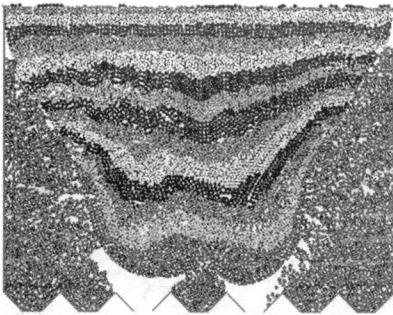

(e) 3号和5号漏斗同步第16次放矿

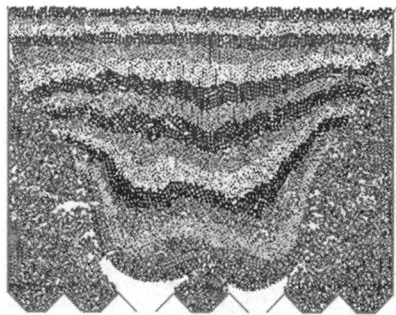

(f) 3号和5号漏斗同步第20次放矿

图 9-2　工况 II 试验现象

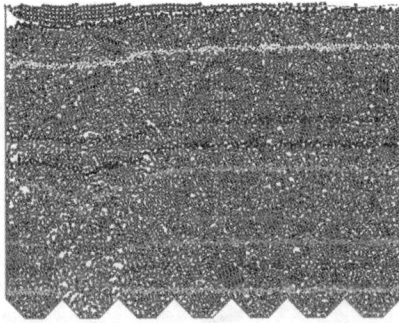

(a) 2号漏斗优先放矿结束

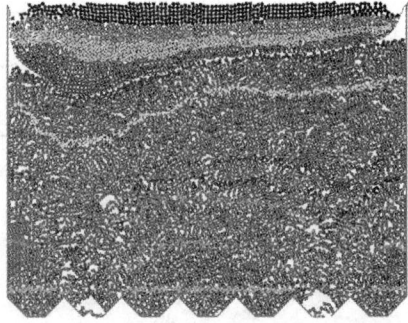

(b) 2号和6号漏斗同步第4次放矿

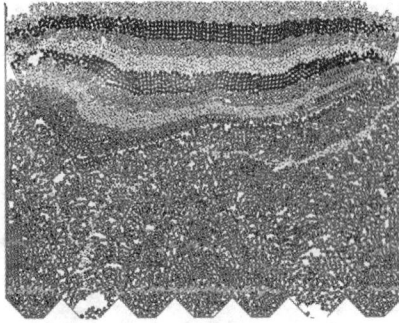

(c) 2号和6号漏斗同步第8次放矿

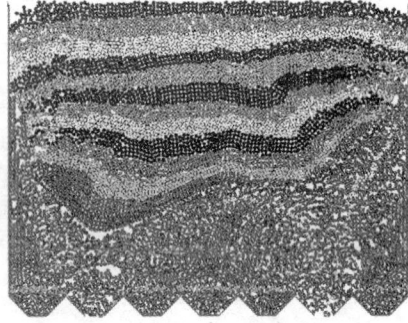

(d) 2号和6号漏斗同步第12次放矿

(e) 2号和6号漏斗同步第16次放矿

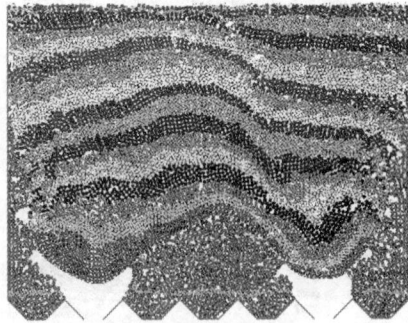

(f) 2号和6号漏斗同步第20次放矿

图 9 – 3　工况Ⅲ试验现象

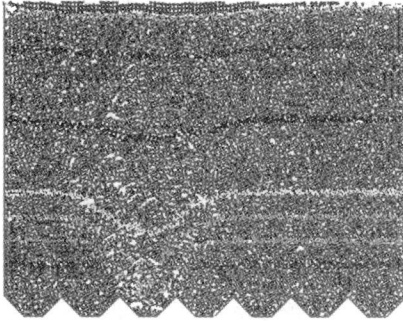

(a) 3 号优先放矿结束

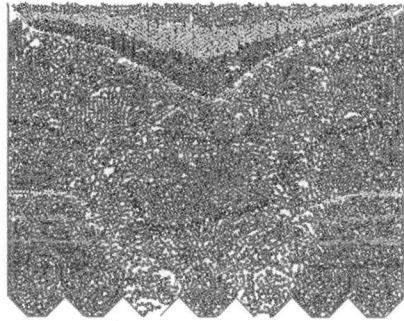

(b) 3 号和 5 号漏斗同步第 3 次放矿

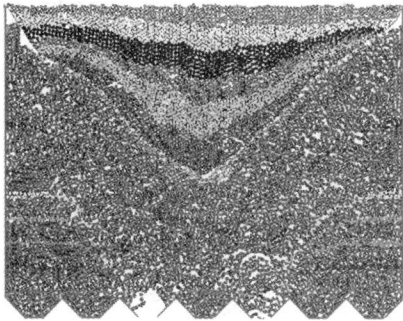

(c) 3 号和 5 号漏斗同步第 6 次放矿

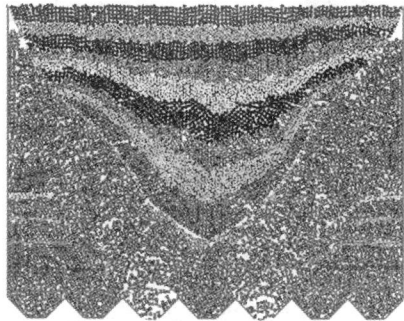

(d) 3 号和 5 号漏斗同步第 9 次放矿

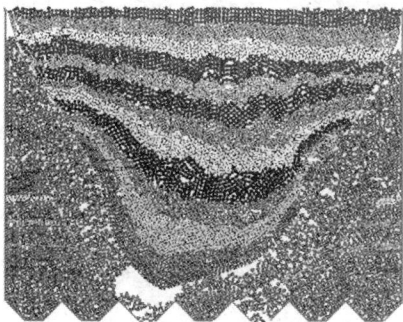

(e) 3 号和 5 号漏斗同步第 12 次放矿

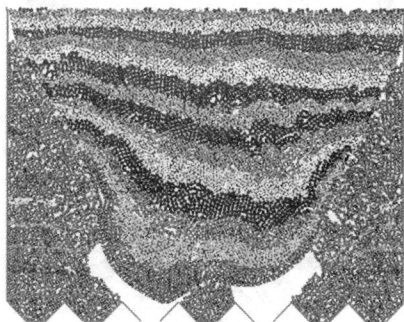

(f) 3 号和 5 号漏斗同步第 16 次放矿

图 9-4　工况 IV 试验现象

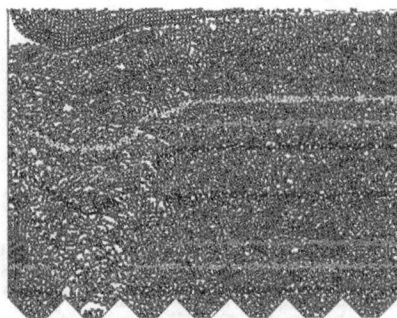

(a) 2号漏斗优先放矿结束

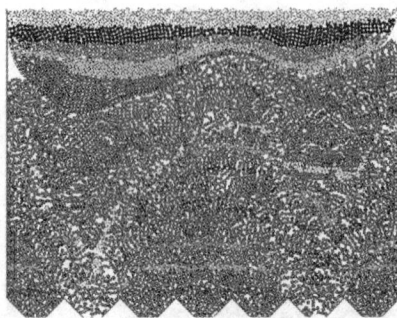

(b) 2号和6号漏斗同步第4次放矿

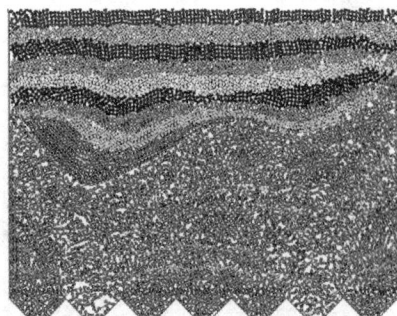

(c) 2号和6号漏斗同步第8次放矿

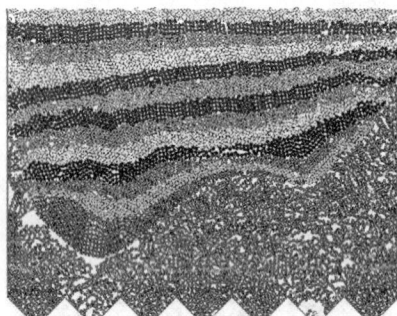

(d) 2号和6号漏斗同步第12次放矿

(e) 2号和6号漏斗同步第16次放矿

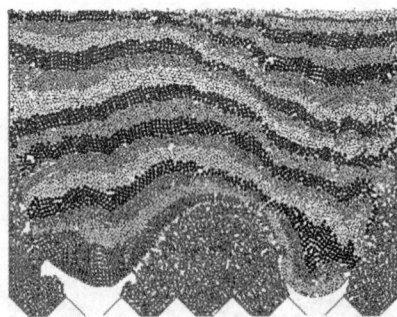

(f) 2号和6号漏斗同步第19次放矿

图 9 - 5　工况 V 试验现象

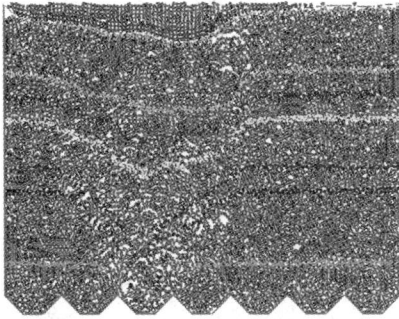

(a)3号漏斗优先放矿结束　　　　　　　(b)3号和5号漏斗同步第3次放矿

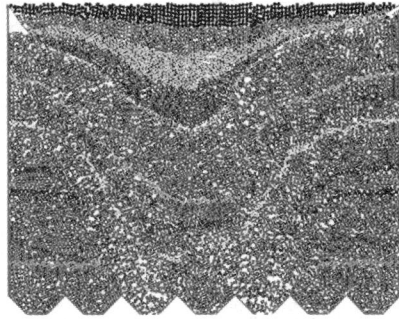

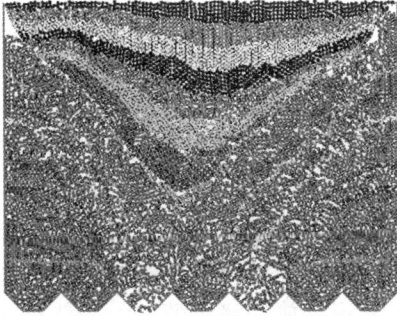

(c)3号和5号漏斗同步第6次放矿　　　　　(d)3号和5号漏斗同步第9次放矿

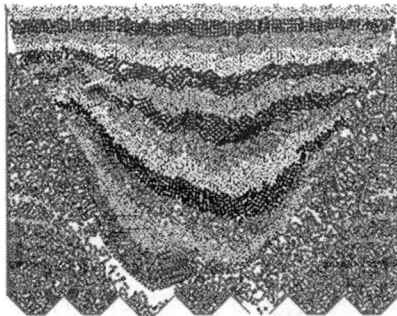

(e)3号和5号漏斗同步第12次放矿　　　　　(f)3号和5号漏斗同步第16次放矿

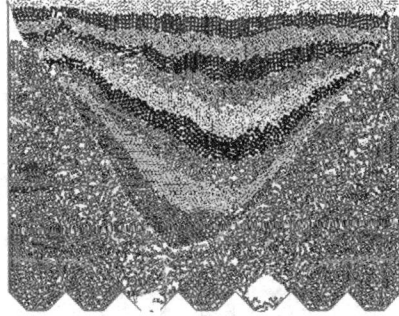

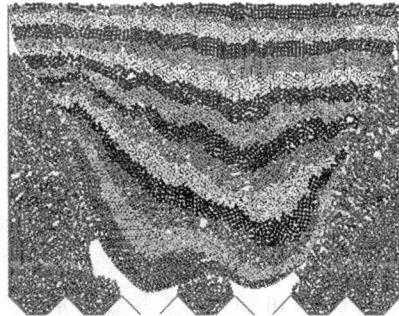

图9-6　工况VI试验现象

(1)工况 I

由图 9-1 可知，在 2、6 号漏斗同时打开的条件下，隔离层呈左右对称，以 W 形下移，试验终了不与底部漏斗结构接触，而是依然悬浮于未放出矿石面上。隔离层及各层标识颗粒最低点位置在 2、6 号母线处，阐释了母线处矿石颗粒速度最大的事实。结合标识颗粒层的运动特征，颗粒运动区域范围主要在 2、6 号漏斗上方，靠近中部漏斗下方存在一个脊形的不流动域，形成了试验终了时期的脊部残留。

(2)工况 II

由图 9-2 可知，在 3、5 号漏斗同时打开的条件下，下降过程中隔离层以 4 号漏斗为母线呈左右对称，在试验前期呈高斯曲线形态下降，下降至 20 cm 后，因 4 号漏斗上部部分未放出矿石的阻碍作用，使隔离层形态向 W 形转化，且在试验终了不与底部漏斗结构接触，而是悬浮于未放出矿石面上。在整个下降过程中，标识颗粒层在空间上的演化形态主要存在三种模式，上部标识颗粒层呈高斯曲线，中部标识颗粒层存在一个 48 cm 的水平直线，形态可用碗形表征，下部标识颗粒层因底部弧形的存在而致使标识颗粒呈 W 形。

(3)工况 III

由图 9-3 可知，在 2 号漏斗先放出 320 个矿石颗粒、6 号漏斗后打开的条件下，下降中的隔离层明显偏向于 2 号漏斗，在放矿剖面整体上呈斜 W 形，试验终了不与底部漏斗结构接触。相类似的是标识颗粒层也具有明显的偏斜性，在各自漏斗区域以漏斗型下降，整体界面上呈斜 W 形。放矿终了残留量主要存在于边壁漏斗及中部漏斗位置，中部残留以脊形存在。

(4)工况 IV

由图 9-4 可知，在 3 号漏斗先放出 320 个矿石颗粒、5 号漏斗后打开的条件下，下降初期隔离层没有明显偏向于 3 号漏斗的现象，而是以高斯曲线呈现，只是在下降后期才表现出明显偏向于 3 号漏斗的现象，终了时以斜 W 形悬浮于未放出矿石颗粒上。标识颗粒层明显偏向 3 号漏斗，以斜 W 形呈现。放矿终了，4 号漏斗上部存在部分脊部残留，致使隔离层不与漏斗底部结构接触。

(5)工况 V

由图 9-5 可知，在 2 号漏斗先放出 640 个矿石颗粒、6 号漏斗后打开的条件下，下降中的隔离层明显偏向于 2 号漏斗，在放矿剖面整体上呈斜 W 形，试验终了不与底部漏斗结构接触。相类似的是标识颗粒层也具有明显的偏斜性，在各自漏斗区域呈漏斗形下降，整体界面上呈斜 W 形。放矿终了残留量主要存在于边壁漏斗及中部漏斗位置，中部残留以脊形存在。

(6)工况 VI

由图 9-6 可知，在 3 号漏斗先放出 640 个矿石颗粒、5 号漏斗后打开的条件下，下降初期，隔离层虽然以高斯曲线呈现，但还是表现出明显偏向于 3 号漏斗的现象；放矿后期，因 4 号漏斗脊部残留的存在，隔离层形态发生变化，向斜 W 形转化，终了时以斜 W 形悬浮于未放出矿石颗粒上。标识颗粒层明显偏向 3 号漏斗，以斜 W 形呈现。

综合图 9 - 1 ~ 图 9 - 6 可知，在 2 号、6 号组合方案放矿条件下，隔离层呈现的形态为 W 形；在 3 号、5 号组合方案放矿条件下，隔离层演化形态以高斯曲线为主，放矿后期存在局部区域的 W 形；在放矿优先顺序上，无优先顺序放矿试验隔离层结果呈现较强的对称性，有优先顺序的试验隔离层均出现不同程度的偏斜，偏斜程度随放矿量的增加而增加。中部脊部残留矿石堆偏斜方向与隔离层偏斜方向相反，2 号、6 号组合方案放矿残留堆明显大于 3 号、5 号组合方案放矿残留堆。

9.3　各工况隔离层界面演化规律

隔离层界面演化规律是建立在矿石面产生移动后并在上覆充填废石重力和自身拉力的共同作用下，隔离层与矿石面存在接触或脱离的一种客观规律。在实施非同步放矿数值试验过程中，每循环计算一次记录并保存隔离层界面下降深度 h 截面数据。

各工况隔离层演化规律如图 9 - 7 ~ 图 9 - 12 所示。

（1）工况 I

由图 9 - 7 可知，在 2、6 号漏斗同时打开后，随着模型中矿石颗粒的不断放出，隔离层在回填废石颗粒载荷力与矿石颗粒流动场的共同作用下，逐渐弯曲变

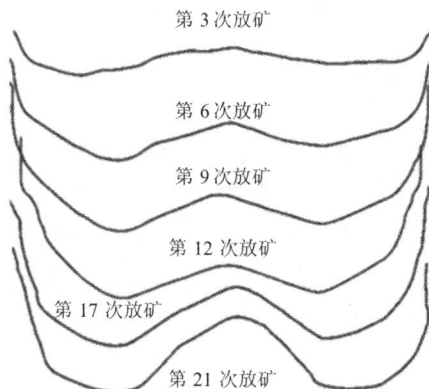

第 3 次放矿

第 6 次放矿

第 9 次放矿

第 12 次放矿

第 17 次放矿

第 21 次放矿

图 9 - 7　工况 I 隔离层演化规律

形且随颗粒放出而逐渐下降；在模型剖面上，隔离层在整体界面上呈左右对称，以 W 形下移。

试验初期，隔离层界面起伏幅度较小，W 形较平缓；试验后期，隔离层起伏幅度较大，W 形较为显著；终了放矿时，隔离层不与底部漏斗结构接触，而是依然悬浮于未放出矿石面上。

(2)工况Ⅱ

由图 9-8 可知，在 3、5 号漏斗同时打开的条件下，随着模型中矿石颗粒的不断放出，隔离层在回填废石颗粒载荷力与矿石颗粒流动场的共同作用下，逐渐弯曲变形且随颗粒放出而逐渐下降；下降过程中的隔离层以 4 号漏斗母线为中线呈左右对称。

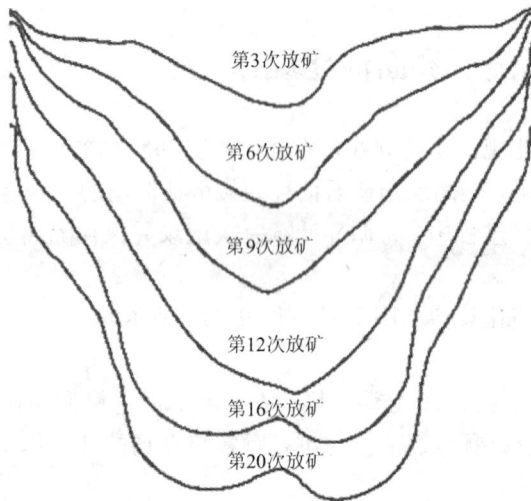

图 9-8　工况Ⅱ隔离层演化规律

试验前期，因放矿漏斗距离较近，模型速度场向模型中部集中，在 4 号漏斗流速最大，使下降中的隔离层呈高斯曲线形态下降；当隔离层最低点下降至 20 cm 后，因 4 号漏斗上部部分未放出矿石的阻碍作用，底部隔离层运动受阻，隔离层形态逐渐向 W 形转化；放矿终了，隔离层悬浮于未放出矿石面上，不与底部漏斗结构接触。

(3)工况Ⅲ

由图 9-9 可知，在 2 号漏斗先放出 320 个矿石颗粒、6 号漏斗后打开的条件下，随着模型中矿石颗粒的不断放出，隔离层在回填废石颗粒载荷力与矿石颗粒流动场的共同作用下，逐渐弯曲变形且随颗粒放出而逐渐下降。因 2 号漏斗先实行了放矿,使模型内颗粒流动场向 2 号漏斗偏斜,进而使整个放矿过程中的隔离层明显偏向于 2 号漏斗。

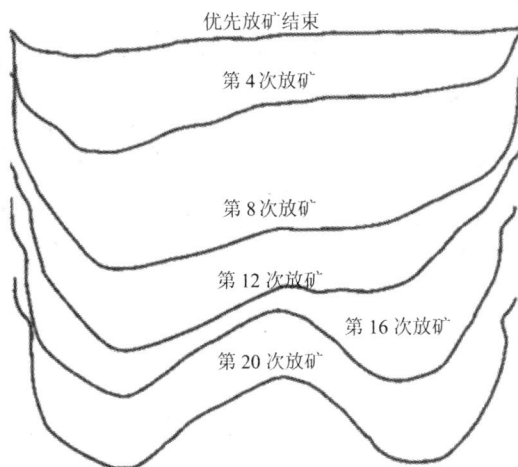

图 9 - 9　工况Ⅲ隔离层演化规律

试验前期,隔离层形态以勾形曲线呈现;在同步放矿次数达到第 8 次之后,因模型中下部速度场的重新分布,在层位速度较大波幅的作用下,隔离层逐渐向斜 W 形转化;放矿终了,隔离层以斜 W 形悬浮于未放出矿石面上,不与底部漏斗结构接触。

(4)工况Ⅳ

由图 9 - 10 可知,在 3 号漏斗先放出 320 个矿石颗粒、5 号漏斗后打开的条件下,随着模型中矿石颗粒的不断放出,隔离层在回填废石颗粒载荷力与矿石颗粒流动场的共同作用下,逐渐弯曲变形且随颗粒放出而逐渐下降。

因实施优先放出颗粒较少,隔离层在优先放矿结束后,隔离层基本保持为直线水平状态;随后在同步放矿过程中,隔离层也没有明显偏向于 3 号漏斗的现象,而是呈高斯曲线下降,并以 4 号漏斗母线为中线呈左右对称关系;在同步放矿次数达到 9 次之后,隔离层开始向 3 号漏斗偏斜;当隔离层底部接触到 4 号漏斗脊部残留堆之后,底部隔离层向模型内部凹陷,隔离层形态向斜 W 形转化;放矿终了时,隔离层以斜 W 形悬浮于未放出矿石面上,不与底部漏斗结构接触。

(5)工况Ⅴ

由图 9 - 11 可知,在 2 号漏斗先放出 640 个矿石颗粒、6 号漏斗后打开的条件下,随着模型中矿石颗粒的不断放出,隔离层在回填废石颗粒载荷力与矿石颗粒流动场的共同作用下,逐渐弯曲变形且随颗粒放出而逐渐下降。

优先放矿结束

第3次放矿

第6次放矿

第9次放矿

第12次放矿

第16次放矿

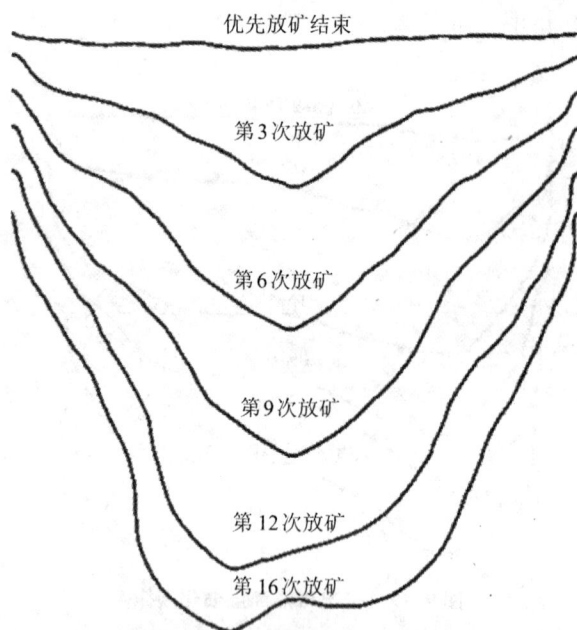

图9-10 工况Ⅳ隔离层演化规律

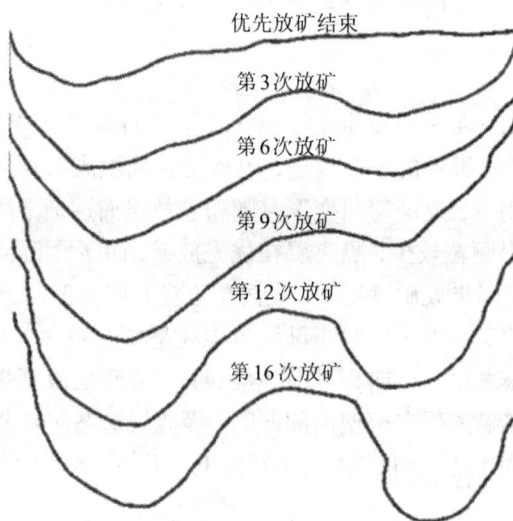

优先放矿结束

第3次放矿

第6次放矿

第9次放矿

第12次放矿

第16次放矿

图9-11 工况Ⅴ隔离层演化规律

　　因 2 号漏斗先实行了放矿,使模型内颗粒流动场明显偏向 2 号漏斗,致使整个下降过程中隔离层明显偏向 2 号漏斗;在优先放矿结束后,只有 2 号漏斗上部部位隔离层产生下降,隔离层以勾形曲线呈现;在实施同步放矿后,在 6 号漏斗流动场的作用下,隔离层曲线形态发生变化,在放矿剖面上呈斜 W 形;放矿终了,隔离层以斜 W 形悬浮于未放出矿石面上,不与底部漏斗结构接触。

　　(6)工况Ⅵ。

　　由图 9 - 12 可知,在 3 号漏斗先放出 640 个矿石颗粒、5 号漏斗后打开的条件下,随着模型中矿石颗粒的不断放出,隔离层在回填废石颗粒载荷力与矿石颗粒流动场的共同作用下,逐渐弯曲变形且随颗粒放出而逐渐下降。

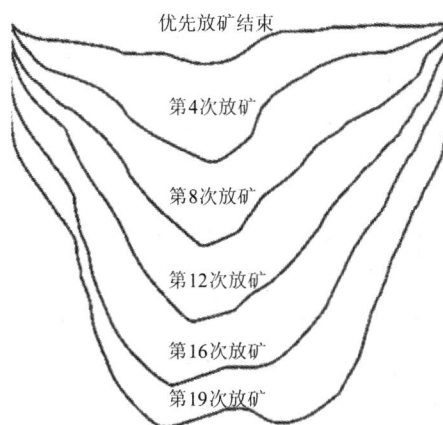

图 9 - 12　工况Ⅵ隔离层演化规律

　　因优先放矿量较大,在优先放矿结束后隔离层形态便发生明显的偏斜现象,并以高斯曲线形态呈现;在实施同步放矿后,隔离层仍继续表现为明显的偏向 3 号漏斗的现象,但隔离层的高斯曲线形态并不改变;在隔离层最低点下降至 16 cm 后,因 4 号漏斗脊部残留的存在,底部隔离层逐渐向模型内部凹陷,在放矿剖面上呈斜 W 形;放矿终了,隔离层以斜 W 形悬浮于未放出矿石面上,不与底部漏斗结构接触。

　　综合图 9 - 7 ~ 图 9 - 12 可知,不论在何种漏斗组合方式下,隔离层整体上的形态与优先放矿量无关,在 2 号、6 号组合方案放矿条件下,隔离层形态是发生 W 形变形,变形的主要方式是偏斜。在 3 号、5 号组合方案放矿条件下,隔离层是发生高斯曲线变形,变形的主要方式为偏斜和底部隔离层的内部凹陷。在优先顺序组合放矿方式上,随着放矿优先量的增加,隔离层的偏斜变形越严重,对称性越不明显,在无优先顺序组合放矿方式上,下降中隔离层形态完全呈左右对称结构；在优先放矿为 320 个颗粒的放矿方案上，在放矿前期，隔离层形态还具备以 4 号漏斗为母线对称的性质，但下降到一定深度后，隔离层形态对称性消失，向优先放矿漏斗倾斜；在优先放矿为 640 个颗粒的放矿方案上，在优先放矿结束后，隔离层便向优先放矿漏斗倾斜，因优先放矿量较大，整个放矿过程中，隔离层始终不具备对称性。

9.4 各工况空腔演化规律

结合图 9-1~图 9-6 可知，在各工况条件下，隔离层底部或大或小地出现不同程度的空腔，根据隔离层底部空腔演化从微观至宏观这一特征可知，2、6 号漏斗组合方案放矿条件下的空腔存在两个，而 3、5 号漏斗组合方案放矿条件下的空腔在隔离层底部未接触脊部残留堆之前只有唯一的一个，在接触脊部残留堆之后，空腔个数演变为两个。各工况空腔只有在放矿后期才表现出明显的宏观特性。

9.5 各工况放出体形态

结合各工况条件下初始平衡状态时每个颗粒的坐标值 (x, y) 和利用 FISH 函数记录的放出颗粒的 ID 号，可得到每个放出颗粒在初始模型的平衡位置，这部分颗粒所形成的区域即为放出体。

对六种不同工况放出体形态进行拟合，即可得到六种不同工况放出体扩展形态如图 9-13 所示。

结合图 9-13 及各工况下的控制放矿方式可知，放出的颗粒主要来自于模型的上层颗粒，在最高层面颗粒未放出前，各工况放出体均是呈椭球体的扩展形态，但当最高层面颗粒被放出后，放出体形态发生了明显变化，放出高度不再增加，部分放出体呈现为陀螺体。在不同优先放矿顺序组合方式上，工况 I、工况 II 放出体向模型中部的偏斜程度一致，表现为时间上的同步协调；工况 III、工况 IV 放出体表现为明显的后放矿漏斗放出体先偏向中部。工况 V、工况 VI 的 2 号、3 号放出体达到模型中部才出现偏斜，5 号放出体在模型底部出现偏斜现象，而 6 号放出体因放矿漏斗间距较大在模型中部出现偏斜现象。在不同漏斗组合方式上，明显可见 2 号、6 号漏斗组合方式的放出体在模型中部才出现倾斜，放矿始终 2 号、6 号放出体不存在接触，并受边壁墙阻力限制，放出体轮廓的左右边界基本为一直线，陀螺体现象不明显；3 号、5 号漏斗组合的放出体在模型底部就出现倾斜，并在整个放矿过程中，放出体彼此之间都互相接触。

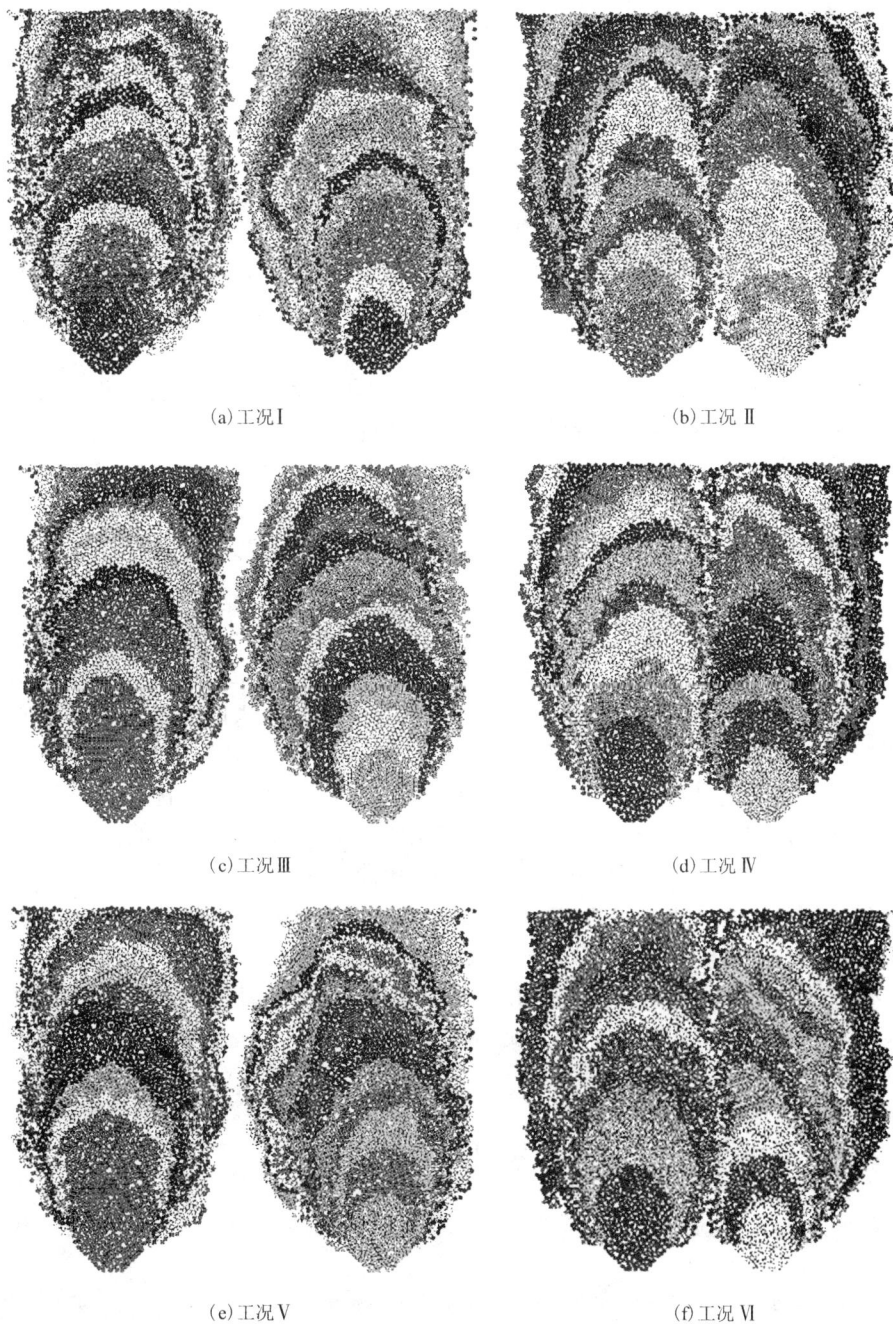

(a) 工况 I

(b) 工况 II

(c) 工况 III

(d) 工况 IV

(e) 工况 V

(f) 工况 VI

图 9 - 13　各工况放出体形态

9.6　各工况椭球体－陀螺体现象综合比较

单漏斗放矿试验后期，陀螺体出现的本质是上层矿石颗粒因隔离层的横向摩擦作用，致使矿石颗粒被提前放出。

结合如图 9－13 所示的试验结果，试验后期，各工况放出体都具备一定的陀螺体性能，陀螺体性能明显程度依次顺序为工况Ⅵ、工况Ⅳ、工况Ⅱ、工况Ⅴ、工况Ⅲ及工况Ⅰ。其中以工况Ⅵ放出体的陀螺体现象最明显，工况Ⅰ放出体的陀螺体现象最不明显。这说明了 3、5 号漏斗组合方式隔离层产生的横向摩擦效应大，较易形成后期陀螺体。

结合漏斗不同组合方式下的试验结果，可知在 3、5 号漏斗组合方式下隔离层下降区域主要在模型中部，呈高斯曲线下降；而在 2、6 号漏斗组合方式下隔离层下降区域基本覆盖整个模型，以 W 形下降，隔离层的平整度更好，横向摩擦效应更小，弱化了陀螺体出现的前提条件。

再比较组内的放出体形态，可知工况Ⅴ放出体的陀螺体现象更优于工况Ⅲ及工况Ⅰ，工况Ⅲ放出体陀螺体现象优于工况Ⅰ；工况Ⅵ放出体的椭球体现象更优于工况Ⅳ及工况Ⅱ。虽然工况Ⅱ左侧放出体的陀螺体现象比工况Ⅳ放出体的陀螺体现象更明显，但工况Ⅳ右侧放出体比工况Ⅱ右侧放出体更具备向椭球体转化的趋势；且由图 9－4(d)可知在 3 号漏斗的左侧存在一个较大的因拱形挤压未放出的颗粒群，而这部分颗粒 ID 号正是工况Ⅳ放出体左侧顶部缺失的颗粒。在不考虑模型计算误差的情况下，可认为工况Ⅳ放出体的陀螺体现象更优于工况Ⅱ。

比较组内隔离层演化规律，明显可知无优先顺序放矿条件下的隔离层更平整，横向摩擦效应更小，是弱化陀螺体出现的前提条件。

综上所述，椭球体向陀螺体转化的必要条件为放矿过程中产生明显的隔离层横向摩擦效应，放矿控制越不均匀，陀螺体呈现越明显。

在工程实践中，应尽量均衡放矿，从而控制柔性隔离层下放矿出现陀螺体，以尽量减少隔离层内部横向拉力、保持隔离层平整，防止隔离层拉断，提高矿石回收率，控制矿石的贫化损失。

参考文献

[1] 孙浩, 金爱兵, 高永涛, 等. 多放矿口条件下崩落矿岩流动特性[J]. 工程科学学报, 2015, 37(10): 1251 - 1259.

[2] 王培涛, 杨天鸿, 柳小波. 无底柱分段崩落法放矿规律 PFC^{2D} 模拟仿真[J]. 金属矿山, 2010, 39(8): 123 - 127.

[3] 朱卫东, 苏太和. 有底柱阶段崩落法底部结构及放矿制度优化[J]. 中国矿业, 1999, 8(3): 39 - 42.

第 10 章　隔离层下散体介质
流动规律影响因素的敏感性

　　一个因素的变动往往伴随着其他因素的变动，多因素敏感性分析因其能反映几个因素同时变动对项目系统产生的综合影响，能弥补单因素分析的局限性，能更加全面地解释事物的本质[1]。

　　正交试验是一种能科学地安排分析多因素实验的方法，是当前多因素敏感性分析的主要试验方法[2]。

　　正交试验中分析因素和水平对指标值的影响时，常用的分析方法有直观分析法、方差分析法和效应分析法，但这三种分析方法对多指标正交试验结果的分析有一定的困难，并且计算量大。而利用矩阵分析法对多指标正交试验设计进行优化时，不仅能解决多指标正交试验方法中存在的计算工作量大，而且还可以解决权重的确定不够合理等问题[3]。

10.1　单漏斗隔离层下散体矿石流动规律影响因素的敏感性

10.1.1　单漏斗隔离层数值试验影响因素

　　单漏斗隔离层数值试验中矿岩流动规律的影响因素很多，主要为散体矿石颗粒的物理力学性质参数（如：松散系数、内聚力、内摩擦角等）、隔离层材料的力学性能参数（含抗弯曲性能参数、界面力学性能参数）以及散体颗粒的形状与粒径、放矿口尺寸及间距等参数[4-6]。

10.1.2　单漏斗隔离层正交数值试验方案

　　根据大量放矿同步充填无顶柱留矿采矿方法工艺特征，正交试验主要考虑的影响因素有隔离层厚度 A、隔离层界面摩擦系数 B、矿岩颗粒摩擦系数 C、矿岩颗粒半径 D。

　　针对上述四种影响因素，基于正交试验设计原理设计四因素三水平正交试验，各因素及相对应水平设置见表 10-1。组成的正交设计表 $L(3^4)$，如表 10-2 所示。

表 10 - 1   单漏斗隔离层数值试验各因素及相应水平表

水平	隔离层厚度 A/m	隔离层界面摩擦系数 B	矿岩颗粒摩擦系数 C	矿岩颗粒半径 D/m
1	0.003	0.2	0.2	0.006
2	0.004	0.5	0.5	0.007
3	0.005	0.8	0.8	0.008

表 10 - 2   四因素三水平正交表

序号	隔离层厚度 A/m	隔离层界面摩擦系数 B	矿岩颗粒摩擦系数 C	矿岩颗粒半径 D/m
1	0.003	0.2	0.2	0.006
2	0.003	0.5	0.5	0.007
3	0.003	0.8	0.8	0.008
4	0.004	0.2	0.5	0.008
5	0.004	0.5	0.8	0.006
6	0.004	0.8	0.2	0.007
7	0.005	0.2	0.8	0.007
8	0.005	0.5	0.2	0.008
9	0.005	0.8	0.5	0.006

10.1.3   单漏斗隔离层正交数值试验结果

对定性化的矿岩流动特性行为用定量化的指标量化,可定量阐述各因素对矿岩流动特性的影响规律。

(1)评价指标的选取

根据传统放矿理论可知:在某一放出高度下,放出量 Q 越大,表明放矿效果越好;放出量 Q 越小,表明放出效果越差[7]。因此对于单漏斗隔离层数值试验,选取第一个指标参数为放出量 Q,并将传统放矿中的"某一放出高度"前提条件修改为"隔离层下降某一深度",记为 H。隔离层在下降过程中跨度越大,能被放出的矿石量越多,放矿效果越好;跨度越小,能被放出的矿石量越少,放矿效果越差。为量化下降过程中隔离层跨度,采用隔离层下降至深度值一半处的跨度长表示,如图 10 - 1 所示,为下文表述方便,简称为隔离层半宽。因此选取的第二个指标参数为隔离层半宽,记为 W。在隔离层下降至某一深度 H 时,单次放出量 Q 和隔离层半宽 W 两项指标都能较好的反应矿岩流动特性的好坏。

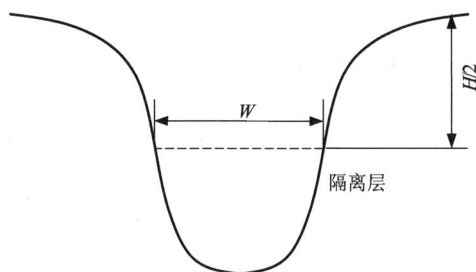

图 10 - 1　隔离层下降深度值一半处的跨度 W 示意图

读取隔离层下降深度分别为 20 cm、40 cm、60 cm、80 cm、100 cm 处的相应放出量 Q 数据和隔离层半宽 W 值，结果如表 10 - 3 所示。

表 10 - 3　放出量数据 Q 和隔离层半宽值 W 关系

横型	指标	20 cm	40 cm	60 cm	80 cm	100 cm	平均值
1	Q/kg	383.80	731.51	1021.58	1436.10	1787.29	1072.05
	W/cm	60.61	62.72	64.94	69.13	70.65	65.61
2	Q/kg	431.46	789.22	1225.42	1451.28	1694.38	1118.35
	W/cm	56.63	62.04	65.54	68.04	72.96	65.04
3	Q/kg	430.67	734.11	1044.31	1386.03	1733.38	1065.70
	W/cm	41.6	50.52	55.24	58.68	60.22	53.25
4	Q/kg	405.90	718.91	1073.02	1380.40	1722.13	1060.07
	W/cm	54.5	56.02	61.6	64.28	63.61	60.00
5	Q/kg	431.62	712.51	1066.54	1306.26	1622.93	1027.97
	W/cm	47.77	49.55	54.34	62.16	62.72	55.31
6	Q/kg	437.93	538.36	1150.85	1509.47	2012.91	1129.90
	W/cm	65.40	64.72	67.85	71.94	75.13	69.01
7	Q/kg	416.37	683.61	991.37	1365.93	1725.41	1036.54
	W/cm	47.89	52.67	51.59	62.93	65.09	56.03
8	Q/kg	395.77	735.80	1106.80	1523.40	1951.82	1142.72
	W/cm	61.82	65.98	71.56	74.81	77.81	70.40
9	Q/kg	443.02	720.42	1080.16	1503.55	1846.82	1118.80
	W/cm	61.02	62.62	64.27	72.98	70.77	66.33

（2）指标变化规律

将表 10 - 3 中数据，绘制出放出量 Q、隔离层半宽 W 随隔离层下降深度 H 的变化曲线，如图 10 - 2、图 10 - 3 所示。

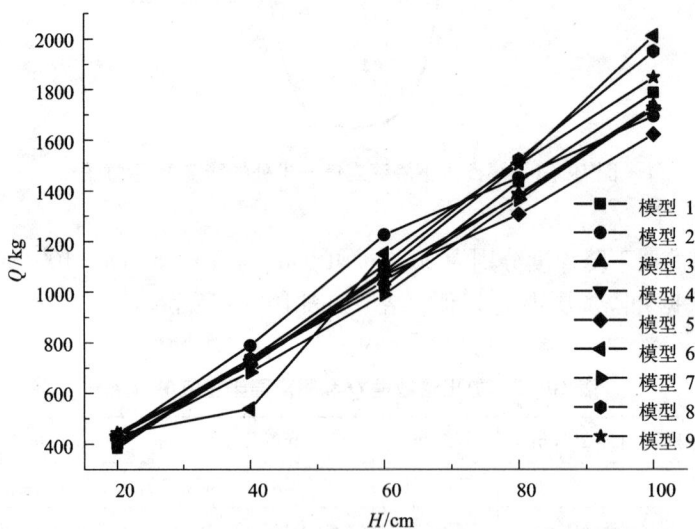

图 10 - 2　放出量 Q 随隔离层下降深度的变化规律

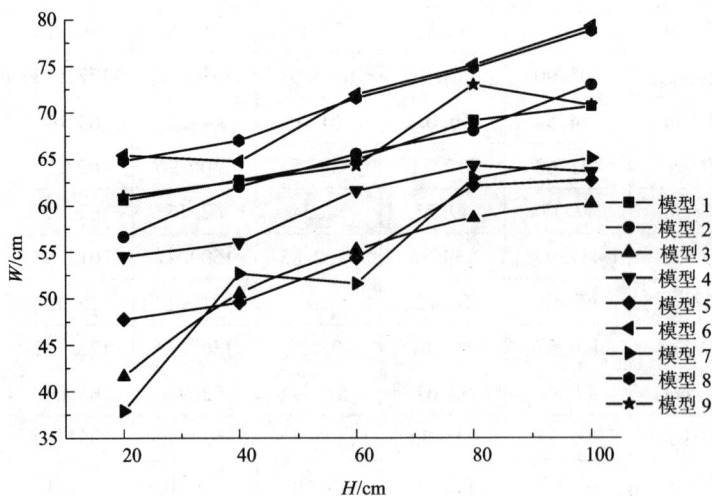

图 10 - 3　隔离层半宽 W 与隔离层下降深度 H 的变化规律

由图 10 - 2 可知，9 组模型放出量 Q 随隔离层下降深度 H 变化均呈正相关，放出总量在 1800 kg 左右。由图 10 - 3 可知，9 组模型隔离层半宽 W 与隔离层下降深度 H 也呈正相关，只有序号为 3、9 模型的最后一次数据为减小的趋势。综合图 10 - 2 和图 10 - 3 可知，各模型间的放出量 Q 与隔离层半宽 W 亦呈正相关关系，即放矿量 Q 小，隔离层半宽 W 相对较小；放矿量 Q 大，隔离层半宽 W 也相对较大。

（3）最优方案与影响因素的主次顺序

统计表 10 - 3 中存在的两个评价指标，为多指标正交试验问题，不能直观地从单一指标体系中获得最优方案，因此采用矩阵分析法[8, 9]对正交试验做优化分析。

① 矩阵分析模型。

矩阵分析模型是一个三层数据结构模型（见表 10 - 4），第一层为试验评价指标层，第二层为因素层，第三层为水平层。针对各个层次的数据，有如下矩阵定义。

表 10 - 4　正交试验的数据结构

第一层	试验考察指标										
第二层	因素 A_1				因素 A_2				$\cdots$	因素 A_l		
第三层	A_{11}	A_{12}	$\cdots$	A_{1m}	A_{21}	A_{22}	$\cdots$	A_{2m}	$\cdots$	A_{l1}	A_{l2}	$\cdots$	A_{lm}

定义 1　试验评价指标层矩阵：若正交试验中有 l 个因素，每个因素有 m 个水平，因素 A_i 第 j 个水平上的试验指标的平均值为 k_{ij}，如果试验结果的评价指标是越大越好，则令 $K_{ij} = k_{ij}$，如果试验结果的评价指标是越小越好，则令 $K_{ij} = 1 / k_{ij}$；建立矩阵如式（10 - 1）所示。

定义 2　因素层矩阵：$T_i = 1 / \sum\limits_{j=1}^{m} K_{ij}$；建立矩阵如式（10 - 2）所示。

定义 3　水平层矩阵：若试验中因素的 A_i 极差为 s_i，则令 $S_i = s_i / \sum\limits_{j=1}^{l} s_i$；建立矩阵如式（10 - 3）所示。

定义 4　影响试验指标值的权矩阵：$U = MTS$；建立矩阵如式（10 - 4）所示。

以上矩阵中 $U_1 = K_{11} T_1 S_1$，$K_{11} T_1$ 为 $K_{11} / \sum\limits_{j=1}^{m} K_{ij}$，是因素 A_1 第一水平的指标值

占因素 A_1 所有水平的指标值总合的比，S_1 为 $s_i / \sum\limits_{i=1}^{l} s_i$，是因素 A_1 的极差占所有因素的极差总和的比，二者乘积的数值不仅能够反映因素 A_1 第一水平对指标值的影响程度，而且也能反映因素 A_1 极差的大小，其他的因素和水平也是如此。通过计算，可得出各因素各水平对试验结果考察指标影响的权重，根据权重能够得出最优方案以及影响因素的主次顺序。

$$
\boldsymbol{M} =
\begin{bmatrix}
K_{11} & 0 & 0 & \cdots & 0 \\
K_{12} & 0 & 0 & \cdots & 0 \\
\vdots & \vdots & \vdots & & \vdots \\
K_{1m} & 0 & 0 & \cdots & 0 \\
0 & K_{21} & 0 & \cdots & 0 \\
0 & K_{22} & 0 & \cdots & 0 \\
\vdots & \vdots & \vdots & & \vdots \\
0 & K_{2m} & 0 & \cdots & 0 \\
\vdots & \vdots & \vdots & & \vdots \\
0 & 0 & 0 & \cdots & K_{l1} \\
0 & 0 & 0 & \cdots & K_{l2} \\
\vdots & \vdots & \vdots & & \vdots \\
0 & 0 & 0 & \cdots & K_{lm}
\end{bmatrix}
\tag{10-1}
$$

$$
\boldsymbol{T} =
\begin{bmatrix}
T_1 & 0 & \cdots & 0 \\
0 & T_2 & \cdots & 0 \\
\cdots & \cdots & \cdots & \cdots \\
0 & 0 & \cdots & T_l
\end{bmatrix}
\tag{10-2}
$$

$$
\boldsymbol{S}^{\mathrm{T}} = S_1 \quad S_2 \quad \cdots \quad S_l
\tag{10-3}
$$

$$
\boldsymbol{U}^{\mathrm{T}} = [\, U_1 \quad U_2 \quad \cdots \quad U_m \,]
\tag{10-4}
$$

②试验结果的矩阵分析。

将表 10-3 中的平均放出量 Q 和平均隔离层半宽 W 作为衡量放矿效果指标，与四种影响因素及其各自水平共同组成正交表，对正交表进行极差分析，处理结果如表 10-5 所示。

表 10 - 5　正交实验处理结果

序号	厚度 A/m	界面摩擦系数 B	颗粒摩擦系数 C	颗粒半径 D/m	放出量 Q/kg	隔离层半宽 W/cm
1	0.003	0.2	0.2	0.006	1075.22	65.61
2	0.003	0.5	0.5	0.007	1118.35	65.04
3	0.003	0.8	0.8	0.008	1065.7	53.25
4	0.004	0.2	0.5	0.008	1060.07	60.00
5	0.004	0.5	0.8	0.006	1027.97	55.31
6	0.004	0.8	0.2	0.007	1129.95	69.01
7	0.005	0.2	0.8	0.007	1036.54	56.03
8	0.005	0.5	0.2	0.008	1142.72	70.40
9	0.005	0.8	0.5	0.006	1118.80	66.33
K_1	1086.42	1057.28	1115.96	1074.00		
K_2	1072.66	1096.35	1099.07	1094.95	放出量 Q	
K_3	1099.35	1104.82	1043.40	1089.50	直观分析	
R	26.69	47.54	72.56	20.95		
优方案	A_3	B_3	C_1	D_2		
K_1	61.30	60.55	68.34	62.42		
K_2	61.44	63.58	63.79	63.36	隔离层半宽	
K_3	64.25	62.86	54.86	61.22	W 直观分析	
R	2.95	3.03	13.47	2.14		
优方案	A_3	B_2	C_1	D_2		

　　由表 10 - 5 可知，对于放出量来说，最优方案是 $A_3B_2C_1D_2$；对于隔离层半宽来说，最优方案是 $A_3B_2C_1D_2$。现利用矩阵分析法，分别计算出影响试验结果的两个指标的权矩阵，以快速得出最优方案。

　　第一个考察的指标为放出量 Q，越大越好，其分析过程为：

$$M_1 = \begin{bmatrix} 1086.42 & 0 & 0 & 0 \\ 1072.66 & 0 & 0 & 0 \\ 1099.35 & 0 & 0 & 0 \\ 0 & 1057.28 & 0 & 0 \\ 0 & 1196.35 & 0 & 0 \\ 0 & 1104.82 & 0 & 0 \\ 0 & 0 & 1115.96 & 0 \\ 0 & 0 & 1099.07 & 0 \\ 0 & 0 & 1043.40 & 0 \\ 0 & 0 & 0 & 1074.00 \\ 0 & 0 & 0 & 1094.95 \\ 0 & 0 & 0 & 1089.50 \end{bmatrix}$$

$$T_1 = \begin{bmatrix} \dfrac{1}{3258.44} & 0 & 0 & 0 \\ 0 & \dfrac{1}{3258.44} & 0 & 0 \\ 0 & 0 & \dfrac{1}{3258.44} & 0 \\ 0 & 0 & 0 & \dfrac{1}{3258.44} \end{bmatrix}$$

$$S_1^{\mathrm{T}} = \begin{bmatrix} \dfrac{26.69}{186.99} & \dfrac{47.54}{186.99} & \dfrac{72.56}{186.99} & \dfrac{20.95}{186.99} \end{bmatrix}$$

$$\boldsymbol{U}^{\mathrm{T}} = \left(\frac{U_1 + U_2}{2}\right)^{\mathrm{T}} = [\,0.0489 \quad 0.0486 \quad 0.0503 \quad 0.0687 \quad 0.0716 \quad 0.0717$$

$0.1880 \quad 0.1793 \quad 0.1608 \quad 0.0372 \quad 0.0378 \quad 0.0371\,] = [\,A_1 \quad A_2 \quad A_3 \quad B_1 \quad B_2$ $B_3 \quad C_1 \quad C_2 \quad C_3 \quad D_1 \quad D_2 \quad D_3\,]$。

第二个考察的指标为隔离层半宽 W，越大越好，其权矩阵计算结果为：

$\boldsymbol{U}_1^{\mathrm{T}} = (M_1 T_1 S_1)^{\mathrm{T}} = [\,0.0146 \quad 0.0143 \quad 0.0144 \quad 0.0647 \quad 0.0701 \quad 0.0666$ $0.2304 \quad 0.2105 \quad 0.1788 \quad 0.0447 \quad 0.0467 \quad 0.0443\,]$。

此正交试验考察指标总权矩阵为两个指标值权矩阵的平均值，计算结果为：

$\boldsymbol{U}^{\mathrm{T}} = \left(\dfrac{U_1 + U_2}{2}\right)^{\mathrm{T}} = [\,0.0489 \quad 0.0486 \quad 0.0503 \quad 0.0687 \quad 0.0716 \quad 0.0717$

$0.1880 \quad 0.1793 \quad 0.1608 \quad 0.0372 \quad 0.0378 \quad 0.0371\,] = [\,A_1 \quad A_2 \quad A_3 \quad B_1 \quad B_2$ $B_3 \quad C_1 \quad C_2 \quad C_3 \quad D_1 \quad D_2 \quad D_3\,]$

图 10-4 为单漏斗放矿条件下各因素总权重分布图。

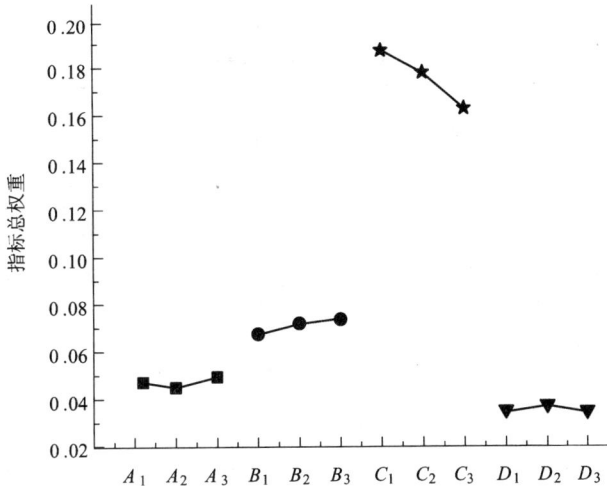

图 10 - 4　单漏斗放矿条件下各因素总权重分布图

由图 10 - 4 及计算结果可知，各个因素对正交试验的指标值影响的主次顺序为 $CBAD$。因素 A 中影响权重最大的是 A_3 水平，因素 B 中是 B_3 水平，因素 C 中是 C_1 水平，因素 D 中是 D_2 水平，因此，正交试验的最优方案为 $A_3B_3C_1D_2$。即厚度为 0.005 m，界面摩擦系数为 0.8，颗粒摩擦系数为 0.2，颗粒半径为 0.007 m，此时放矿效果最好。

10.2　全漏斗隔离层下散体矿石流动规律影响因素的敏感性

10.2.1　全漏斗隔离层数值试验影响因素

影响矿岩流动特性的因素很多，主要包括矿岩的物理力学性质（内摩擦角、内聚力、松散系数等），散体矿岩的粒径、放矿口尺寸及间距等。而隔离层下的散体流动特性影响因素不仅限于此，还包括隔离层自身的力学性能（抗弯曲性能、界面力学性能）。

10.2.2　全漏斗隔离层正交数值试验方案

在考虑大量放矿同步充填无顶柱留矿采矿方法工艺特点的基础上，选取此正交试验主要考虑的影响因素有隔离层厚度 A 及其界面摩擦系数 B、矿岩颗粒摩擦系数 C 及其半径 D、墙体摩擦系数 F。针对上述五种影响因素，基于正交试验设计原理设计五因素三水平正交试验，各因素及相对应水平设置见表 10 - 6，组成的正交设计表(3^5)，如表 10 - 7 所示。

表 10 - 6 因素水平表

水平	厚度 A/m	隔离层界面摩擦系数 B	颗粒摩擦系数 C	矿岩颗粒半径 D/m	墙体摩擦系数 F
1	0.003	0.2	0.2	0.006	0.2
2	0.004	0.5	0.5	0.007	0.5
3	0.005	0.8	0.8	0.008	0.8

表 10 - 7 五因素三水平正交表

试验序号	隔离层厚度 A/m	界面摩擦系数 B	矿岩颗粒摩擦系数 C	颗粒半径 D/m	墙体摩擦系数 F
1	0.003	0.2	0.2	0.006	0.2
2	0.003	0.5	0.5	0.007	0.5
3	0.003	0.8	0.8	0.008	0.8
4	0.004	0.2	0.2	0.007	0.5
5	0.004	0.5	0.5	0.008	0.8
6	0.004	0.8	0.8	0.006	0.2
7	0.005	0.2	0.5	0.006	0.8
8	0.005	0.5	0.8	0.007	0.2
9	0.005	0.8	0.2	0.008	0.5
10	0.003	0.2	0.8	0.008	0.5
11	0.003	0.5	0.2	0.006	0.8
12	0.003	0.8	0.5	0.007	0.2
13	0.004	0.2	0.5	0.008	0.2
14	0.004	0.5	0.8	0.006	0.5
15	0.004	0.8	0.2	0.007	0.8
16	0.005	0.2	0.8	0.007	0.8
17	0.005	0.5	0.2	0.008	0.2
18	0.005	0.8	0.5	0.006	0.5

10.2.3　全漏斗隔离层正交数值试验结果

为研究五种影响因素对隔离层下全漏斗放矿效果的影响，须对定性化的矿岩流动特性行为用定量化的指标量化，从而定量地分析各因素对矿岩流动特性的影响程度。

（1）评价指标的选取

结合隔离层下全漏斗放矿试验特点，选取隔离层起伏角、放出量、放出体交线高度比作为评价指标。

放出量与放出体交线高度比作为新选取的指标，选取原因如下：

全漏斗放矿条件下，各相邻放出体之间产生相互交错，并出现不同程度的缺失。因此传统单漏斗中的放出体高宽比已不能适用于全漏斗放矿条件。为衡量全漏斗条件下的放矿效果，以 4 号放出体作为计算模型，模型如图 10 - 5 所示。在漏斗宽度与漏斗间距确定的条件下，若放出体越宽，放出体高度与放出体交线高度比越小，放矿效果越好。考虑本书数值试验统计放出体高度误差要比放出量大，且放出体高度与放出量存在线性关系，因此用放出量替换放出体高度，选用放出量 Q 与放出体交线高度比 w 衡量放矿效果。

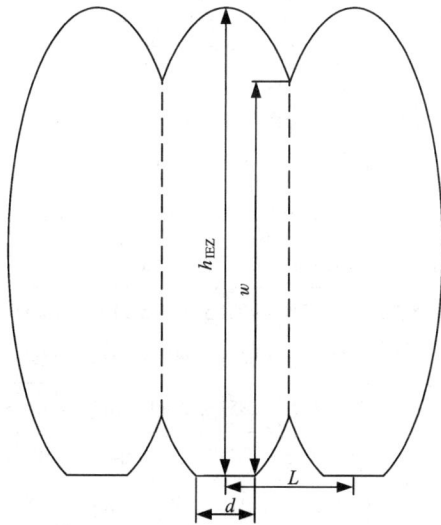

图 10 - 5　放出体交错图

结合所选的评价指标及指标特点，分别读取隔离层下降深度为 10 cm、20 cm、30 cm、40 cm、50 cm、60 cm、70 cm、80 cm、90 cm、100 cm、110 cm、120 cm 时相应的隔离层起伏高度 h、4 号漏斗放出量 Q 及放出体交线高度 w。

经处理，i 与 Q/w 统计结果如表 10 - 8 所示。

表 10 - 8　i 与 Q/w 统计结果表

序号	指标	10 cm	20 cm	30 cm	40 cm	50 cm	60 cm	70 cm	80 cm	90 cm	100 cm	110 cm	120 cm	平均值
1	i	0.0000	0.1432	0.8116	1.2014	1.7343	2.2827	4.0121	4.4316	3.9883	4.8032	5.7421	5.9941	2.9287
	Q/w	6.6897	5.3342	5.6707	5.3754	5.5096	5.4887	5.4613	5.4796	5.6311	5.4902	5.4557	5.5189	5.5921
2	i	0.0000	2.1158	2.9101	3.8617	5.2297	6.9763	7.1565	9.1448	10.4738	9.8261	10.0114	11.3637	6.5892
	Q/w	7.7047	5.6793	5.4303	5.7680	5.5214	5.6752	5.5442	5.4268	5.2930	5.2657	5.5484	5.4519	5.6924
3	i	1.1697	2.1794	1.7582	1.9330	2.7434	2.6163	4.3288	4.3526	4.4633	3.6557	4.3051	2.9180	3.0353
	Q/w	7.0581	6.4563	5.4272	5.3148	5.3958	5.3383	5.3471	5.2440	5.2874	5.2968	5.3595	5.4267	5.5793
4	i	0.0000	1.6945	3.1799	3.4179	4.4475	6.3325	6.1123	6.3325	7.1252	7.7199	7.7199	7.6964	5.1482
	Q/w	8.3038	6.9344	5.7796	5.8637	5.7611	5.5665	5.4204	5.6972	5.4895	5.3600	5.5168	5.5977	5.9409
5	i	0.0000	1.6786	2.2192	3.2910	4.3526	4.8823	6.1595	7.8761	9.0594	8.9352	8.3207	8.7721	5.4622
	Q/w	8.3038	6.9344	5.7796	5.8637	5.7611	5.5665	5.4204	5.6972	5.4895	5.3600	5.5168	5.5977	5.9409
6	i	0.0000	0.0398	0.3581	0.2944	0.5650	0.9628	1.4798	2.3781	2.5528	2.4257	2.7116	2.3145	1.3402
	Q/w	7.3626	5.7519	5.7067	5.6519	5.6827	5.5252	5.5948	5.5557	5.6743	5.5582	5.6079	5.7037	5.7813
7	i	1.0503	1.8774	2.7275	2.5449	2.7910	4.1626	4.7242	5.3796	6.4504	6.3482	6.6860	7.6183	4.3634
	Q/w	7.6792	5.6308	5.5059	5.5262	5.7155	5.6251	5.3218	5.5009	5.4803	5.3435	5.4233	5.3479	5.6750
8	i	0.0000	1.0822	0.2785	0.6048	0.6366	1.1299	0.9230	0.4854	1.9171	0.6446	1.9569	1.7423	0.9501
	Q/w	7.5969	6.2338	5.4444	5.8552	5.4979	5.4635	5.3556	5.5077	5.4678	5.5270	5.4382	5.5043	5.7410
9	i	0.0000	1.2810	1.3128	2.3145	1.9887	2.7037	2.6005	4.5898	4.2576	3.9647	5.8131	6.2696	3.0913
	Q/w	7.8112	5.9438	5.8815	5.6996	5.2529	5.4034	5.3720	5.2105	5.1623	5.1872	5.3124	5.2237	5.6217
10	i	0.0000	1.5594	1.4321	2.3224	2.5925	2.8625	2.7831	4.0439	4.2734	4.0122	5.7580	6.2224	3.1552
	Q/w	8.6557	6.5798	5.6369	5.4212	5.4491	5.5857	5.3840	5.4077	5.4606	5.6210	5.4999	5.4088	5.8425
11	i	0.9469	2.2907	3.1402	3.8855	3.9805	4.6373	5.2613	6.0493	6.2381	6.8429	7.0468	8.3752	4.8912
	Q/w	6.7688	5.3275	5.2955	5.5773	5.5946	5.3118	5.4358	5.3018	5.5128	5.6416	5.4496	5.5535	5.5642
12	i	0.0000	0.0080	0.0239	1.0424	0.4297	1.2572	0.1512	0.8514	2.2192	3.4337	3.3385	3.2434	1.3332
	Q/h	7.5430	6.4757	5.5237	5.8925	5.8465	5.5602	5.5600	5.4659	5.5647	5.6148	5.5636	5.5387	5.8458
13	i	0.0000	0.6525	0.3263	0.7639	1.1935	1.1776	1.3367	2.3939	3.3623	3.4099	3.4813	4.5582	1.8880
	Q/w	7.6705	5.7006	5.8898	5.7718	5.6524	5.5182	5.6297	5.4924	5.5804	5.4917	5.4597	5.4534	5.7759

续表 10 - 8

序号	指标	10 cm	20 cm	30 cm	40 cm	50 cm	60 cm	70 cm	80 cm	90 cm	100 cm	110 cm	120 cm	平均值
14	i	0.4138	1.1458	1.5196	2.4337	3.1323	3.7270	5.3165	6.7174	7.2192	7.1173	7.5792	6.9371	4.4382
	Q/w	7.6001	5.9700	5.9991	5.7562	5.7402	5.5584	5.4247	5.2818	5.3873	5.3309	5.4541	5.5525	5.7546
15	i	1.4480	2.1158	2.8387	3.9884	5.0008	6.7331	7.4149	8.2895	8.3051	8.7488	9.6792	10.0808	6.2203
	Q/h	6.8965	6.2095	5.4517	5.3921	5.2024	5.1177	5.2648	5.2627	5.2193	5.2701	5.2739	5.3769	5.4948
16	i	0.9469	1.4480	1.8615	3.4099	4.6452	6.5525	7.2427	7.9073	9.4316	9.1603	10.6045	11.4326	6.2203
	Q/w	8.7822	6.4072	5.7725	5.4868	5.2897	5.4498	5.3330	5.2080	5.2281	5.2280	5.2780	5.4105	5.7395
17	i	0.0000	0.5491	0.7162	0.7082	1.1140	1.6150	2.0841	2.3939	2.5052	3.0450	3.2196	3.5843	1.7945
	Q/w	6.8260	5.4453	5.5307	5.6740	5.8774	5.6894	5.5637	5.6116	5.4418	5.6384	5.5967	5.5728	5.7056
18	i	0.5968	1.2412	2.1317	3.1164	4.5819	5.1350	6.1988	7.1879	8.1414	8.0946	8.4687	8.1492	5.2537
	Q/w	7.0459	5.9290	5.9042	5.5497	5.5203	5.3031	5.5413	5.5810	5.4882	5.5410	5.5519	5.6866	5.7202

（2）指标变化规律分析

表 10 - 8 中起伏角 i 和放出量与放出体交线高度比 Q/w 与隔离层下降深度 H 的关系分别如图 10 - 6、图 10 - 7 所示。由图 10 - 6 可知，15 组模型起伏角 i 与隔离层下降深度 H 变化均呈正相关。各组曲线的分散度随隔离层下降深度 H 的增加而增大，说明各组模型起伏角 i 在试验后期具有明显的差异。由图 10 - 7 可知，15 组模型放出量与放出体交线高度比 Q/w 与隔离层下降深度 H 呈负指数关系，曲线间离散度较小，分布较为集中。在隔离层下降深度达 30 cm 后，放出量与放出体交线高度比主要分布于 5 至 6 之间。

（3）优化分析

统计表 10 - 8 中存在两个评价指标，为多指标正交试验问题，不能直观地从单一指标体系中得到最优的方案，因此采用矩阵分析法对正交试验做优化分析。

将统计表 10 - 8 中的起伏角和放出量与放出体交线高度比的各自平均值作为衡量放矿效果指标，与五种影响因素及其各自水平共同组成正交表，对正交表进行极差分析，结果如表 10 - 9 所示。

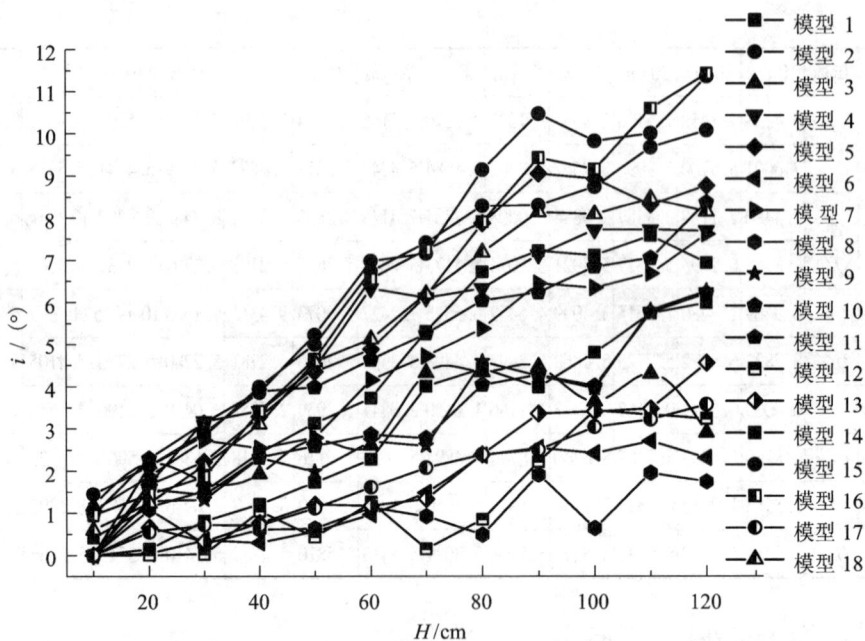

图 10 - 6 起伏角 i 变化规律

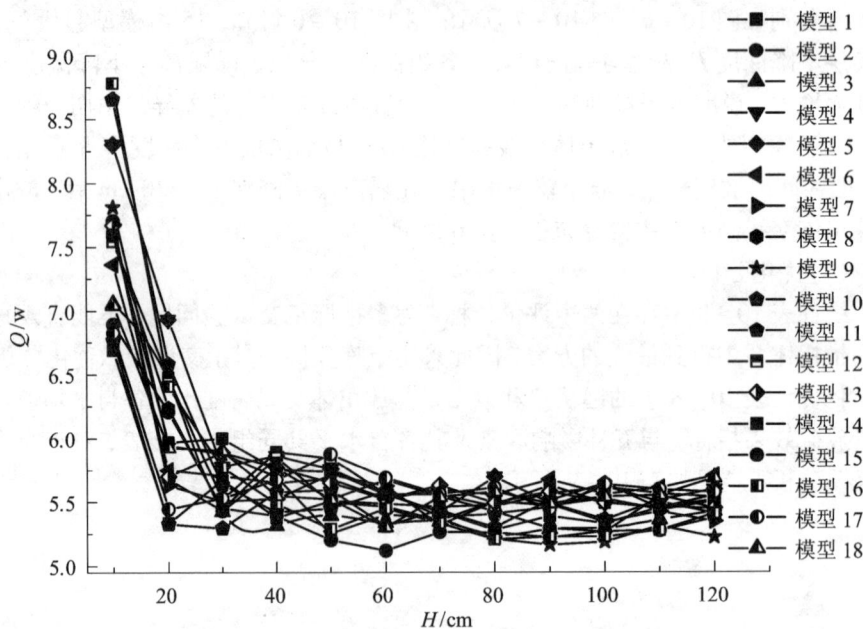

图 10 - 7 放出量与放出体交线高度比变化规律

表 10 - 9　正交试验处理结果

试验序号	厚度 A/m	界面摩擦 B	颗粒摩擦 C	颗粒半径 D/m	墙体摩擦 F	起伏角 $i/(°)$	Q/w 比值
1	0.003	0.2	0.2	0.006	0.2	2.9287	5.5921
2	0.003	0.5	0.5	0.007	0.5	6.5892	5.6924
3	0.003	0.8	0.8	0.008	0.8	3.0353	5.5793
4	0.004	0.2	0.2	0.007	0.5	5.1482	5.9409
5	0.004	0.5	0.5	0.008	0.8	5.4622	5.9409
6	0.004	0.8	0.8	0.006	0.2	1.3402	5.7813
7	0.005	0.2	0.5	0.006	0.8	4.3634	5.6750
8	0.005	0.5	0.8	0.007	0.2	0.9501	5.7410
9	0.005	0.8	0.2	0.008	0.5	3.0913	5.6217
10	0.003	0.2	0.8	0.008	0.5	3.1552	5.8425
11	0.003	0.5	0.2	0.006	0.8	4.8912	5.5642
12	0.003	0.8	0.5	0.007	0.2	1.3332	5.8458
13	0.004	0.2	0.5	0.008	0.2	1.8880	5.7759
14	0.004	0.5	0.8	0.006	0.5	4.4382	5.7546
15	0.004	0.8	0.2	0.007	0.8	6.2203	5.4948
16	0.005	0.2	0.8	0.007	0.2	6.2203	5.7395
17	0.005	0.5	0.2	0.008	0.2	1.7945	5.7056
18	0.005	0.8	0.5	0.006	0.5	5.2537	5.7202
k_1	3.6555	3.9506	4.0124	3.8692	1.7058	起伏角	
k_2	4.0829	4.0209	4.1483	4.4102	4.6126		
k_3	3.6122	3.3790	3.1899	3.0711	5.0321		
R	0.4707	0.6419	0.9584	1.3391	3.3263		
方案	A_3	B_3	C_3	D_3	F_1		
k_1	5.6861	5.7610	5.6532	5.6812	5.7403	Q/w	
k_2	5.7814	5.7331	5.7750	5.7424	5.7621		
k_3	5.7005	5.6739	5.7397	5.7443	5.6656		
R	0.0953	0.0871	0.1218	0.0612	0.0964		

由表 10 - 9 可知，对于起伏角来说，最优方案是 $A_3B_3C_3D_3F_1$；对于放出量与放出体交线高度比来说，最优方案是 $A_1B_3C_1D_1F_3$。两考察指标所得优化方案不一致，利用矩阵分析法，分别计算两个指标的权矩阵，以确定各因素的权重及其最优方案。

第一个考察的指标为起伏角 i，越小越好，其分析过程为：

$$\boldsymbol{T}_1 = \begin{bmatrix} 1.2573 & 0 & 0 & 0 & 0 \\ 0 & 1.2535 & 0 & 0 & 0 \\ 0 & 0 & 1.2441 & 0 & 0 \\ 0 & 0 & 0 & 1.2333 & 0 \\ 0 & 0 & 0 & 0 & 0.9982 \end{bmatrix}$$

$$\boldsymbol{S}_1^{\mathrm{T}} = \begin{bmatrix} \dfrac{0.4707}{6.7364} & \dfrac{0.6419}{6.7364} & \dfrac{0.9584}{6.7364} & \dfrac{1.3391}{6.7364} & \dfrac{3.3263}{6.7364} \end{bmatrix}$$

$$\boldsymbol{U}_1^{\mathrm{T}} = (M_1 T_1 S_1)^{\mathrm{T}} = [\,0.0240 \quad 0.0215 \quad 0.0243 \quad 0.0302 \quad 0.0297 \quad 0.0354$$
$$0.0441 \quad 0.0427 \quad 0.0555 \quad 0.0634 \quad 0.0556 \quad 0.0798 \quad 0.2890 \quad 0.1069$$
$$0.0980\,]$$

第二个考察的指标为放出量与放出体交线高度比 Q/w，越小越好，其权矩阵计算结果为：

$$\boldsymbol{U}_2^{\mathrm{T}} = (M_2 T_2 S_2)^{\mathrm{T}} = [\,0.0692 \quad 0.0681 \quad 0.0691 \quad 0.0625 \quad 0.0628 \quad 0.0634$$
$$0.0890 \quad 0.0871 \quad 0.0876 \quad 0.0445 \quad 0.0440 \quad 0.0440 \quad 0.0694 \quad 0.0691$$
$$0.0703\,]$$

此正交试验考察指标总权矩阵为两个指标值权矩阵的平均值，计算结果为：

$$\boldsymbol{U}^{\mathrm{T}} = \left(\dfrac{U_1 + U_2}{2}\right)^{\mathrm{T}} = [\,0.0466 \quad 0.0448 \quad 0.0467 \quad 0.0463 \quad 0.0462 \quad 0.0494$$
$$0.0666 \quad 0.0649 \quad 0.0716 \quad 0.0539 \quad 0.0498 \quad 0.0619 \quad 0.1792 \quad 0.0880\,] =$$
$$[\,A_1 \quad A_2 \quad A_3 \quad B_1 \quad B_2 \quad B_3 \quad C_1 \quad C_2 \quad C_3 \quad D_1 \quad D_2 \quad D_3 \quad F_1 \quad F_2 \quad F_3\,]$$

$$\boldsymbol{M}_1 = \begin{bmatrix} \dfrac{1}{3.6555} & 0 & 0 & 0 & 0 \\ \dfrac{1}{4.0829} & 0 & 0 & 0 & 0 \\ \dfrac{1}{3.6122} & 0 & 0 & 0 & 0 \\ 0 & \dfrac{1}{3.9506} & 0 & 0 & 0 \\ 0 & \dfrac{1}{4.0209} & 0 & 0 & 0 \\ 0 & \dfrac{1}{3.3790} & 0 & 0 & 0 \\ 0 & 0 & \dfrac{1}{4.0124} & 0 & 0 \\ 0 & 0 & \dfrac{1}{4.1483} & 0 & 0 \\ 0 & 0 & \dfrac{1}{3.1899} & 0 & 0 \\ 0 & 0 & 0 & \dfrac{1}{3.8692} & 0 \\ 0 & 0 & 0 & \dfrac{1}{4.4102} & 0 \\ 0 & 0 & 0 & \dfrac{1}{3.0711} & 0 \\ 0 & 0 & 0 & 0 & \dfrac{1}{1.7058} \\ 0 & 0 & 0 & 0 & \dfrac{1}{4.6126} \\ 0 & 0 & 0 & 0 & \dfrac{1}{5.0321} \end{bmatrix}$$

图 10 - 8 为各因素总权重分布图。

结合图 10 - 8 及计算结果可知，各个因素对正交试验的指标值影响的主次顺序为 $FCDBA$，其中 F 因素较其他四个因素具有显著的影响性。影响权重最大的因素 A 中是 A_3 水平，因素 B 中是 B_3 水平，因素 C 中是 C_3 水平，因素 D 中是 D_3 水平，因素 F 中是 F_3 水平。

因此，正交试验的最优方案为 $A_3B_3C_3D_3F_1$，即在厚度为 0.005 m，界面摩擦系数为 0.8，颗粒摩擦系数为 0.8，颗粒半径为 0.008 m，墙体摩擦为 0.2，矿岩的流动效果最佳。并且可知此最优方案与考察指标为起伏角 i 时所得最优方案一

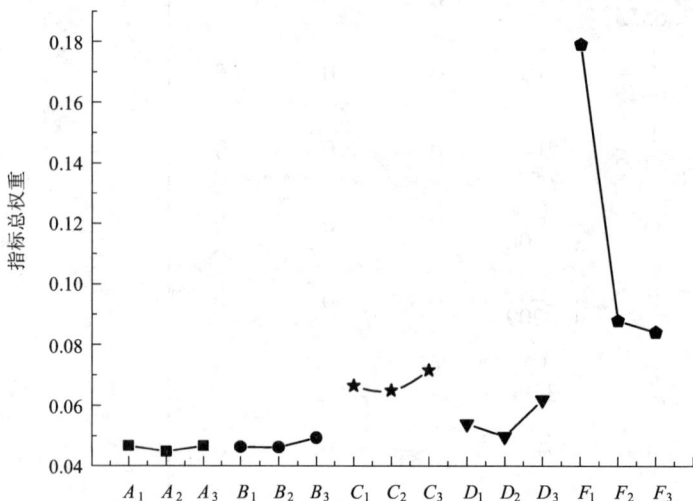

图 10 − 8   各因素总权重分布图

致，说明在全漏斗隔离层放矿条件下，隔离层运动形态对放矿效果的影响起着至关重要的作用。

参考文献

[1] 甘健胜. 概率论和数理统计[M]. 北京：北方交通大学出版社，2005.

[2] 贾超，张凯，张强勇，等. 基于正交试验设计的层状盐岩地下储库群多因素优化研究[J]. 岩土力学，2014，35(6)：1719 − 1726.

[3] 魏效玲，薛冰军，赵强. 基于正交试验设计的多指标优化方法研究[J]. 河北工程大学学报（自然科学版），2010，27(3)：95 − 99.

[4] 孙浩，金爱兵，高永涛，等. 崩落法采矿中放出体流动特性的影响因素[J]. 工程科学学报，2015，37(9)：1111 − 1117.

[5] 胡建华，郭福钟，罗先伟，等. 缓倾斜中厚矿体崩落开采矿石流动规律仿真与放矿参数优化[J]. 中南大学学报（自然科学版），2015，46(5)：1772 − 1777.

[6] 吴俊俊. 自然崩落法结构参数优选与放矿规律研究[D]. 长沙：中南大学，2009.

[7] 任凤玉. 随机介质放矿理论及其应用[M]. 北京：冶金工业出版社. 1994.

[8] 周玉珠. 正交实验设计的矩阵分析方法[J]. 数学的实践与认识，2009，39(1)：202 − 206.

[9] 闫红杰，夏韬，刘柳，等. 高铅渣还原炉内气液两相流的数值模拟与结构优化[J]. 中国有色金属学报，2014，24(10)：2642 − 2651.